北村 愛実　著

蔡斐如　譯

U0058427

Unity 遊戲設計

Unityの教科書
Unity 2022完全対応版

前言

應該有不少人在看到「用 Unity 製作遊戲超簡單」的報導後，心裡就浮現「我也來試試」的念頭，但興致勃勃地下載 Unity 後，卻因為不知如何使用 Unity 編輯器、不太會寫程式等等原因而苦惱不已。

幸好市面上有許多內容充實的 Unity 書籍，詳細解說 Unity 使用方法與程式撰寫教學。這些書中都有遊戲製作範例，只要跟著一步步操作，輕輕鬆鬆就能做出遊戲。不過，應該也有不少人趁著手感正好，心想「好，接著來做自己想做的遊戲吧！」，卻只能困惑著「嗯？我該從哪裡開始做起？」，最後只能呆坐在電腦前。

這是因為，過往書籍都把各種遊戲製作技術（人物動作、碰撞判斷、UI 顯示）分開來詳細說明。雖然各種技術都瞭解了，卻沒學到如何搭配應用，才會陷入這種不知從何開始的窘境。

想要做出自己心中的遊戲，除了學習各種技術，還必須學會「遊戲製作流程」才行。遺憾的是，市面上並沒有針對「遊戲製作流程」解說的書籍。因此，本書把遊戲製作流程具體拆解成 5 個步驟分項說明。只要跟著步驟製作，就不會卡在「下一步該做什麼呢？」這種狀態，進而順利完成遊戲。

先別管最後成品如何，想要精進遊戲製作能力，最重要的是自己拚命思考、從頭做到尾的過程。請大家試著實際做出遊戲，再邀請朋友一起玩，或是發行到線上商城販售吧！很多事要在收到玩家的感想回饋後才能意識到。只要像這樣不斷累積經驗，自然而然就能掌握遊戲製作的關鍵。希望這本書能成為一個起點，在大家做出有趣遊戲的過程中幫上一點忙。

最後，在此深深感謝所有參與出版的工作人員，以及購買本書的各位讀者。

北村 愛実

檔案下載說明

本書使用的範例檔案、開發用素材與工具都整理好放在網路上，請讀者自行下載：

https://www.flag.com.tw/bk/st/F3589（請注意！英文大小寫要符合）

資料夾與檔案	說明
遊戲素材	包括第 3 章至第 8 章中列出的範例遊戲製作材料 遊戲素材依各章內容分類，請依書中操作步驟導入正確的資料進行使用
程式腳本範例	第 2 章到第 8 章中列出的程式（List），以純文字檔案格式儲存， 請依書中操作步驟來製作範例遊戲

contents

Chapter 1　準備製作遊戲

Chapter 2　C# 程式腳本的基礎

Chapter 3 遊戲物件的設置與動作

Chapter 4　UI 與導演物件

Chapter 5 碰撞偵測和 Prefab

Chapter 6   Physics 與動畫

Chapter 7　3D 遊戲

Chapter 8　關卡設計

Chapter 1
準備製作遊戲

安裝 Unity，學會基本的操作吧！

第 1 章要向大家介紹 Unity。很多人會認為「用 Unity 做遊戲很簡單」，但真的是這樣嗎？的確，Unity 有很輕鬆就能上手的部分，但也必須投注心力學習，才能發揮 Unity 的完整能力。在這一章也會教大家安裝 Unity，以及如何在智慧型手機上執行遊戲。跟著這一章做好準備，就能踏出遊戲製作的第一步！

1-1 製作遊戲的必要技術

在用 Unity 製作遊戲前，我們先簡單瞭解製作遊戲需要什麼樣的技術。瞭解了沒有 Unity 的情況下需要哪些技術，才能體認到 Unity 替我們省下多少工夫。

現在使用智慧型手機聯絡、上網、玩遊戲已經是稀鬆平常的事情。智慧型手機不只是多功能的便利工具，其中一個特點，就是大家都能自製手機 App 上架販賣。活用這一個特點，自行開發手機遊戲的人也年年增加。

然而，要從頭開始製作遊戲其實相當困難。雖說只要踏進書店，就能看見架上陳列著各種程式設計入門書籍，要買到遊戲製作的教學書一點也不難，但只要買本程式設計的書，就能做出遊戲嗎？實務上可沒這麼簡單。

製作遊戲需要相當專業的知識，並不是會寫一點 C、C# 這些程式語言，就能做出遊戲。除了寫程式，還必須會使用遊戲專用的函式庫 ※、瞭解矩陣運算等數學知識，還有特效、音效、遊戲輸入、選單編排……，有太多知識不學不行。

讀到這裡，大家是不是想默默闔上書了呢？請先等一下，這些困難的部分 Unity 都能幫我們處理妥當，只要學會 Unity，我們就可以專注在開發遊戲核心就好。那 Unity 究竟是什麼樣的工具呢？接著馬上就會說明。

> **Fig.1-1** 製作遊戲的困難

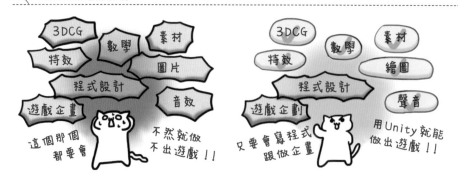

※ 函式庫

所謂函式庫就是統整了特定領域的各種程式，方便大家使用的工具。像大名鼎鼎的 OpenCV，就是 Intel 開發的影像處理函式庫。運用 OpenCV 裡面的各種功能，就能輕鬆完成影像處理運算，不用自己辛苦處理。

1-2 什麼是 Unity

接著帶大家瞭解 Unity，以及使用 Unity 的優缺點。

1-2-1 誰都能做出遊戲的開發環境

「Unity」是 Unity Technologies 在 2004 年開發的遊戲引擎。所謂遊戲引擎，就是集結了各種遊戲開發功能於一身的工具，像是 3D 模型、陰影計算、音效、選單等都能代為處理，降低了遊戲製作的入門門檻。

在 Unity 出現之前，市面上當然也有其他遊戲引擎。Unity 的特別之處，在於能夠以 Unity 編輯器，視覺化操作各種遊戲基本元素，例如設置物件、設定光源、新增遊戲功能等等。也就是說，透過 Unity 編輯器，只要改變參數就能輕鬆調整物件（遊戲畫面上的物體）動作和遊戲視角。

就因為這樣，開發者不需要再設計複雜的程式，遊戲製作變得相對簡單。Unity 出現後，大幅降低了遊戲開發難度。在過去，只有遊戲公司才有能力開發遊戲；而現在，不具備專業知識的一般人也可以獨自開發了。

1-2-2 跨平台支援

Unity 除了能製作個人電腦的遊戲以外，還能做出手機或是家用遊戲主機等各種平台的遊戲，主要支援的平台可以參考 Table 1-1。詳細的適用平台和相關消息，請到 Unity 官網確認。

Table1-1 Unity 能支援的主要平台

個人電腦	Windows	macOS	Linux
智慧型手機	iOS	Android	
家用遊戲主機	PS4、PS5	Xbox One	Nintendo Switch
其他	Oculus	HoloLens	Magic Leap

對於開發者而言，跨平台支援是件求之不得的事。以往遊戲要在不同平台推出，幾乎就要把程式全部重寫。在 Unity 只要稍微調整設定，電腦上的遊戲就能在手機或是家用主機上運作。設計給 iPhone 的遊戲，也能在 Android 手機上遊玩。親手做出的遊戲能跨平台觸及到各式各樣的玩家，真的是相當開心的事！

Fig.1-2 Unity 能對應各種平台

1-2-3 Unity 資源商店（Unity Asset Store）

Unity 不只是遊戲引擎，也提供了各種製作遊戲需要的素材。Unity 把遊戲會用到的素材稱為資源（asset），開發者可以在資源商店（Asset Store）購買各種資源。在資源商店裡有許多價格實惠的遊戲必備素材，像是 **2D 和 3D 的模型和特效、音效、程式腳本、外掛程式**等（也有一些是免費提供）。開發者不用自行繪製精美的圖像或 3D 模型，只要善用這些資源，就能做出高品質的遊戲。

URL Unity Asset Store

https://assetstore.unity.com/

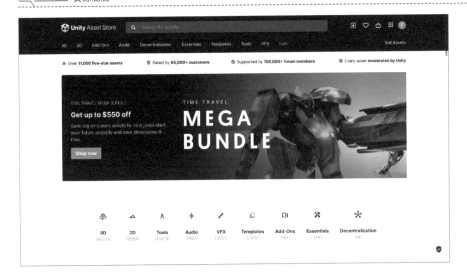

Fig.1-3　資源商店

1-2-4 Unity 的授權（license）

Unity 一共有 5 種版本，分別是免費版的 Student Edition、Personal Edition，還有付費版的 Plus Edition、Pro Edition、Enterprise Edition。其中 Student Edition 只有 16 歲以上的在校學生可以使用。雖然免費版的 Unity 在製作遊戲時沒有功能限制，但使用者必須遵守幾項規定：

● **遊戲啟動畫面必須顯示 Unity 商標**

使用免費版 Unity，必須在遊戲的啟動畫面（splash screen）放上 Unity 的商標，付費版就不會有這個限制。

● **有收益上限**

年度銷售額低於 100,000 美元的話，可以使用 Personal Edition；年度銷售額介於 100,000 美元到 200,000 美元必須購買 Plus Edition；如果年度銷售額更高，就必須購買 Pro Edition 或是 Enterprise Edition。

其他還有許多細部規定，不過一開始必須特別注意上述 2 項。使用 Personal Edition 開發遊戲不會有問題，但是如果想更改啟動畫面的商標，或是收益額度超過上述範圍，就必須額外加購授權。Table 1-2 是各版本的授權費用（截至 2023 年 4 月）。

Table1-2 Unity 的授權費用

Student、Personal	免費
Plus	399 美元 / 每年
Pro	2,040 美元 / 每年
Enterprise	隨合約內容而定

1-2-5 使用 Unity 開發遊戲的必備知識

我們現在只知道用 Unity 能簡化遊戲開發，但在學會使用 Unity 之前，還是什麼事都做不了。我們必須先學會 Unity 編輯器與 Unity 特有的 method（在第 2 章之後會詳細說明）。

此外，很多人會因為「**不知道怎麼寫程式**」而遇到挫折。這不只是 Unity 的問題，第一次做遊戲的人都相當容易卡在這個難關。其中一個原因，就是坊間入門書都只教一些簡單的程式，看完之後還是不知道該如何應用在自己製作的遊戲裡。而那些稍微進階的書籍，對於程式的解說卻都只有一小部分，要是自己遇到的問題不在範例的程式裡，那也還是無法派上用場。

Fig.1-4 該怎麼應用 Unity 做出遊戲呢？

Unity 的功能很強大，想到什麼就做什麼，也是勉強可以做出會動的東西。這種做法在小規模的遊戲還好，如果是在中、大規模的遊戲還這樣做，最後可能會做出和初始設計完全不同的遊戲。

為了避免這種狀況，本書會介紹一個能應用於各種遊戲的**通用模式**，讓初學者也能輕鬆做好遊戲設計。「遊戲設計通用模式」聽起來很深奧，簡單說就是「只要依照這個流程寫程式，就能做出遊戲」，所以請大家放輕鬆學習。本書會透過 **6 個小遊戲**介紹這個通用模式，敬請期待。

1-3 安裝 Unity

這一節要來說明 Unity 的安裝步驟，以及確保遊戲在手機上可以順利運行。本書會以 Windows 版進行說明，基本操作和 macOS 版相同，少數不同的部分也會另外補充說明。

1-3-1 安裝 Unity

以下說明如何安裝 Unity。我們使用的是免費的 Personal Edition（Unity 版本為 2022.2.14f1，Unity Hub 的版本為 3.4.1）。

首先從下面的網址進到 Unity 官方網站，點選 Individual（個人），按下 Personal 的 Get Start 按鈕，接著依照自己的電腦環境，下載對應的 Unity Hub。Unity Hub 除了有安裝 Unity 的功能，也能建立或讀取 Unity 專案。

URL 官方網站

https://store.unity.com/

Fig.1-5 下載 Unity

① 點選 Student and hobbyist

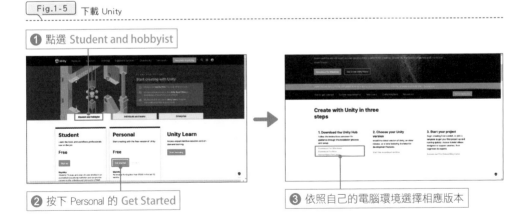

② 按下 Personal 的 Get Started

③ 依照自己的電腦環境選擇相應版本

如果出現詢問是否下載的畫面，點選允許開始下載。

開啟下載好的安裝檔，Windows 請參考 1-3-2；macOS 請參考 1-3-3。

Windows 版的 Unity 安裝步驟如下。

Fig.1-6 安裝 Unity（Windows 版）

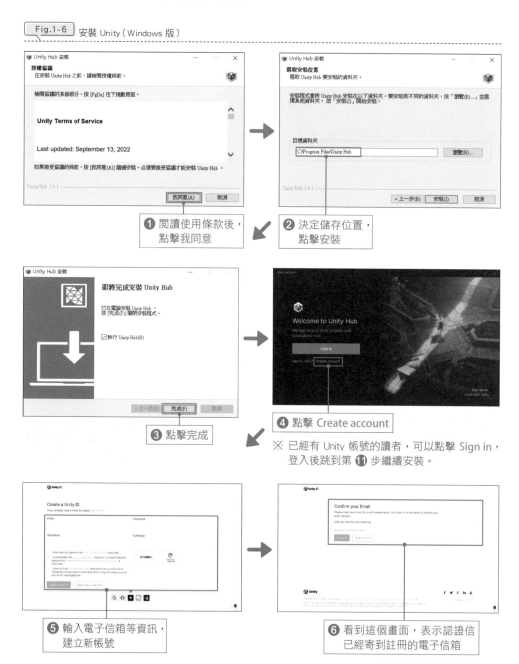

❶ 閱讀使用條款後，
點擊我同意

❷ 決定儲存位置，
點擊安裝

❸ 點擊完成

❹ 點擊 Create account

※ 已經有 Unity 帳號的讀者，可以點擊 Sign in，
登入後跳到第 ⓫ 步繼續安裝。

❺ 輸入電子信箱等資訊，
建立新帳號

❻ 看到這個畫面，表示認證信
已經寄到註冊的電子信箱

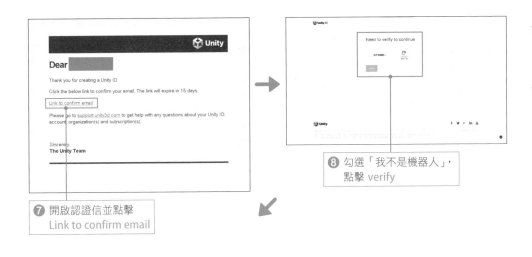

⑧ 勾選「我不是機器人」，
點擊 verify

⑦ 開啟認證信並點擊
Link to confirm email

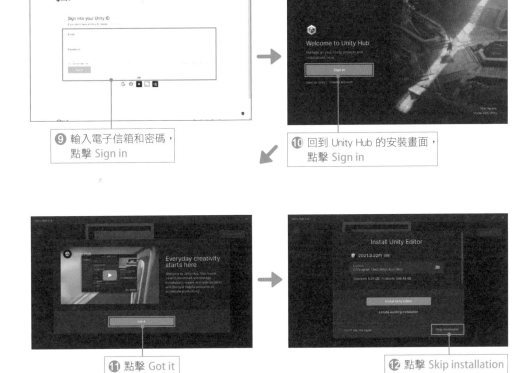

⑨ 輸入電子信箱和密碼，
點擊 Sign in

⑩ 回到 Unity Hub 的安裝畫面，
點擊 Sign in

⑪ 點擊 Got it

⑫ 點擊 Skip installation

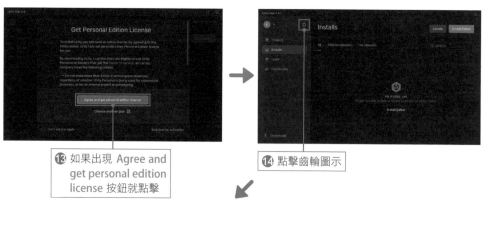

⓭ 如果出現 Agree and get personal edition license 按鈕就點擊

⓮ 點擊齒輪圖示

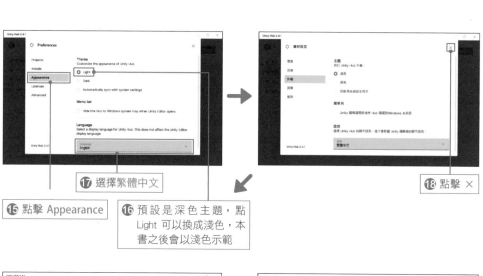

⓯ 點擊 Appearance

⓰ 預設是深色主題,點 Light 可以換成淺色,本書之後會以淺色示範

⓱ 選擇繁體中文

⓲ 點擊 ×

⓳ 點擊安裝編輯器

⓴ 選擇最新版本的 Unity 2022,點擊安裝

㉑ 勾選 Microsoft Visual Studio Community 2022、Android Build Support、Android SDK & NDK Tools、OpenJDK、iOS Build Support，點擊繼續

※ 如果已經安裝過 Visual Studio，就不會出現 Microsoft Visual Studio Community 2022 的選項。

㉒ 閱讀使用條款後勾選確認，點擊繼續

㉓ 閱讀使用條款後勾選確認，點擊安裝

㉔ 如果選擇安裝 Visual Studio，就會出現安裝畫面，勾選使用 Unity 進行遊戲開發

㉕ 點擊安裝

㉖ 安裝完畢後就可以關閉，Visual Studio 會自動開啟，同樣先關閉

㉗ Unity 安裝完畢

安裝好 Unity 後，桌面會出現 Unity Hub 和 Unity 的捷徑圖示，現在先關閉 Unity Hub。

這樣就完成 Windows 和輸出 Android 遊戲的準備了，可以跳至 1-4 繼續後續步驟。

1-3-3 macOS 的安裝步驟

macOS 版的 Unity 安裝步驟如下。

Fig.1-7 安裝 Unity（macOS 版）

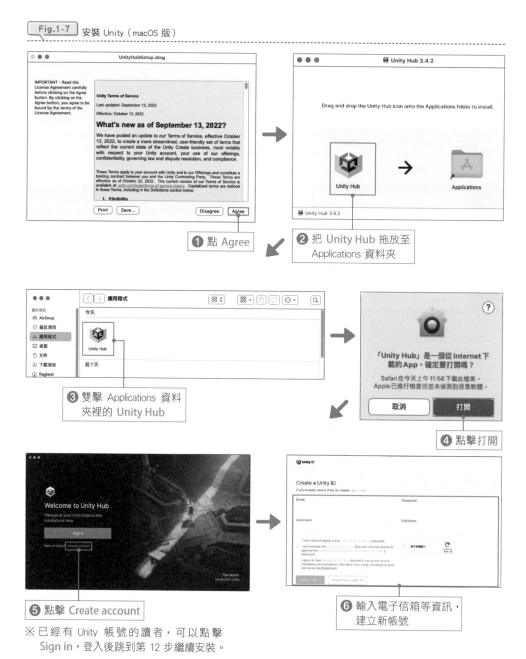

① 點 Agree

② 把 Unity Hub 拖放至 Applications 資料夾

③ 雙擊 Applications 資料夾裡的 Unity Hub

④ 點擊打開

⑤ 點擊 Create account

※ 已經有 Unity 帳號的讀者，可以點擊 Sign in，登入後跳到第 12 步繼續安裝。

⑥ 輸入電子信箱等資訊，建立新帳號

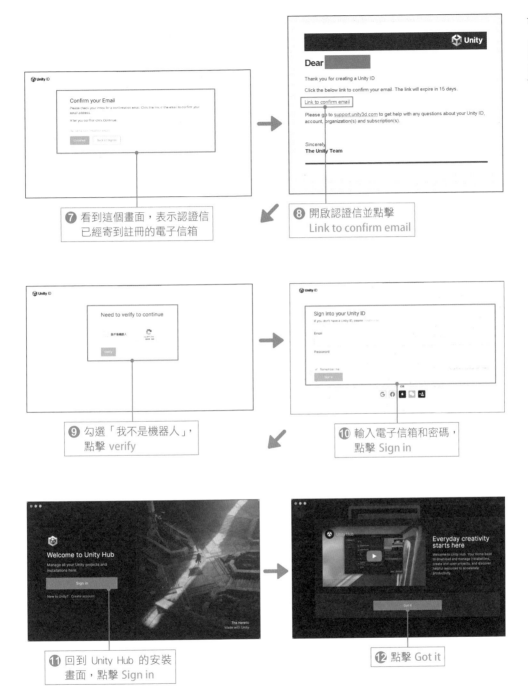

❼ 看到這個畫面，表示認證信
已經寄到註冊的電子信箱

❽ 開啟認證信並點擊
Link to confirm email

❾ 勾選「我不是機器人」，
點擊 verify

❿ 輸入電子信箱和密碼，
點擊 Sign in

⓫ 回到 Unity Hub 的安裝
畫面，點擊 Sign in

⓬ 點擊 Got it

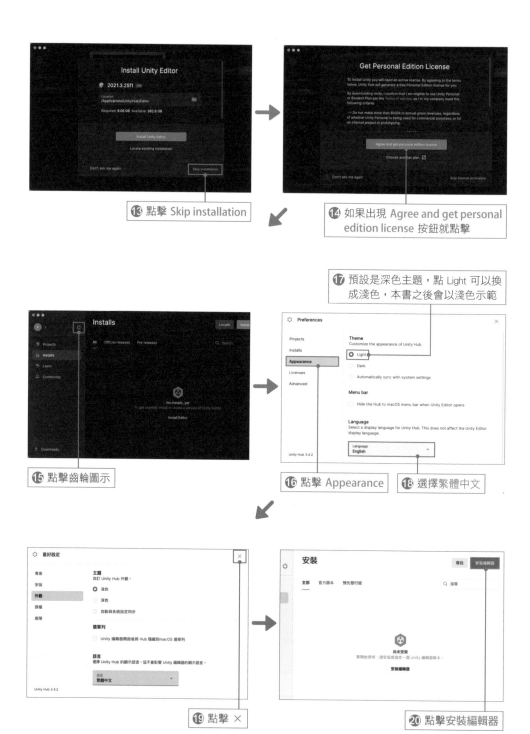

⑬ 點擊 Skip installation

⑭ 如果出現 Agree and get personal edition license 按鈕就點擊

⑰ 預設是深色主題，點 Light 可以換成淺色，本書之後會以淺色示範

⑮ 點擊齒輪圖示

⑯ 點擊 Appearance

⑱ 選擇繁體中文

⑲ 點擊 ✕

⑳ 點擊安裝編輯器

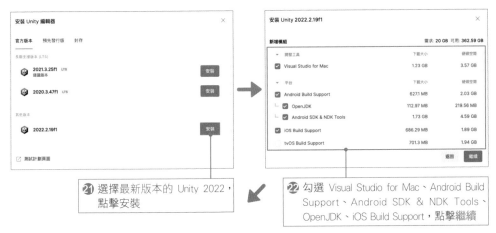

21 選擇最新版本的 Unity 2022，
點擊安裝

22 勾選 Visual Studio for Mac、Android Build
Support、Android SDK & NDK Tools、
OpenJDK、iOS Build Support，點擊繼續

※ 如果已經安裝過 Visual Studio，就不會出
現 Visual Studio for Mac 的選項

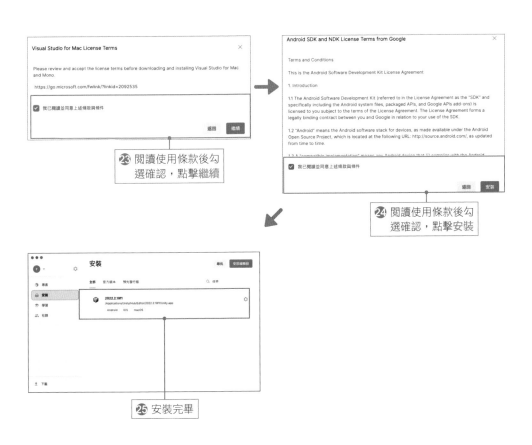

23 閱讀使用條款後勾
選確認，點擊繼續

24 閱讀使用條款後勾
選確認，點擊安裝

25 安裝完畢

安裝完成後，在 Application 資料夾會自動新增一個所選版本的資料夾。

現在先關閉 Unity Hub。做好的遊戲如果想在 iPhone 執行，還需要安裝專用工具，可以跳到 1-3-4 繼續安裝設定。不打算製作 iPhone 遊戲的讀者，可以跳到 1-4。

>Tips< 更改預設介面顏色

以前 Unity 的介面預設是灰色，從 2020 年 8 月發行的 Unity 2020.1.2f1 開始改為黑色。

預設介面顏色可以點選 Edit → Preferences 選單（Mac 版 Unity → Preferences），在 Preferences 畫面的 General → Editor Theme 欄位設定。點選「Light」就能改成灰色主題。本書之後會以灰色主題來示範。

Fig.1-8 預設介面顏色

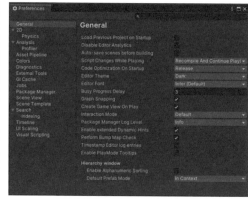

深色主題（Dark）

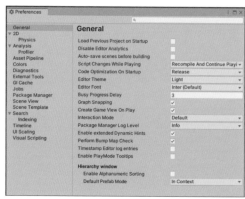

灰色主題（Light）

 新增模組

為了做出能對應各種平台的遊戲，Unity 需要額外新增不同的模組。不同版本的 Unity 要安裝的模組也不同。可以在 Unity Hub 選擇要安裝的版本，依照 Fig 1-9 的指示新增模組。

想做 iPhone 遊戲的話就新增「iOS Build Support」；想做 Android 遊戲的話就新增「Android Build Support」、「Android SDK & NDK Tools」、「OpenJDK」。

Fig.1-9 新增模組

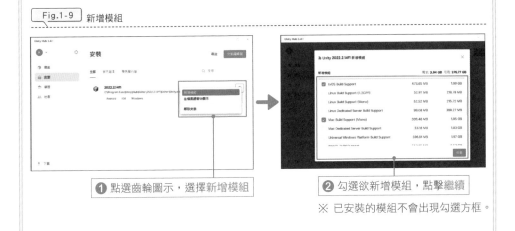

❶ 點選齒輪圖示，選擇新增模組

❷ 勾選欲新增模組，點擊繼續

※ 已安裝的模組不會出現勾選方框。

1-3-4 製作 iPhone 遊戲的準備

要在 Unity 做出 iPhone 遊戲，就必須使用 Mac 電腦和 Xcode。Xcode 是用來製作 Mac、iPhone、iPad 應用程式的整合開發環境，可以參考 Fig 1-10 在 App Store 下載安裝。要特別注意，OS 版本太舊可能會無法安裝新版 Xcode。此外，在 App Store 下載軟體需要 Apple ID，還沒有 Apple ID 的讀者，需要先在 Apple 網站建立。

URL Apple 網站（申請 Apple ID 頁面）
https://support.apple.com/zh-tw/HT204316

Fig.1-10 安裝 Xcode

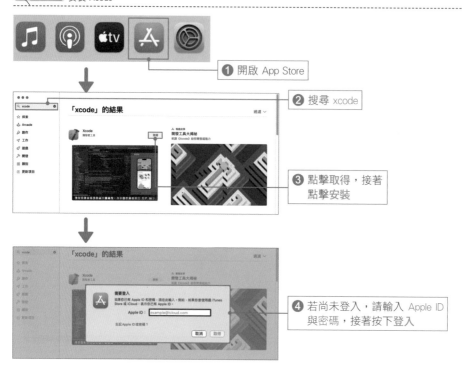

① 開啟 App Store

② 搜尋 xcode

③ 點擊取得，接著
點擊安裝

④ 若尚未登入，請輸入 Apple ID
與密碼，接著按下登入

完成安裝後，請從啟動台（Launchpad）開啟 Xcode，在 License Agreement 畫面按下 **Agree**。在第一次開啟 Xcode 時，可能會出現要求下載關聯程式的視窗（如果跳出這類視窗，請依指示安裝）。最後會出現下圖畫面，表示安裝完成。

Fig.1-11 開啟 Xcode

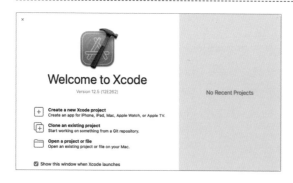

這樣一來就準備好製作 iPhone 遊戲了。請先關閉 Xcode。

⌒Tips⌒ 如何安裝特定版本的 Unity

Unity Hub 可以安裝指定版本的 Unity。

點選 Unity Hub 畫面左側的「安裝」，接著點擊畫面右上方的「安裝編輯器」按鈕，就能看見目前已發行的 Unity 版本，再點選想安裝的版本就可以了。有新版本的 Unity 發行時，也能照這個流程更新到最新版。

Fig.1-12 安裝最新版 Unity

① 點擊安裝　② 點擊安裝編輯器

不需要舊版 Unity 的話，可以依照下列步驟移除。

Fig.1-13 解除安裝 Unity

① 點擊安裝　② 點一下齒輪圖示，選擇解除安裝

1-4　瞭解 Unity 介面

我們已經完成所有安裝步驟了，接著會簡單介紹 Unity 介面裡的各個功能，熟悉一下新環境。具體的操作方式會在第 3 章之後詳細說明。

1-4-1 Unity 操作介面

Unity 操作介面如 Fig 1-14 所示，大致分為 4 個區塊，分別是「場景視窗和遊戲視窗」、「階層視窗」、「專案視窗和控制視窗」、「檢視視窗」。

接著我們簡單瀏覽一下這些視窗的功能。不用一次全部記起來也沒關係，後續邊操作邊熟悉就好了。

Fig.1-14 Unity 的操作介面

1-20

場景視窗

製作遊戲的主畫面，是設置素材、建構遊戲場景的地方。從上方分頁可以切換遊戲視窗等等。

遊戲視窗

確認遊戲的執行畫面，分析遊戲執行的速度和消耗的資源。

階層視窗

顯示所有設置在場景視窗裡的物件名稱。開發者可以在這裡編輯物件之間的階層關係。

專案視窗

管理遊戲使用的素材。只要把圖片、音效等素材拖曳至此，就能直接新增成為 Unity 的遊戲素材。

控制視窗

發生各種錯誤的時候，會顯示詳細的相關訊息。程式也可以在這裡顯示數字或字串。

檢視視窗

在場景視窗選取物件後，這裡會顯示物件詳細資訊。開發者可以在這裡直接設定物件座標、旋轉、縮放、顏色、形狀等等。

操作工具

設置於場景視窗的物件，都能透過操作工具調整座標、旋轉、尺寸，也能調整場景視窗的視角。

執行工具

可以執行和暫停遊戲。

1-5 熟悉 Unity 操作

坐而言不如起而行，我們這就來實際操作 Unity。這一節會教大家如何設置 3D 物件並改變物件形狀，是很容易的操作。要完全發揮 Unity 能力，還需要熟悉很多操作，就從這裡做為起點吧。

1-5-1 建立專案

用 Unity 製作遊戲的第一步就是建立專案（project）。Unity 有「專案」與「場景」兩個不同的概念，專案顯示的是遊戲整體，而場景則是個別畫面的單位。如果以戲劇譬喻的話，**劇本就相當於是專案，每一幕相當於是一個一個的場景**。

Fig.1-15　專案與場景的關係

專案　　　場景

因為專案就等於遊戲本體，建立專案時，建議直接把專案名稱設成遊戲標題。

現在來開啟 Unity。macOS 請在啟動台點擊 Unity Hub；Windows 請雙擊桌面上的 **Unity Hub** 圖示。開啟之後，請點擊左側的專案標籤，再點選畫面右上方的新專案。

Fig.1-16　建立專案的畫面

點擊專案

接著會出現 Fig 1-17 這樣的畫面。我們這次要建立新的專案，請點選畫面右上方的新專案。

Fig.1-17 建立專案的畫面

點擊新專案

點了「新專案」之後，會進入專案的設定畫面，選擇左欄的所有範本。我們這次要做的是 3D 物件，請從範本裡選擇 3D。在專案名稱欄位輸入 Test，點擊右下角藍色建立專案按鈕，就會在指定資料夾建好專案，同時自動開啟 Unity 編輯器。

如果電腦裝了不只一個 Unity 版本，點擊畫面上方的編輯器版本就能切換。

本來 Unity 是為了製作 3D 遊戲而開發出來的工具，後來才新增功能，也可以製

Fig.1-18 專案設定畫面

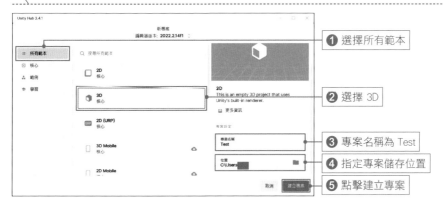

❶ 選擇所有範本

❷ 選擇 3D

❸ 專案名稱為 Test

❹ 指定專案儲存位置

❺ 點擊建立專案

作 2D 遊戲。就像你看到的，Unity 在建立專案時就能選擇要製作 3D 還是 2D 遊戲。

1-5-2 新增立方體

Unity 編輯器啟動後的畫面應該會像 Fig 1-19 那樣（如果不是這個畫面，請點選場景視窗上方的 Scene 分頁切換）。

在畫面中央的場景視窗中，可以看到相機與太陽的圖示，分別是**拍攝遊戲世界的相機物件，還有照亮遊戲世界的**光源**物件**。在**階層視窗**也能看到對應的物件名稱列**表**（Main Camera 與 Directional Light）。

接下來在場景視窗新增一個立方體物件吧。像是立方體、球體這種常用的遊戲製作素材，Unity 一開始就都準備好了，只要組合這些素材，就能做出簡易的遊戲關卡。

Fig.1-19　場景視窗與階層視窗

❶ 請確認目前在 Scene 分頁

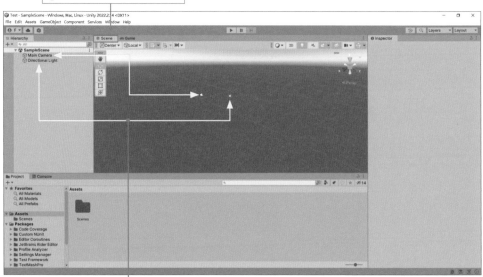

❷ 場景視窗內的物件名稱會顯示在階層視窗

請見 Fig 1-20，點擊階層視窗上方的 +，選擇 **3D Object → Cube**，在場景視窗的中央就會出現一個立方體，也能在階層視窗看到成功新增一個對應的 Cube。新增後的物件名稱會是編輯狀態，先點擊空白處或是按 Enter 鍵確定名稱就好。記得，場景視窗中的物件和階層視窗中的物件會是 1 對 1 的對應關係！

Fig.1-20 新增立方體

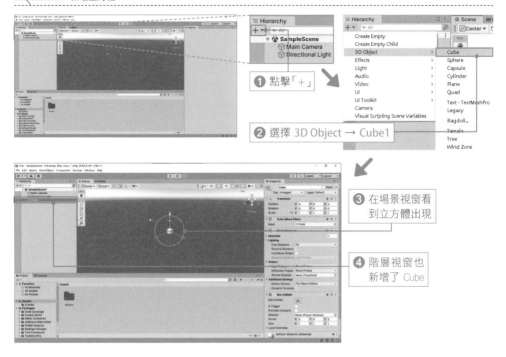

① 點擊「＋」

② 選擇 3D Object → Cube1

③ 在場景視窗看到立方體出現

④ 階層視窗也新增了 Cube

接著看到 Fig 1-21，點選階層視窗裡的 Cube，畫面右側的檢視視窗就會顯示 Cube 的詳細資訊。在階層視窗選中的物件，都會在檢視視窗裡顯示詳細資訊。

就像地圖上表示位置的「經度」與「緯度」一樣，場景內物件的位置會以「X、Y、Z」3 個座標值標示。請看檢視視窗裡 Transform 項目的 Position 欄位，X、Y、Z 分別是 0、0、0，代表物件的 3 個座標值都是 0。X、Y、Z 皆為 0 的點也稱為原點。

Fig.1-21 確認立方體資訊

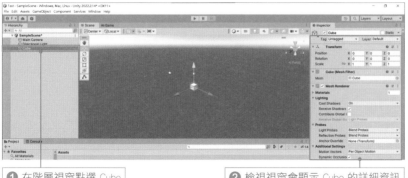

① 在階層視窗點選 Cube

② 檢視視窗會顯示 Cube 的詳細資訊

同樣也可以來看看相機的座標。點選階層視窗裡的 Main Camera，再看到檢視視窗 Transform 的 Position 欄位，會看到相機座標在「0, 1, -10」。

另外，在階層視窗點選相機後，場景視窗右下方也會出現相機拍攝到的畫面。

Fig.1-22 確認相機資訊

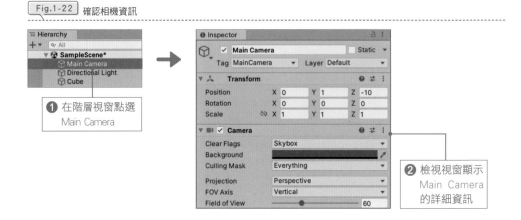

① 在階層視窗點選 Main Camera

② 檢視視窗顯示 Main Camera 的詳細資訊

現在我們知道了立方體的座標是「0, 0, 0」，相機的座標是「0, 1, -10」，在空間裡的關係就如 Fig 1-23 所示。

Fig.1-23 Unity 3D 座標系和相機視角示意圖

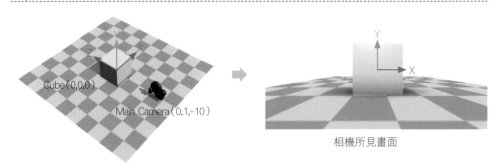

相機所見畫面

用 Unity 製作 3D 遊戲時，最重要的就是掌握空間，**掌握空間的依據就是「原點」和「相機位置」**。在開始製作遊戲前，一定要謹慎決定這兩者的配置。

關於相機與光源，會在第 7 章、第 8 章製作 3D 遊戲時再詳細說明，這裡先有個初步印象就可以了。

>Tips< 設定照明（lighting）

設置 3D 模型時，有些 Unity 版本可能會像 Fig 1-24 右邊的圖一樣，模型是暗的。

Fig.1-24 模型照明差異

模型顯示光亮   模型顯示陰暗

如果遇到 3D 模型顯示陰暗的情況，可以從工具列點選 Window → Rendering → Lighting，打開照明（Lighting）視窗的 Scene 分頁，按下最下方的 Generate Lighting 按鈕（如果左側的 Auto Generate 有打勾，也必須先取消）。

Fig.1-25 設定照明（lighting）

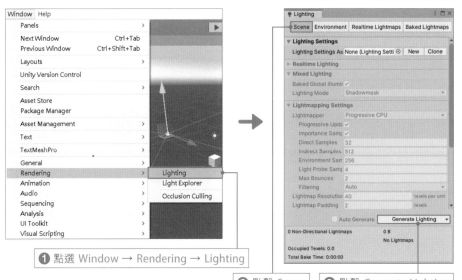

1-5-3 執行遊戲

使用畫面上方的執行工具，實際執行遊戲看看吧。執行工具的按鈕，由左至右分別是「執行鈕」、「暫停鈕」、「單格執行鈕」。

Fig.1-26 執行工具的用途

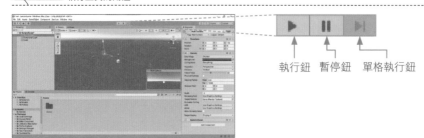

執行鈕　暫停鈕　單格執行鈕

按下執行工具最左邊的執行鈕來執行遊戲。按下執行鈕後，畫面就會從場景視窗切換到遊戲視窗。在遊戲視窗看到的畫面，就是設置於場景視窗的相機拍攝到的畫面。可以看到，先前設置的立方體就在執行畫面中央。

Fig.1-27 執行遊戲

❶ 按下執行鈕　　**❷** 從場景視窗切換到遊戲視窗

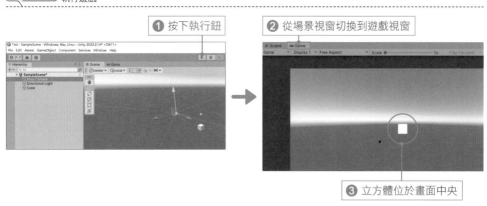

❸ 立方體位於畫面中央

如果再按一次執行鈕，遊戲就會停止執行，回到場景視窗。

相機拍攝到的畫面，就是實際執行遊戲的畫面，如果相機遠離物件，遊戲執行畫面裡的物件就會跟著變小。相反地，如果相機靠近物件，遊戲執行畫面裡的物件會跟著變大。

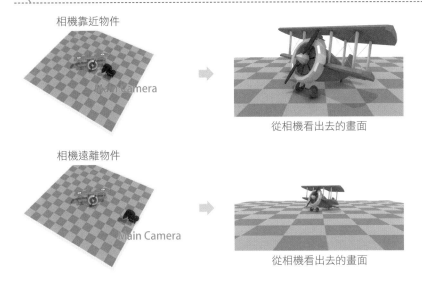

Fig.1-28 相機與遊戲畫面的關係

相機靠近物件

Main Camera

從相機看出去的畫面

相機遠離物件

Main Camera

從相機看出去的畫面

1-5-4 儲存場景

場景做好之後當然還需要存檔。從工具列點選 File → Save As，就會跳出場景儲存視窗。想取什麼名字都可以，我們就先在檔案名稱欄位輸入 TestScene，再按下存檔鈕。接著專案視窗會出現 Unity 的圖示，這樣我們就存好一個名為「TestScene」的場景了。

Fig.1-29 儲存場景

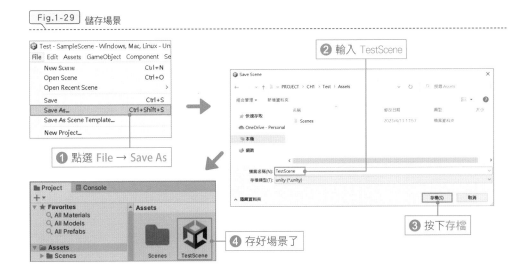

❷ 輸入 TestScene

❶ 點選 File → Save As

❸ 按下存檔

❹ 存好場景了

1-5-5 操控場景視窗的視點

這一段會介紹移動視點的方法（包括縮放、平行移動、旋轉）。請注意，**這裡移動的只有開發者的視點，並不會影響遊戲的執行畫面**。

放大和縮小

捲動滑鼠滾輪可以放大、縮小場景，不同電腦的設定不同，操作方向可能會相反。

Fig.1-30 放大、縮小場景視窗

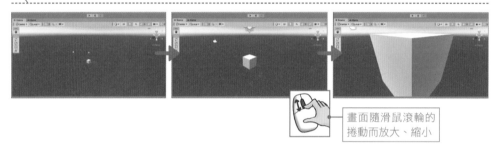

畫面隨滑鼠滾輪的捲動而放大、縮小

平行移動

在畫面左上方的操作工具點選手掌圖示，就會看到滑鼠的游標變成手的形狀。在這個狀態拖曳畫面，畫面就會跟著拖曳方向平行移動（按住滑鼠滾輪，也就是滑鼠中鍵拖曳也有相同效果）。

Fig.1-31 平行移動場景視窗

❶ 點選手掌圖示　　　　　　　　　　　　❷ 拖曳畫面，平行移動視點

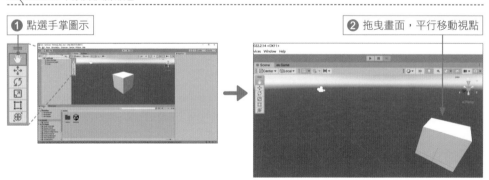

旋轉

　　想旋轉場景視窗的視角的話，Windows 要按住 `Alt` 鍵，macOS 要按住 `option` 鍵，會看到游標變成眼睛的形狀，然後按著 `option` 或 `Alt` 拖曳畫面就能旋轉視點。另外，當場景旋轉時，畫面右上方的 Scene Gizmo 也會跟著旋轉。Scene Gizmo 就像是指南針，能告訴開發者現在朝向哪個方向。

Fig.1-32 在場景視窗內旋轉視點

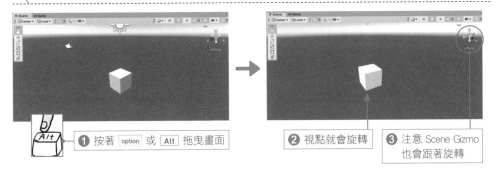

❶ 按著 `option` 或 `Alt` 拖曳畫面　　❷ 視點就會旋轉　　❸ 注意 Scene Gizmo 也會跟著旋轉

　　點擊 Scene Gizmo 的紅色圓錐，視點就會移動到 X 軸方向（側面）；點擊藍色圓錐，視點就會移動到 Z 軸方向（正面）；點擊綠色圓錐，視點就會移動到 Y 軸方向（正上方）。如果想回到斜看的視點，就要自己按住 `Alt` 或 `option` 旋轉視點。

Fig.1-33 用 Scene Gizmo 改變視點位置

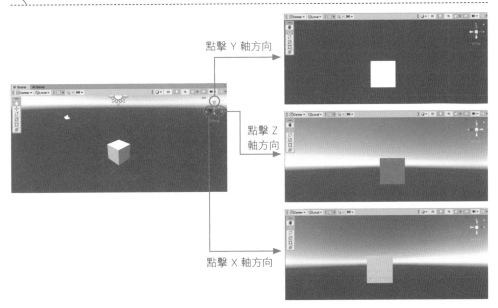

點擊 Y 軸方向

點擊 Z 軸方向

點擊 X 軸方向

1-5-6 改變物件形狀

　　接下來要改變剛才設置的立方體的形狀。在 1-5-5 小節，我們只移動了開發者的視點，沒有動到遊戲；在這一小節會**直接操作物件，請把注意力放在這些操作對遊戲執行畫面的影響**。在場景視窗對物件做的移動、旋轉、縮放，都會用到場景視窗左上方的操作工具，還有畫面右側的檢視視窗。以下介紹操作工具的使用方法。

移動工具

　　移動工具可以移動物件，先點選畫面左上方的移動工具，再選擇階層視窗的 Cube 後，立方體 3 個軸的箭頭就會出現。當我們拖曳箭頭（紅色箭頭為 X 軸，綠色箭頭為 Y 軸，藍色箭頭為 Z 軸），物件就會沿著軸線移動。被點選的軸線會標記成黃色。

Fig.1-34　移動物件

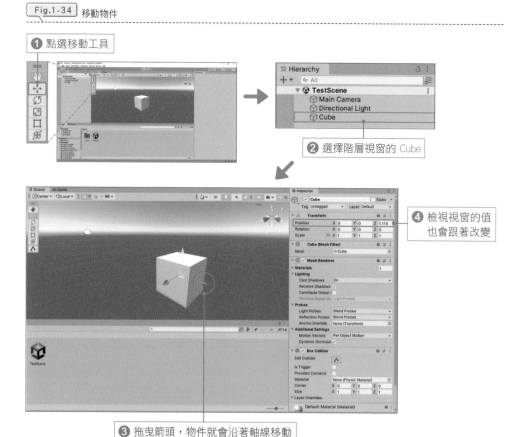

❶ 點選移動工具

❷ 選擇階層視窗的 Cube

❹ 檢視視窗的值也會跟著改變

❸ 拖曳箭頭，物件就會沿著軸線移動

物件移動的同時，檢視視窗裡 Transform 的 Position 值也會跟著改變。我們也可以**直接輸入 Position 欄位的值來指定物件位置**。物件往箭頭方向移動，Position 的值就會變大，物件往箭頭反方向移動，Position 的值就會變小。

旋轉工具

旋轉工具可以旋轉物件。先選擇旋轉工具，再點選階層視窗的 Cube，就能看到立方體上的輔助線變成圓形。試試看拖曳其中一條線，紅線會讓物件以 X 軸為中心旋轉，綠線會讓物件以 Y 軸為中心旋轉，藍線會讓物件以 Z 軸為中心旋轉。

Fig.1-35 旋轉物件

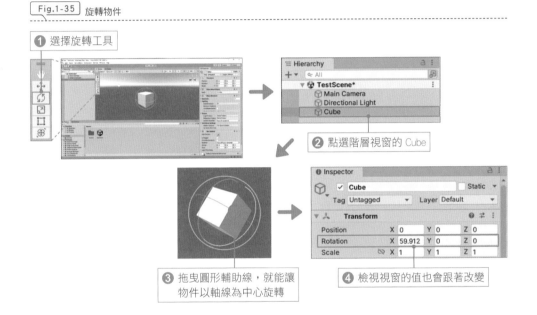

① 選擇旋轉工具

② 點選階層視窗的 Cube

③ 拖曳圓形輔助線，就能讓物件以軸線為中心旋轉

④ 檢視視窗的值也會跟著改變

物件旋轉的同時，檢視視窗裡 Transform 的 Rotation 值也會跟著改變。和 Position 一樣，直接修改 Rotation 的值也能旋轉物件。

縮放工具

縮放工具可以調整物件大小。先選擇縮放工具，再點選階層視窗的 Cube，就會看到立方體上出現末端是小立方體的線。拖曳末端的立方體，就可以沿軸線縮放，**向外拖曳放大物件，向內拖曳縮小物件**；拖曳輔助線中心的立方體，就可以同時沿 3 個軸線縮放物件。

Fig.1-36 縮放物件

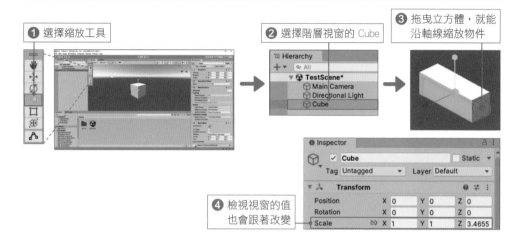

❶ 選擇縮放工具

❷ 選擇階層視窗的 Cube

❸ 拖曳立方體,就能沿軸線縮放物件

❹ 檢視視窗的值也會跟著改變

縮放物件的同時,Transform 的 Scale 值也會一起改變。和移動、旋轉物件同理,直接輸入欄位值也能縮放物件。

1-5-7 其他功能

最後介紹其他前面沒有提到的功能。

🐟 更改版面配置

Unity 編輯器的版面配置是可以更改的。從編輯器右上方的 Layout 下拉式選單挑一個喜歡的配置吧。

Fig.1-37 編輯器畫面的配置種類

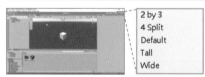

Default

2 by 3
4 Split
Default
Tall
Wide

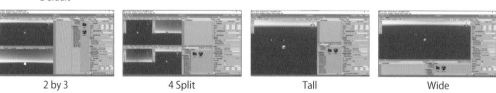

2 by 3　　　　　　4 Split　　　　　　Tall　　　　　　Wide

改變遊戲執行畫面的尺寸

遊戲視窗左上方的清單，可以選擇畫面長寬比。製作 iPhone、Android 遊戲時，就需要在這裡選擇要預覽的螢幕尺寸。相機的拍攝範圍會依照選擇的畫面比例而改變。

Fig.1-38 設定畫面尺寸

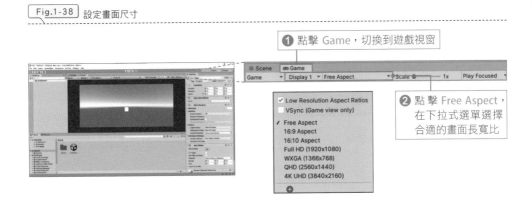

❶ 點擊 Game，切換到遊戲視窗

❷ 點擊 Free Aspect，在下拉式選單選擇合適的畫面長寬比

Profiler 分析工具

點擊遊戲視窗右上方的 Stats 鈕，就能查看遊戲執行時的 Profile（執行效能資訊），包括 FPS（Frame Per Second，每秒格數）、Polygon 數、Batch 數、Draw Call 數等等。再次按下 Stats 鈕就會回到原畫面。如果 3D 遊戲執行時發生卡頓等狀況，就可以用 Profiler 進行分析。

Fig.1-39 顯示 Profiler

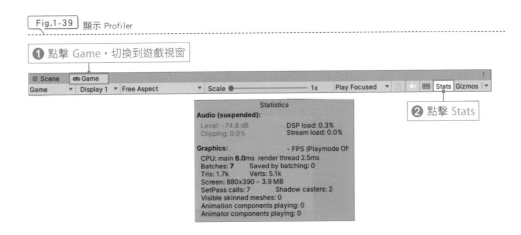

❶ 點擊 Game，切換到遊戲視窗

❷ 點擊 Stats

如果想看更詳細的 Profile，Unity 也有專用的 Profiler 分析工具。從工具列 Window → Analysis → Profiler，就能開啟 Profiler 視窗（Fig 1-40）。

Fig.1-40 顯示詳細 Profiler

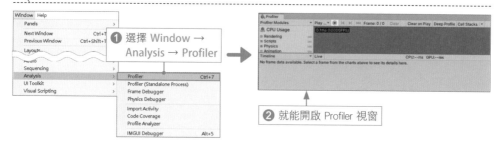

❶ 選擇 Window → Analysis → Profiler

❷ 就能開啟 Profiler 視窗

　　第 1 章到此結束。如果操作畫面停在遊戲視窗的話，請點擊 Scene 分頁回到場景視窗。在第 2 章，我們會解說程式腳本（在 Unity 讓遊戲動起來的程式）的基本語法。初學程式可能會有點吃力，但只要掌握訣竅，就能自由實現自己的構想。請務必要熟練這項技術！

> Tips < **Unity2D 與 Unity3D**

　　1-5 節介紹了在 Unity 製作 3D 專案的方法。其實不只 3D，Unity 也有製作 2D 遊戲的環境。雖說是兩種不同的遊戲概念，但使用的工具卻是同一套，簡單來說，就是**把 2D 遊戲當成從側面看的 3D 遊戲**。

Fig.1-41 2D 遊戲與 3D 遊戲的觀看角度

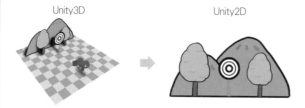

Unity3D　　　　　　　　　　Unity2D

Unity 的 2D 遊戲特徵，主要有以下三點：

- 是從側面看過去的 3D 場景
- 相機是平行投影（物體離相機再遠，大小也不會改變）
- 光源無法發揮作用（2D 遊戲不使用光源）

　　基本上，編輯器的操作在 2D、3D 沒有什麼不同，只要學會製作 2D 遊戲，就能做出 3D 遊戲。本書第 3 到第 6 章會製作 2D 遊戲，第 7、第 8 章製作 3D 遊戲。跟著這本書做出遊戲之後，就會感受到製作 2D 遊戲與 3D 遊戲其實大同小異。

Chapter 2
C# 程式腳本的基礎

要讓遊戲動起來，就必須靠程式腳本！

這一章我們會學到程式腳本的概要。Unity 使用 C#（唸為 C sharp）這個程式語言來編寫程式腳本，所以要先學習 C# 的基礎。不過，一開始就拼命記住所有程式語法的話，會很難堅持到最後的。目標先放在「寫出能順利運作的 Unity 程式腳本」就好，紮實學會相關的必要知識吧。

2-1 什麼是程式腳本

Unity 的程式腳本（script，又稱為腳本），就是遊戲裡各個物件的劇本。就像電影或舞台劇的劇本會指示演員應該如何表演一樣，Unity 的程式腳本則是會指示物件應該怎麼動作。腳本寫好後，再把腳本放在物件上，物件就能依照腳本動作了。

2-1-1 學習程式腳本的訣竅

在開始學習之前，先介紹一個學習程式設計的訣竅。程式語言就和英語、日語一樣，都是一種「語言」。學習語言最重要的當然就是「多讀、多寫、多說」，在學習程式腳本時，這 3 件事也一樣非常重要，要達到熟練的境界，一定得經過大量練習。這裡提到要「多說」程式語言，可能聽起來像是開玩笑，但實際用口語把程式說明給別人聽，真的會加深自己的理解，請大家一定要試試看！

Fig.2-1 程式腳本與物件

🐾 **學習程式的訣竅**
盡可能多讀程式、多寫程式、多說程式！

2-2 撰寫程式腳本

接下來終於要開始寫腳本啦。為了確實學會，建議要跟著範例實際寫寫看，並確認產生的動作效果。我們要先建好測試用專案，然後從建立腳本檔案開始。

2-2-1 建立專案

我們要先建立一個專案來測試腳本。請開啟 Unity Hub，點擊畫面右上方的新專案。

Fig.2-2 專案建立畫面

- -

點擊新專案

點擊「新專案」後，進入專案設定畫面，在範本清單裡選擇 2D，在專案名稱欄位輸入 Sample。按下建立專案後，就會在指定的資料夾建立專案，並自動開啟 Unity 編輯器（Fig 2-3）。

Fig.2-3 專案設定畫面

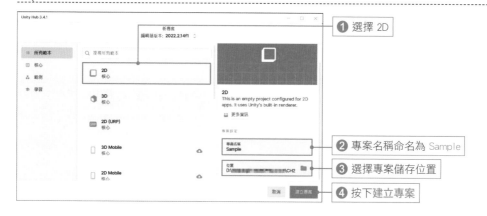

① 選擇 2D

② 專案名稱命名為 Sample

③ 選擇專案儲存位置

④ 按下建立專案

2-2-2 建立新的程式腳本

啟動 Unity 後，點擊 Project 分頁，在專案視窗內按滑鼠右鍵，選擇 Create →
C# Script。建立檔案後可以直接編輯檔案名稱，請把檔案命名為 Test。

Fig.2-4 新建程式腳本

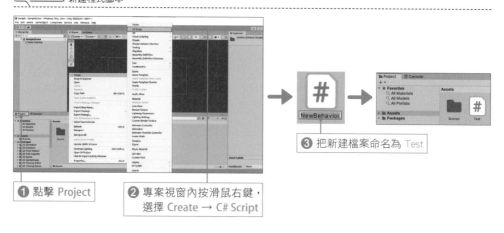

① 點擊 Project

② 專案視窗內按滑鼠右鍵，
選擇 Create → C# Script

③ 把新建檔案命名為 Test

再來必須新增遊戲物件，腳本才能運作（需要遊戲物件的原因，請見下一頁的
Tips）。請照著 Fig 2-5，在 Unity 編輯器左上方的階層視窗，選擇 + → Create
Empty，按下 Enter 鍵確定物件名稱，就會看見階層視窗裡新建立一個 GameObject。

新建好的遊戲物件內空無一物，沒有任何功能，這種遊戲物件我們稱為「空物件」。

Fig.2-5 新建遊戲物件

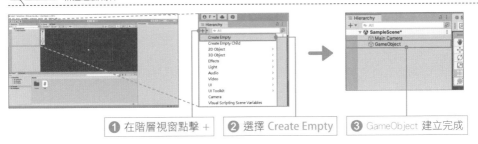

❶ 在階層視窗點擊 +　　❷ 選擇 Create Empty　　❸ GameObject 建立完成

請把剛才建好的 Test 腳本，拖放到階層視窗的 GameObject 上。這個動作就是把腳本「附加（attach）」在物件上，讓兩者連結在一起。**建立好腳本與物件的連結後，就能執行腳本了**。如果想要確認腳本是否附加成功，請點選階層視窗的 GameObject，在檢視視窗確認。

Fig.2-6 附加腳本程式

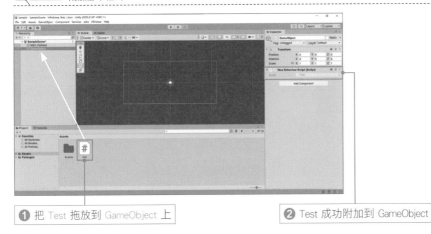

❶ 把 Test 拖放到 GameObject 上　　　　❷ Test 成功附加到 GameObject

> ︵Tips︶ **執行程式腳本前需要先「附加」**
>
> 腳本一定要先和物件有連結才能運作。舉例來說，寫好的角色動作腳本，必須先和角色物件建立連結後才能運作；同樣的，控制相機操作的腳本，要先和相機物件連結後才能運作。要讓寫好的腳本實際動起來，就必須把腳本附加到特定物件上才行。

2-3 程式腳本的第一步

前面建立的腳本裡本來就已經有一個程式的雛型，我們先開啟檔案看看裡面有什麼吧。

2-3-1 程式腳本概要

首先來概略瞭解一下腳本的內容。快速點擊專案視窗內的 Test 兩次，Visual Studio※ 就會啟動（在這一步驟，如果啟動的是其他文字編輯器，請參考下一頁的 Tips，更改預設啟動的編輯器），如果這個時候跳出要求下載 Mono Framework 的畫面，請同意下載並安裝。如果啟動過程中要求登入 Microsoft 帳號，也請依指示登入，還沒有帳號的讀者可以建立一個帳號再登入。

Fig.2-7 開啟腳本檔案

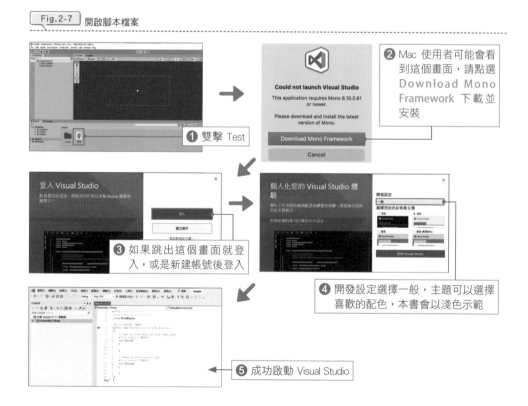

腳本檔案裡面有預設的程式碼。

Fig.2-8 程式腳本的畫面

※ Visual Studio

Visual Studio 是 Microsoft 的整合式
開 發 環 境（Integrated Development
Environment，常簡稱 IDE）。整合式開
發環境是一種應用程式，裡面集合了
製作程式所需要的各種工具（文字編
輯器、除錯器、專案管理功能等等）。

>Tips< **如果出現 Visual Studio 以外的編輯器**

如果雙擊腳本的圖示，卻發現開啟的不是 Visual Studio，請依照 Fig 2-9 的步驟，重
新設定預設的編輯器。

Fig.2-9 設定預設編輯器

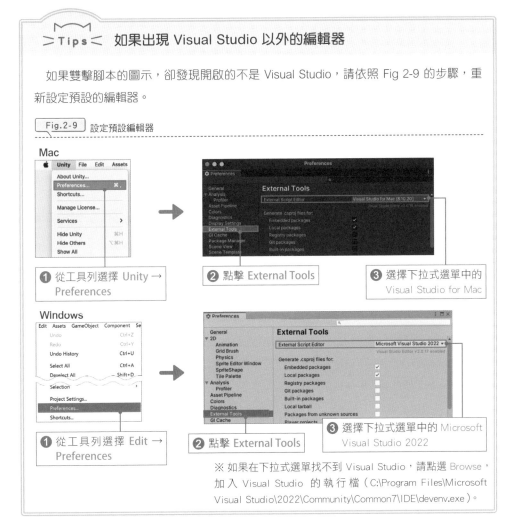

※ 如果在下拉式選單找不到 Visual Studio，請點選 Browse，
加 入 Visual Studio 的 執 行 檔（C:\Program Files\Microsoft
Visual Studio\2022\Community\Common7\IDE\devenv.exe）。

List 2-1 就是 Test 腳本的檔案內容。

List 2-1 預設的腳本檔案

```
1  using System.Collections;
2  using System.Collections.Generic;
3  using UnityEngine;
4
5  public class Test : MonoBehaviour
6  {
7      // Start is called before the first frame update
8      void Start()
9      {
10
11     }
12
13     // Update is called once per frame
14     void Update()
15     {
16
17     }
18 }
```

又是 using，又是 public、class 的，檔案裡有一堆不知所云像密碼一樣的文字。先不用緊張！只要讀完這一章就可以看懂這些程式碼了。

第 1 行跟第 2 行的 System.Collections 與 System.Collections.Generic 是關於資料的儲存型態（後面會說明）。第 3 行的 UnityEngine 則是運作 Unity 的必要功能。我們通常不會改動這部分，只要有個印象就好。

第 5 行是 class 的名稱。C# 的程式會以 class 為單位來管理內容。不過這裡只要先記得「**class 名稱**」=「**腳本名稱**」就可以了，後面會再解釋什麼是 class。

腳本會執行的實際內容，寫在第 6 行的 { 和第 18 行的 } 之間，包在 {} 之間的部分稱為區塊（block），{ 和 } 一定要組成一對，少寫一邊就會發生錯誤。另外，{ 也可以像下面的範例一樣和名稱寫在同一行。

```
public class Test : MonoBehaviour {
    ※ 這裡是 class 的內容。
}
```

　　第 7 行跟第 13 行 // 開頭的部分是程式碼的註解（comment），腳本程式執行時會略過 // 後面的任何文字。有時候我們想暫時跳過部分程式不要執行，但又不想直接刪除，就可以程式碼前面加上 //，這也稱為「把程式碼註解掉（comment out）」。或是想要留下文字備註來說明程式碼，也可以用註解來完成。在一行程式碼中間也可以直接加入 //，這樣執行腳本程式時就會只略過 // 後面的程式碼。

　　第 8 行的 Start() 和第 14 行的 Update() 分別是兩個「method」，名稱是 Start 和 Update。目前裡面都還是空白的，之後會像下方範例一樣，把「要做的事」寫在 method 的區塊內。

```
void Start()
{
    ※「要做的事」寫在這裡。
}
```

　　請大家先記得**「執行腳本，就會執行寫在 Start() 區塊與 Update() 區塊裡的內容」**，至於 method 是什麼，後續章節會再詳細說明。

影格與執行時間

　　遊戲的畫面和電影、動畫一樣，也是把一張一張的畫面串在一起，連續快速播放。這些畫面就稱為遊戲的「影格（Frame，又譯為幀）」；在 1 秒內顯示的圖畫數量，則稱為影格速率或每秒格數（frame per second，簡稱 FPS）。一般而言，電影播放的速率是 24 FPS，遊戲播放的速率是 60 FPS。

　　然而，就算把遊戲設定成 60 FPS，實際上使用者的輸入或系統效能還是可能影響顯示內容，導致真實的影格播放間距稍微大於或小於 1/60 秒。我們可以透過 Time.deltaTime 取得影格之間的實際時間差距。Time.deltaTime 還會出現在後續章節，這裡先不用知道詳細內容沒關係，只要知道這和影格有關就好。

Fig.2-10　什麼是「影格」

Start
Update
Update
Update
Update

Time.deltaTime

影格與影格之間的時間
就是 Time.deltaTime

請大家特別注意 Fig 2-10 的 Start() 與 Update() 對話框。啟動腳本後，
Start() 裡面的內容只會執行一次；接下來，在每個影格都會執行一次 Update()
裡的內容。例如要做一個角色向右走的動畫的話，一開始可以用 Start() 在畫面上
顯示角色，之後用 Update() 讓角色在每個影格都稍微向右移動。腳本裡會寫成這
樣：

```
void Start()
{
    ※ 顯示出角色
}

void Update()
{
    ※ 讓現在的角色稍微向右移動
}
```

　　不只是顯示角色，像是碰撞判定、鍵盤輸入等等，也都是以影格為單位執行的。
統整流程如 Fig 2-11。

| Fig.2-11 | 腳本的大略流程

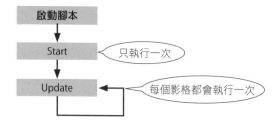

2-3-2 顯示 Hello, World

　　現在來寫出可以實際執行的腳本吧。

　　我們會撰寫一個在 Unity 編輯器的控制視窗 ※ 顯示「Hello, World」的腳本。請把
List 2-2 的程式碼寫進腳本程式（在第 2 章，我們會用啟動後只執行一次的
Start() 來練習寫腳本，暫時不會用到 Update()，可以先刪掉）。

※ 控制視窗
控制視窗會顯示錯誤、警告訊息，還可以顯示腳本裡使用的值。此外，因為腳本可以在指定時機把
指定的文字顯示在控制視窗，所以也常用來除錯（debug）。

List2-2 顯示 Hello, World 的腳本

```
1  using System.Collections;
2  using System.Collections.Generic;
3  using UnityEngine;
4
5  public class Test : MonoBehaviour
6  {
7      void Start()
8      {
9          // 在控制視窗顯示 Hello, World
10         Debug.Log("Hello, World");
11     }
12 }
```

在這個腳本，我們新增了 Start() 裡面的程式碼，位置在第 9 行跟第 10 行。第 9 行是註解，腳本執行時會忽略；第 10 行使用了 Debug.Log()，寫在 () 裡面的字串會顯示在控制視窗。

```
Debug.Log("要顯示在控制視窗的字串");
```

這裡出現了「字串（string）」這個新名詞。所謂的字串，就是許多文字相連成串的意思。如果要在腳本裡使用字串，記得要用雙引號（""）前後包住字串。萬一忘記加上雙引號，寫成 Debug.Log(Hello, World); 的話，就會出現錯誤。即便是 1234 這樣的數字，只要寫成 "1234"，用 "" 前後包住，在腳本內就會被視為字串處理。

```
  ╭⌢⌢⌢╮
 ＞Tips＜  重要的分號
```

在 Debug.Log("Hello, World"); 這行最後有個分號（;），樣子小小的，很容易就漏看了。但這個分號可是責任重大，電腦會依據分號來區分程式碼的段落，少了分號就會產生錯誤，還請大家多多注意。

如果忘記寫上分號，並不會出現「你忘記寫分號了！」這種錯誤訊息，錯誤通常會出現在漏掉分號的下一行，除錯時記得檢查看看錯誤位置的上一行。

執行程式腳本

在 Visual Studio 把腳本寫好之後請先存檔，回到 Unity 編輯器（不需要關閉 Visual Studio）。按一下場景視窗上方的執行鈕，再點擊階層視窗下面的 Console 分頁鈕，把專案視窗切換到控制視窗。

Fig.2-12 確認 Debug.Log() 的顯示結果

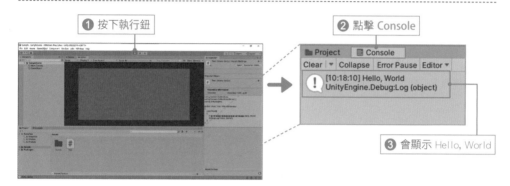

① 按下執行鈕

② 點擊 Console

③ 會顯示 Hello, World

每當遊戲開始執行，就會啟動階層視窗清單中的所有遊戲物件，並執行連結（附加）在物件上的腳本。執行腳本的時候，會先執行一次 Start() 裡面的程式碼，再來一直到遊戲停止之前，在每個影格都會執行 Update() 裡面的程式碼（可以複習 Fig 2-11）。再按一次**執行鈕**就能停止遊戲。

請看控制視窗，Hello, World 真的出現了。我們終於邁出設計程式腳本的第一步！接下來要練習寫更多的腳本，一步一步的慢慢熟練喔！

儲存場景

再來我們必須儲存場景，把剛才的成果存起來。從工具列選擇 **File → Save As**，把場景命名為 SampleScene 儲存。儲存完畢後，Unity 編輯器的專案視窗就會出現場景的圖示。

使用變數

運用程式腳本處理資料時，使用變數（variable）可以讓一切都更加便利。在這一節一起學會如何使用變數吧。

2-4-1 宣告變數

我們會使用「變數」來處理腳本裡的數字與字串。變數就像一個用來存放資料的箱子，可以把資料暫時放在裡面。製作這個箱子的時候，**必須先宣告箱子的名字和內容的種類**。

箱子的種類稱為「型態」，有整數、小數、字串、布林值（Boolean value）※ 等等。箱子的名字稱為「變數名稱」，變數名稱可以自行決定，只要在腳本程式裡不重複就好。

Table 2-1 列出了一部分的型態，先慢慢記住常用的就好了，不用一次全部背起來。

Fig.2-13 宣告變數

接著介紹如何使用變數。請刪除剛才寫在 Start() 裡面的程式碼，改寫成 List 2-3，再執行看看。

※ 布林值
布林值是一種表示條件式為真（true）或假（false）的二元型態。比如說，像這樣的條件式：「"dog" 和 "god" 這兩個字串是相同的」，其布林值就是假（false）。

Table2-1 變數的型態

型態	說明	數值範圍
int	整數	-2,147,483,648 ~ 2,147,483,647
float	單精度浮點數	-3.402823E+38 ~ 3.402823E+38
double	雙精度浮點數	-1.79769313486232E+308 ~ 1.79769313486232E+308
bool	布林值	true 或 false
char	字元	文字所用的 Unicode 符號
string	字串	文字

List2-3 運用變數

```
1  using System.Collections;
2  using System.Collections.Generic;
3  using UnityEngine;
4
5  public class Test : MonoBehaviour
6  {
7      void Start()
8      {
9          int age;
10         age = 30;
11         Debug.Log(age);
12     }
13 }
```

＼輸出結果／

```
30
```

　　第 9 行的 int age; 就是在宣告（declare）變數。int 代表整數型態，age 是箱子的名稱，也就是宣告**「現在要使用一個 int 型態（整數型態）的箱子，名字叫做 age 喔！」**的意思。

宣告變數：

型態名稱　變數名稱;

　　程式碼的第 10 行把 30 這個數值放進 age 這個箱子裡。把值放進箱子這個動作稱為「指派（assign，又譯為賦值）」，做指派的時候，**變數在左，值在右，中間要以「=」相連。**

把值指派給變數：

變數名稱 ＝ 指派的值；

「＝」在這裡是指派運算子。請注意！雖然這和數學的等號看起來一樣，但指派並不是左邊與右邊相等的意思。

最後用 Debug.Log() 把箱子的內容顯示在控制視窗上。把變數名稱直接寫在 Debug.Log() 的 ( ) 內，就能顯示變數的值（放在箱子裡面的值）。

Fig.2-14 │ 變數的宣告與指派

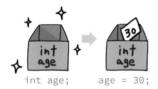

```
int age;        age = 30;
```

變數的初始化與指派

我們再來看另一個例子。在下面的範例，雖然是**把變數指派給另一個變數**，但其中的道理是相同的。請改寫 Start() 裡面的程式碼，再次執行看看吧。

List2-4 │ 指派變數給變數

```
1  using System.Collections;
2  using System.Collections.Generic;
3  using UnityEngine;
4
5  public class Test : MonoBehaviour
6  {
7      void Start()
8      {
9          float height1 = 160.5f;
10         float height2;
11         height2 = height1;
12         Debug.Log(height2);
13     }
14 }
```

＼輸出結果／

```
160.5
```

可以看到在第 9 行的程式碼，同時做了宣告變數和指派值這兩件事，這就是變數的「初始化（initialization）」。這邊指派了初始值 160.5f 給 float（浮點數）型態的變數 height1。

變數初始化：
型態名稱　變數名稱　＝　指派的值；

在指派的小數後面加上「f」，就可以把數字設定成單精度浮點數（float）。如果沒加上 f，就會自動被當成雙精度浮點數（double）。在這個範例，如果忘記在第 9 行加上 f 的話，系統會認為我們想把 double 型態的值指派給 float 型態的變數，於是出現錯誤訊息，意思是「變數和指派值的型態不同」。**指派 float 型態的小數時，務必要在數值後方加上 f。**

也可以把變數裡面的值，指派給另一個型態相同的變數。像是在第 10 行宣告了 float 型態的變數 height2，然後在第 11 行把 height1 的值指派給 height2。另外，雖然說變數就像裝著資料的箱子，但是**指派只會複製資料，而不是移動資料**，height1 不會因為指派給了 height2 就變得沒有資料。

把變數指派給變數：
變數名稱　＝　指派的變數名稱；

Fig.2-15　變數之間的指派

float height1 = 160.5f;　　float height2;　　height2 = height1;

>Tips< **如果把 double 型態指派給 float 型態會發生什麼事？**

在 Table 2-1 有提到，double 型態的數值範圍比 float 型態還要大，如果硬要把 double 型態的值指派給 float 型態，就必須捨去超出 float 範圍的部分。這可能會造成相當棘手的 bug，所以 C# 禁止把 double 型態的值指派給 float 型態。

 用變數處理字串

接著來看把字串指派給變數的範例。

List2-5　把字串指派給變數再輸出

```
1   using System.Collections;
2   using System.Collections.Generic;
3   using UnityEngine;
4
5   public class Test : MonoBehaviour
6   {
7       void Start()
8       {
9           string name;
10          name = "kitamura";
11          Debug.Log(name);
12      }
13  }
```

\輸出結果/

```
kitamura
```

與數值同理，我們也能把字串指派給變數。 字串的型態是 string，在腳本裡記得用 "" 前後包住字串。這個範例把字串 kitamura 指派給 string 型態的變數 name，並在控制視窗顯示變數內容。

指派字串：

變數名稱 = " 指派的字串 ";

Fig.2-16　字串變數

string name;　　　name = "kitamura";

2-4-2　變數的計算

　　接著學習使用變數做計算吧。程式碼裡的加減乘除算數符號分別是 +-*/。請先清空 Start() 的程式碼，照著 List 2-6 練習看看。

List 2-6　把加法的計算結果指派給變數

```
1  using System.Collections;
2  using System.Collections.Generic;
3  using UnityEngine;
4
5  public class Test : MonoBehaviour
6  {
7      void Start()
8      {
9          int answer;
10         answer = 1 + 2;
11         Debug.Log(answer);
12     }
13 }
```

＼輸出結果／

```
3
```

　　在第 9 行宣告了 int 型態的變數 answer，第 10 行計算 1 + 2，並把計算結果 3 指派給變數 answer。

指派計算結果：

變數名稱 = 數值 + 數值;

也試試看其他運算是否能用相同方式指派吧。

List 2-7　進行四則運算

```
1  using System.Collections;
2  using System.Collections.Generic;
3  using UnityEngine;
4
5  public class Test : MonoBehaviour
6  {
7      void Start()
8      {
9          int answer;
10         answer = 3 - 4;
11         Debug.Log(answer);
12
13         answer = 5 * 6;
14         Debug.Log(answer);
15
16         answer = 8 / 4;
17         Debug.Log(answer);
18     }
19 }
```

＼輸出結果／

```
-1
30
2
```

變數之間的計算

不只是數值之間能計算，**變數之間也能計算**。以下是變數之間做加法計算的範例。

List 2-8　變數之間的計算範例

```
1  using System.Collections;
2  using System.Collections.Generic;
3  using UnityEngine;
4
5  public class Test : MonoBehaviour
6  {
7      void Start()
8      {
```

```
9          int n1 = 8;
10         int n2 = 9;
11         int answer;
12         answer = n1 + n2;
13         Debug.Log(answer);
14     }
15 }
```

＼輸出結果／

17

在第 9 行把變數 n1 初始化為 8，第 10 行則是把變數 n2 初始化為 9。在第 12 行把 n1 的內容和 n2 的內容相加後，指派給變數 answer。像這樣，不只是 2、3 這種數值，**放在變數內的值也能做四則運算**。

Fig.2-17 變數之間的加法計算

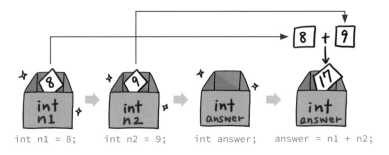

```
int n1 = 8;        int n2 = 9;        int answer;        answer = n1 + n2;
```

🐟 更便利的寫法 ①

寫程式時，常會遇到需要**把變數裡的值再加上某個數值（或是再減少某個數值）**的情況。例如，想將變數的內容再加上 5，就可以這樣寫：

```
answer = answer + 5;
```

假設變數 answer 的值為 10，就會把 10+5 的計算結果再次指派給 answer。

不過每次讓值增加的時候都這樣寫的話，程式碼就會有點太冗長了。這種時候可以用簡寫的「+=」符號，寫成「變數名稱 += 想增加的值」，變數就會增加我們指定的數值。請跟著 List 2-9 寫一次並執行看看。

List2-9 增加變數的值

```
1  using System.Collections;
2  using System.Collections.Generic;
3  using UnityEngine;
4
5  public class Test : MonoBehaviour
6  {
7      void Start()
8      {
9          int answer = 10;
10         answer += 5;
11         Debug.Log(answer);
12     }
13 }
```

＼輸出結果／

```
15
```

　　在第 9 行把 10 指派給變數 answer 作為初始值，接著在第 10 行使用 += 把 answer 的內容加上 5。如此一來，變數 answer 內的值就變成 15，控制視窗上也會顯示 15。

　　除了加法之外，其他計算當然也有相對應的簡寫符號，減法、乘法、除法分別對應「 -= 」、「 *= 」、「 /= 」符號。

Fig.2-18 簡寫符號的加法

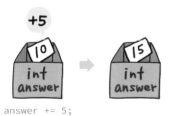

answer += 5;

🐟 更便利的寫法 ②

在某些特殊狀況，我們會希望**讓變數剛好增加** 1，這種需求其實相當常見。在 C# 可以使用遞增運算子讓變數增加 1。遞增運算子的寫法是「變數名稱 ++」。

List 2-10 讓變數只增加 1

```
1  using System.Collections;
2  using System.Collections.Generic;
3  using UnityEngine;
4
5  public class Test : MonoBehaviour
6  {
7      void Start()
8      {
9          int answer = 10;
10         answer++;
11         Debug.Log(answer);
12     }
13 }
```

＼輸出結果／

```
11
```

在上面的範例中，第 9 行把變數 answer 初始化為 10，接著在第 10 行使用遞增運算子讓 answer 的內容增加 1，answer 的值就變成 11 了。

相反地，**遞減運算子可以讓變數減去** 1，寫法是「變數名稱 --」。

Fig.2-19 遞增運算子

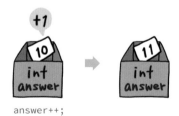

answer++;

想讓變數增加 1 的話，可以用 += 寫成 answer += 1，也可以用加法符號 + 寫成 answer = answer + 1。不過這種加減 1 的計算，在後面的條件式等程式碼會很頻繁出現，建議養成使用 ++ 和 -- 的習慣。

連接字串

前面談到的都是數值之間的計算，其實**不只是數字，字串也能使用 + 與 += 運算子**。字串之間的加法符號可以把字串連接起來，請試著依照 List 2-11 的範例寫寫看。

List2-11　連接字串 ①

```
1  using System.Collections;
2  using System.Collections.Generic;
3  using UnityEngine;
4
5  public class Test : MonoBehaviour
6  {
7      void Start()
8      {
9          string str1 = "happy ";
10         string str2 = "birthday";
11         string message;
12
13         message = str1 + str2;
14         Debug.Log(message);
15     }
16 }
```

╲輸出結果╱

```
happy birthday
```

在第 9 行與第 10 行指派的字串，會在第 13 行透過 + 連接，並且把連接後的字串指派給變數 message。第 14 行會再把變數 message 的內容顯示在螢幕上。

上面的範例也能用 += 寫成像 List 2-12，會輸出一樣的結果。

```
1  using System.Collections;
2  using System.Collections.Generic;
3  using UnityEngine;
4
5  public class Test : MonoBehaviour
6  {
7      void Start()
8      {
9          string str1 = "happy ";
10         string str2 = "birthday";
11
12         str1 += str2;
13         Debug.Log(str1);
14     }
15 }
```

\輸出結果/

happy birthday

在第 9 行與第 10 行指派的字串，會在第 12 行透過 += 連接。使用 + 的時候，str1 與 str2 字串本身不會發生任何變化，但是用 += 的話，就會直接把 str2 連接到 str1 後面，讓 str1 的內容發生改變，還請大家特別注意。

🐟 字串與數值的連接

+ 和 += 不只可以計算數值、連接字串，也可以**連接字串與數值**。連接字串與數值時，數值會被轉換成字串來處理。

```
1  using System.Collections;
2  using System.Collections.Generic;
3  using UnityEngine;
4
5  public class Test : MonoBehaviour
6  {
7      void Start()
8      {
```

```
9          string str = "happy ";
10         int num = 123;
11
12         string message = str + num;
13         Debug.Log(message);
14    }
15 }
```

＼輸出結果／

happy 123

　　第 9 行初始化的 `string` 型態變數 `str`，和第 10 行初始化的 `int` 型態變數 `num`，
會在第 12 行連接起來，再指派給變數 `message`。因為和字串放在一起運算，所以
`num` 變數也會變成字串，`message` 的輸出結果是連接後的字串 happy 123。

>Tips< Hello, World 是什麼？

　　我們在 2-3-2 節寫了一個在控制視窗顯示「Hello, World」的腳本。大部分的程式入門
書裡，第一個程式範例都是顯示「Hello, World」。這是全世界的慣例，「Hello, World」
也被稱為「全世界最有名的程式」。

2-5 流程控制

2-5 節要來解說流程控制。我們前面練習的程式腳本,都是由上而下依序執行程式碼;如果能控制流程,就可以在符合特定條件時才執行某一段程式碼,也能讓程式碼反覆執行。

2-5-1 if 條件式

像是「撿到 1 個藥草,就恢復 50 HP」這種描述,只靠前面學到的程式腳本是做不到的。**想要在特定條件下執行某個動作,就會用到 if 條件式。**

最簡單的 if 條件式語法如下:

```
if (條件式)
{
    流程
}
```

整個 if 條件式的判斷流程如 Fig 2-20 所示。滿足條件式時(也就是條件為「真」的情況),就會執行 {} 裡面的流程。沒有滿足條件式時(也就是條件為「假」的情況),就不會執行 {} 內的流程,而是直接跳過,繼續執行後面的程式碼。

Fig.2-20 | if 的判斷過程

設計 if 條件式時常會用到各種關係運算子,如 Table 2-2 所示。像是 == 運算子在左邊的值等於右邊的值的時候,結果就會是「真」;反之就是「假」。請注意不要和指派變數的 = 混淆了。

!= 和 == 相反，當左邊的值等於右邊的值，結果就為「假」；反之結果為「真」。
其他運算子的結果則是和數學的不等式符號相同。

Table2-2　關係運算子

運算子	比較結果
==	左右相等時為真
!=	左右不相等時為真
>	左邊大於右邊時為真
<	左邊小於右邊時為真
>=	左邊大於或等於右邊時為真
<=	左邊小於或等於右邊時為真

接著在腳本裡使用 if 條件式，確認實際執行結果吧。請把腳本的 Start() 內容
清空，改成 List 2-14 並執行看看。

List2-14　if 條件式的使用範例

```
1  using System.Collections;
2  using System.Collections.Generic;
3  using UnityEngine;
4
5  public class Test : MonoBehaviour
6  {
7      void Start()
8      {
9          int herbNum = 1;
10         if (herbNum == 1)
11         {
12             Debug.Log("恢復 50 HP");
13         }
14     }
15 }
```

╲輸出結果╱

恢復 50 HP

這個範例腳本只會在藥草數量（herbNum）為 1 時恢復 HP。在第 10 行會用條件
式檢查變數 herbNum 的值是否為 1。因為第 9 行把 1 指派給 herbNum，所以第 10
行的條件為「真」，於是就接著執行 {} 內的流程，在控制視窗顯示「恢復 50 HP」。

另外在這個範例腳本中，如果條件為「假」，那控制視窗就不會顯示任何文字，程式會直接結束。

2-5-2 if-else 分歧條件式

接著介紹從 if 條件式衍伸出的 if-else 條件式。這可以**在滿足條件時和未滿足條件時，分別執行不同流程**，例如「HP 在 100 以上的時候發動攻擊，否則就進行防禦」。

```
if (條件式)
{
    程式碼 A
}
else
{
    程式碼 B
}
```

整個 if-else 判斷過程如 Fig 2-21 所示。

Fig.2-21 if-else 判斷過程

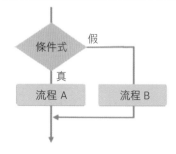

List 2-15 是應用 if-else 語法的腳本範例。變數 hp 的值在 100 以上時會發動攻擊，其他情況則進行防禦。

> **List2-15** if-else 語法的運用範例 ①

```csharp
1  using System.Collections;
2  using System.Collections.Generic;
3  using UnityEngine;
4
5  public class Test : MonoBehaviour
6  {
7      void Start()
8      {
9          int hp = 200;
10         if (hp >= 100)
11         {
12             Debug.Log("攻擊！");
13         }
14         else
15         {
16             Debug.Log("防禦！");
17         }
18     }
19 }
```

＼輸出結果／

攻擊！

　　根據變數 hp 的值是否在 100 以上，進行的流程會有所不同。在第 10 行的條件式 hp >= 100 裡，>= 和數學的 ≧ 意思相同。因為在第 9 行把 hp 的值設為 200，所以這個條件就是「真」，於是在控制視窗顯示「攻擊！」。

試試看！

把第 9 行改成 int hp = 1; ，看看是否會顯示「防禦！」。

2-5-3　多條件的 if 條件式

　　前面學到，在一個條件式成立、不成立的情況分別執行不同程式碼；那如果想設計「當 HP 低於 50 就逃走，高於 200 就發動攻擊，除此之外都進行防禦」這樣，**有超過 2 個條件要判斷的情況**，又該怎麼辦呢？這就是 if 語法的最後一個模式上場的時機了！

講是這樣講，但也不是什麼全新的概念。我們只要在 if-else 條件式後面，再加上一個 if-else 就可以了。語法如下：

```
if (條件式 a)
{
    程式碼 A
}
else if (條件式 b)
{
    程式碼 B
}

    ⋮

else if (條件式 y)
{
    程式碼 Y
}
else
{
    程式碼 Z
}
```

把這個語法的結構畫成圖，就是 Fig 2-22。程式碼由上而下依序檢查是否符合條件，如果符合條件，就執行 {} 內的流程，之後就跳過後面的所有 if else 或是 else，直接結束整個條件式。如果所有條件都不符合，才會執行最後 else {} 裡的流程。

開頭的 if 和最後的 else 中間不管要加入幾個 else if 都行，也可以省略最後的 else。

Fig.2-22 連續 if-else 的判斷流程

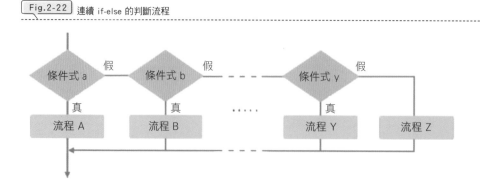

多條件的 if-else 條件式範例在 List 2-16。

List2-16 if-else 語法的運用範例 ②

```
1  using System.Collections;
2  using System.Collections.Generic;
3  using UnityEngine;
4
5  public class Test : MonoBehaviour
6  {
7      void Start()
8      {
9          int hp = 180;
10         if (hp <= 50)
11         {
12             Debug.Log("逃走！");
13         }
14         else if (hp >= 200)
15         {
16             Debug.Log("攻擊！");
17         }
18         else
19         {
20             Debug.Log("防禦！");
21         }
22     }
23 }
```

＼輸出結果／

防禦！

在這個範例中，第 10 行的 if 會檢查「hp 低於 50 嗎？」，第 14 行的 else if 會檢查「hp 高於 200 嗎？」。因為在第 9 行指派了 180 給 hp，所以執行的是 else 部分的程式碼，最後輸出「防禦！」。

2-5-4 變數範圍(scope)

在 if 條件式這種區塊裡面宣告的變數，都會有使用範圍的限制。請看下方的範例，觀察各個變數的使用範圍。

List2-17 變數範圍的範例

```
1  using System.Collections;
2  using System.Collections.Generic;
3  using UnityEngine;
4
5  public class Test : MonoBehaviour
6  {
7      void Start()
8      {
9          int x = 1;
10         if (x == 1)
11         {
12             int y = 2;
13             Debug.Log(x);
14             Debug.Log(y);
15         }
16         Debug.Log(y);
17     }
18 }
```

按下執行鈕執行腳本，會看到 Unity 編輯器左下方顯示錯誤訊息：「The name 'y' does not exist in the current context」。這是在說，我們沒有宣告第 16 行使用的變數 y。但是明明已經在第 12 行宣告變數 y 了，怎麼會這樣呢？

其實**變數只能在「宣告變數那一行前後的 {} 之間」使用**，這就是所謂的變數範圍（scope）。變數 x 可以在第 9 行的宣告之後，到第 17 行的 } 之間使用，而變數 y 只能在第 12 行的宣告到第 15 行的 } 之間使用。

Fig.2-23 什麼是變數範圍（scope）？

```
7  void Start()
8  {
9      int x = 1;
10     if (x == 1)
11     {
12         int y = 2;
13         Debug.Log(x);
14         Debug.Log(y);
15     }
16     Debug.Log(y);
17 }
```

變數 x 的範圍

```
7  void Start()
8  {
9      int x = 1;
10     if (x == 1)
11     {
12         int y = 2;
13         Debug.Log(x);
14         Debug.Log(y);
15     }
16     Debug.Log(y);
17 }
```

變數 y 的範圍

這樣就能理解發生錯誤的原因了。y 的變數範圍只在 if 區塊內，所以才會在第 16 行發生「尚未宣告變數 y」的錯誤。只要把第 16 行註解掉（在開頭加上 //），或是把 y 的宣告往前移到 x 的宣告的下一行，就不會發出錯誤訊息了。

在 if 的區塊內宣告的變數，無法用於 if 區塊之外，就像這個範例一樣，要特別注意喔。

>Tips< **好讀的腳本與難讀的腳本**

只要腳本的程式語法正確，無論看起來是什麼樣子都能順利執行。話雖如此，但還是建議大家以「便於他人閱讀與理解」的原則來設計腳本。請看下面的範例，兩邊的執行結果雖然相同，但寫法有很大差異。

左邊的腳本雖然比右邊的腳本精簡許多，卻很難看出變數代表什麼意思。再加上沒有空行、沒有縮排※，程式碼就會很難閱讀。此外，一行註解都沒有，會很難快速理解程式碼的功用，可能連撰寫這段程式碼的本人，也要花費一番工夫回想呢。

而右邊就是很好的腳本寫法，考慮他人的閱讀感受，仔細撰寫，不但節省閱讀的時間，未來自己也能更快想起程式碼的功用。

Fig.2-24 腳本程式範例

難讀的腳本

```
int a = 100;
int b = 20;
a -= b;
if (a >= 0)
{
Debug.Log(a);
if (a >= 80)
{
Debug.Log("狀態良好");
}
}
```

好讀的腳本

```
int playerHp = 100;
int damage = 20;

// 受到傷害
playerHp -= damage;

// 如果玩家還活著，就顯示 HP
if (playerHp >= 0)
{
    Debug.Log(playerHp);

    // 如果 HP 在 80 以上，就顯示狀態
    if (playerHp >= 80)
    {
        Debug.Log("狀態良好");
    }
}
```

※ 縮排

所謂的縮排，是指在同一個區塊的程式碼開頭都插入固定數量的空格，讓程式的架構更清楚易懂。（編註：一般來說空格的數量會是 4 的倍數，按下 Tab 可以自動加入 4 個空格。本書的範例程式碼都有用縮排調整外觀，可以作為學習的參考。）

2-5-5 for 迴圈

寫腳本的時候，偶爾會需要讓一段流程一直重複執行；要是需要重複 50 次，難道就只能把同一段程式碼寫 50 次嗎？這時可以**運用 for 迴圈，只要指定執行的次數，for 迴圈就能自動幫我們全部完成**，省下許多工夫。for 迴圈的語法如下：

```
for（變數初始化；迴圈條件式；更新變數）
{
    流程
}
```

Fig.2-25　for 迴圈的流程圖

for 後面的（）裡要寫上重複執行的條件，感覺好像很複雜，實際寫個腳本就會更好理解。請照著 List 2-18 寫寫看，觀察輸出的結果。

List2-18　for 迴圈的範例

```
1  using System.Collections;
2  using System.Collections.Generic;
3  using UnityEngine;
4
5  public class Test : MonoBehaviour
6  {
7      void Start()
8      {
9          for (int i = 0; i < 5; i++)
10         {
11             Debug.Log(i);
12         }
13     }
14 }
```

＼輸出結果／

```
0
1
2
3
4
```

　　上面的範例使用 for 迴圈重複執行了 5 次程式碼，整個過程如 Fig 2-26 所示。
❶ 只執行 1 次，❷ 執行了 6 次，❸ 到 ❺ 重複執行了 5 次。

❶ 把變數 i 初始化為 0。

❷ 若滿足迴圈條件式（i < 5），就執行步驟 ❸；沒有滿足的話就結束迴圈。

❸ 在控制視窗顯示 i 的值。

❹ i 的值加 1。

❺ 回到步驟 ❷。

Fig.2-26　for 迴圈的執行流程

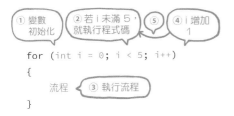

```
for (int i = 0; i < 5; i++)
{
    流程
}
```

① 變數初始化　② 若 i 未滿 5，就執行程式碼　⑤　④ i 增加 1　③ 執行流程

　　光是這樣可能還抓不到 for 迴圈的感覺，以下準備了幾個範例腳本，實際動手練習，加深印象吧。

只顯示偶數的迴圈

```
 1  using System.Collections;
 2  using System.Collections.Generic;
 3  using UnityEngine;
 4
 5  public class Test : MonoBehaviour
 6  {
 7      void Start()
 8      {
 9          for (int i = 0; i < 10; i += 2)
10          {
11              Debug.Log(i);
12          }
13      }
14  }
```

\輸出結果/

```
0
2
4
6
8
```

　　這是一個輸出偶數的範例。把前一個範例第 9 行的 i++ 改成 i+=2，再把迴圈條件式改成 i < 10。這樣每執行一次迴圈，i 值就會增加 2，直到等於或超過 10 就停止，所以控制視窗會顯示小於 10 的偶數。

List2-20 只顯示特定範圍數字的迴圈

```
 1  using System.Collections;
 2  using System.Collections.Generic;
 3  using UnityEngine;
 4
 5  public class Test : MonoBehaviour
 6  {
 7      void Start()
 8      {
 9          for (int i = 3; i <= 5; i++)
10          {
11              Debug.Log(i);
12          }
13      }
14  }
```

3
4
5

　　這個範例只輸出 3 到 5，因為 for 迴圈的變數初始值設為 3，條件式設成 i <= 5，所以就只會在這個範圍內輸出。藉由設定變數初始值和條件式，我們就能挑出特定範圍的值來進行迴圈。

List2-21 顯示倒數的迴圈

```
1  using System.Collections;
2  using System.Collections.Generic;
3  using UnityEngine;
4
5  public class Test : MonoBehaviour
6  {
7      void Start()
8      {
9          for (int i = 3; i >= 0; i--)
10         {
11             Debug.Log(i);
12         }
13     }
14 }
```

\輸出結果/

3
2
1
0

　　這是一個從 3 倒數到 0 的腳本。迴圈初始值設為 3，每執行一次迴圈，變數 i 就減 1。因為迴圈條件式設成 i>=0，所以在倒數到 0 之後就會跳出迴圈。

List2-22 計算總和的迴圈

```
1  using System.Collections;
2  using System.Collections.Generic;
3  using UnityEngine;
4
5  public class Test : MonoBehaviour
6  {
7      void Start()
8      {
9          int sum = 0;
10         for (int i = 1; i <= 10; i++)
11         {
12             sum += i;
13         }
14         Debug.Log(sum);
15     }
16 }
```

\輸出結果/

```
55
```

　　這是一個輸出 1 到 10 總和的腳本。因為我們想從 1 加到 10，所以把 i 的初始值設為 1，條件式設為 i <= 10。另外再設定一個變數 sum，初始值是 0，在每次 for 迴圈都把 i 加進 sum。第 1 次迴圈時，sum 是 1；第 2 次迴圈時，1 加上 2 變成 3；第 3 次迴圈時，3 加上 3 變成 6。

>Tips< 腳本程式出錯是家常便飯

　　寫好腳本之後，心裡想著「好！這樣遊戲就會動了吧！」，結果一執行就跳出錯誤訊息，好像總是會遇到這種狀況。這時或許會覺得「天啊，寫腳本也太難了吧！」不過一次就編譯成功其實本來就很罕見。編譯錯誤的時候，靜下心看清楚錯誤訊息，好好檢查相關的程式碼吧。

2-6 使用陣列（array）

撰寫腳本時，可能會需要一次處理很多個值（像是遊戲排行榜的分數）。這種情況如果一個一個新增變數會很浪費時間，假如要處理 100 個人的分數，就必須宣告變數 100 次。或許 100 個變數還有辦法耐著性子處理，那如果有 1000 個、10000 個變數，就真的太麻煩，又太容易犯錯了。

```
int point_player1;
int point_player2;
int point_player3;
    ⋮
int point_player783;
int point_player784;
真是受夠了！
```

2-6-1 陣列的宣告與規則

該是陣列（array）出場的時候了。陣列就是把變數的箱子連成一排，變成一個長條箱子的概念。

Fig.2-27 陣列示意圖

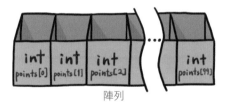

變數　　　　　　　　　　　　　　陣列

準備陣列

使用陣列的話就不用再大費周章準備 100 個變數箱子了，只需要一個長長的箱子就好，用起來順手，做起來也很簡單。宣告陣列的方式如下：

```
int[] points;
```

就像 int 代表整數型態一樣，int[] 代表的是整數型態的陣列。不過這樣宣告還沒有指出陣列裡一共可以放幾個變數。如果想在宣告裡指定箱子的數量，例如 5 個，就要在右邊加上 new int[5]，如下所示：

```
int[] points = new int[5];
```

右邊出現了關鍵字 new，不過這和「新」沒什麼關係，在腳本裡比較接近「建立」的意思。這裡的 new int[5] 就代表建立 5 個整數型態的箱子。**在宣告陣列後，必須接著使用 new 關鍵字，指定要建立的箱子數量。**

🐟 使用陣列裡的值

剛剛已經建好 5 個箱子相連的陣列了。若要指派數值給箱子，或是從箱子取出數值，就必須先指定箱子的編號。例如，當我們想取出「從前面數來第 3 個箱子」的值，就必須這樣寫：

```
points[2]
```

大家或許會覺得「為什麼不是 points[3]」？這是因為**陣列是從 0 開始編號**。最前面的編號是 0，前面數來第 2 個是 1，最後一個箱子的編號是 4。另外，放在陣列箱子裡的值會稱為元素（element）；箱子的總數，也就是元素的個數，會稱為陣列的長度。

Fig.2-28　陣列的模樣

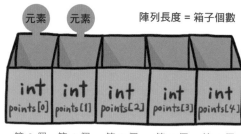

2-6-2 陣列的使用方法

前面已經簡單介紹了陣列，接著就透過實際的腳本來熟悉用法吧。

List2-23　陣列範例

```
1  using System.Collections;
2  using System.Collections.Generic;
3  using UnityEngine;
4
5  public class Test : MonoBehaviour
6  {
7      void Start()
8      {
9          int[] array = new int[5];
10
11         array[0] = 2;
12         array[1] = 10;
13         array[2] = 5;
14         array[3] = 15;
15         array[4] = 3;
16
17         for (int i = 0; i < 5; i++)
18         {
19             Debug.Log(array[i]);
20         }
21     }
22 }
```

＼輸出結果／

```
2
10
5
15
3
```

　　第 9 行宣告了一個長度為 5 的 int 陣列 array，第 11 到 15 行透過 [] 把數值分別指派給陣列中的各個元素。要注意，陣列的第 1 個元素編號是 0 喔！第 17 到 20 行輸出了陣列的內容物，不用寫 5 次 Debug.Log()，只要使用 for 迴圈就能顯示陣列的所有元素了。從這個例子可以看到**陣列與 for 迴圈很適合搭配使用**，務必要多多利用這個特性。

不過像第 11 到 15 行那樣，一個一個指派陣列元素的數值，實在是有點麻煩。其實陣列初始化的語法還可以簡化成這樣：

```
int[] array = {2, 10, 5, 15, 3};
```

用這種寫法的時候，因為已經清楚指定了元素的個數，所以就不需要使用 new 指定了。這也是經常會用到的語法。

跟 for 迴圈一樣，我們再透過幾個腳本範例，熟悉陣列的用法吧。

Listｆ2-24　只顯示符合條件的元素

```
1  using System.Collections;
2  using System.Collections.Generic;
3  using UnityEngine;
4
5  public class Test : MonoBehaviour
6  {
7      void Start()
8      {
9          int[] points = {83, 99, 52, 93, 15};
10
11         for (int i = 0; i < points.Length; i++)
12         {
13             if (points[i] >= 90)
14             {
15                 Debug.Log(points[i]);
16             }
17         }
18     }
19 }
```

＼輸出結果／

```
99
93
```

這個腳本範例會顯示陣列裡 90 以上的數值。

第 11 到 17 行運用了 for 迴圈，從編號 0 開始一一檢查陣列裡的所有元素，並在迴圈裡用 if 條件式挑出 90 以上的數值來顯示。

for 迴圈的迴圈條件式則是從 0 開始一直到「points.Length」。如字面所示，points.Length 就是陣列 points 的長度。用「陣列變數名稱 .Length」就能取得陣列的長度（在這個範例就是 5），這個「.」的功用會在 class 的部分（2-8 節）說明，請先記得這種語法就可以了。

List2-25 計算平均值

```
1   using System.Collections;
2   using System.Collections.Generic;
3   using UnityEngine;
4
5   public class Test : MonoBehaviour
6   {
7       void Start()
8       {
9           int[] points = {83, 99, 52, 93, 15};
10
11          int sum = 0;
12          for (int i = 0; i < points.Length; i++)
13          {
14              sum += points[i];
15          }
16
17          int average = sum / points.Length;
18          Debug.Log(average);
19      }
20  }
```

＼輸出結果／

68

這個腳本計算了陣列內所有數值的平均數。計算平均數的步驟為：① 算出陣列所有元素的總和，② 把元素總和除以元素的數量（也就是陣列長度）。

首先，為了計算陣列所有元素的總和，要在第 11 行先準備一個變數 sum，然後在第 12 到 15 行把陣列裡的元素都加到 sum 裡面（在 List 2-22 也有這樣計算過數字的總和）。第 17 行把總和除以陣列的長度，最後指派給變數 average。

>Tips< 整數的除法

在計算平均值的腳本中，我們計算的平均值只取到整數。如果想算到小數，可能會覺得在 List 2-25 的第 17 行更換 average 的變數型態就好：

```
float average = sum / points.Length;
```

平均值實際上應該是 68.4，可是更改型態後卻還是顯示 68。這是因為 **C# 的整數之間做除法後就會自動捨去小數，以至於最後結果也還是整數**。也就是說 10 ÷ 4 會變成 2，17 ÷ 3 會變成 5。

如果想在最後結果保留小數點，那在一開始就不要用整數來做除法運算就可以了。如果一定要用整數型態的變數算出小數結果，只要算式前面乘上 1.0f，整個算式就會被轉換成 float 型態。雖然看起來像是什麼奇怪的祕技，但如果不用這招又想保留結果的小數，那可是很麻煩的，請大家先記起來喔。

```
float average = 1.0f * sum / points.Length;
```

>Tips< 錯誤訊息都是英文，看得頭很痛！

除了一直使用翻譯工具以外，這種狀況也有其他應對方法。錯誤訊息一般都是像「!Assets/xxxxx.cs(5:12)（看不懂的英文）」這樣的文字，在 () 裡的數字就是關鍵，這表示「在第 5 行的第 12 個字出錯了」，只要檢查這一行（和附近幾行），應該就能找到錯誤。反覆修正各種錯誤，就能漸漸掌握錯誤的種類了。

2-7　使用 method

　　前面練習寫腳本時，我們都是把程式碼寫在 Start() 裡面。不過只要程式碼的長度增加，不只會變得難讀，除錯（debug）起來更是費力。這時候就該讓「method」出場，運用 method 把程式碼統整、分類、命名，寫成各自獨立的區塊。method 的使用與建立都會在這一節說明。

2-7-1　method 概要

　　如果把整段腳本的流程都像流水帳一樣的寫下來，腳本就會變得又臭又長；行數越多，越容易忘記前面寫的內容。因此，我們必須把冗長的整段流程**依功能拆解成不同流程區塊，並將這些區塊命名**。這些拆成一段一段的流程就是「method」（常譯為「方法」，本書使用英文以避免混淆），具體做法會在下節說明。

Fig.2-29　method 概要
- -

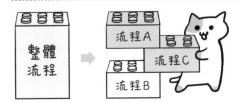

　　method 除了按照功能區分程式流程之外，我們還要把值傳給 method 運算，再從 method 取回運算結果，這個動作就叫做「呼叫」method。**傳給 method 的值稱為「引數（argument）」，從 method 傳回來的值稱為「回傳值（return value）」**。呼叫 method 的時候**可以把很多個引數傳給 method，但 method 的回傳值只會有 1 個**。一開始就在腳本裡的 Start() 和 Update() 也都是 method。請務必仔細理解「引數」和「回傳值」的概念，在後面章節會不斷出現。

Fig.2-30 引數與回傳值

引數

回傳值

2-7-2 建立 method

前面的說明有點抽象，大家可能還是會想：「所以該怎麼建立和使用（呼叫）method 呢？」

Fig 2-30 裡的 Add method 如果實際寫出來，就會像 Fig 2-31 這樣。這裡先對 method 的樣子有個印象就好，具體的做法會在 2-7-3 節詳細説明。

Fig.2-31 method 的具體範例

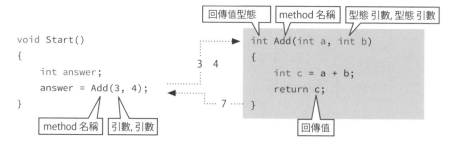

method 的寫法請見 Fig 2-32 的綠色部分。**回傳值型態要在 method 的開頭指定。** method 也可以不回傳任何值，把回傳值型態指定為 void 就好。void 在這裡代表「沒有回傳值」的意思。

引數是 method 被呼叫的時候收到的值。**method 會用收到的引數來執行區塊裡的程式碼流程。** method 也可以把名稱後面的 () 留白，意思是不收任何引數。

寫好 method 後，呼叫的方式如 Fig 2-32 的橘色區塊所示。寫出想要呼叫的 method 名稱，後面加上 ()，裡面是準備傳給 method 的引數；如果同時有很多引數，就用 , 區隔開來。

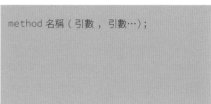

Fig.2-32 method 的語法

method 寫法

```
回傳值型態 method 名稱（型態 引數，型態 引數…）
{
    程式碼；
    return 回傳值；
}
```

method 呼叫

```
method 名稱（引數，引數…）；
```

2-7-3 沒有引數也沒有回傳值的 method

以下透過幾個範例說明。首先來寫個 SayHello() method，在控制視窗顯示 Hello。

List2-26 在控制台視窗顯示 Hello 的 method

```
1  using System.Collections;
2  using System.Collections.Generic;
3  using UnityEngine;
4
5  public class Test : MonoBehaviour
6  {
7      void SayHello()
8      {
9          Debug.Log("Hello");
10     }
11
12     void Start()
13     {
14         SayHello();
15     }
16 }
```

＼輸出結果／

```
Hello
```

創建 method

第 7 到 10 行是一個在控制視窗顯示文字的 method，名為 SayHello()。這個 method 不會把值傳給呼叫端（沒有回傳值），所以回傳值的型態指定為 void。它也沒有引數，所以在名稱後面的 () 裡面留空（Fig 2-33）。

Fig.2-33 沒有回傳值也沒有引數的 method

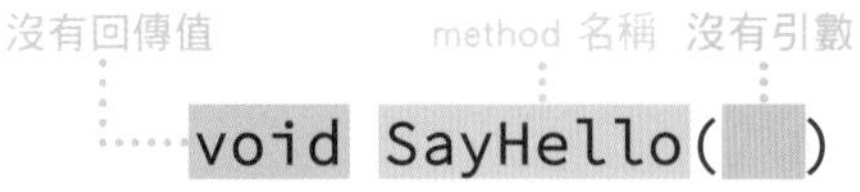

沒有回傳值　　　　　method 名稱　沒有引數

```
void SayHello(    )
```

接著在 {} 裡寫下要執行的流程，我們用 Debug.Log() 在控制視窗上顯示 Hello。SayHello() 可以建立在 Start() 的上方或下方，只要在 Test 的 {} 內（第 7 到 15 行）即可。

呼叫 method

我們在 Start() method 裡面呼叫了 SayHello() method（第 14 行）。呼叫 method 時，要先寫出 method 的名稱，接著寫出要傳入的引數。在這個範例中，SayHello() 沒有引數，所以 () 裡面留白。Fig 2-34 整理了呼叫的流程。

（編註：雖然這個 method 不需要傳入引數，但如果在呼叫時不加上括號，還是會出現編譯錯誤。method 名稱後的括號除了用來放引數，也是標示 method 的必要符號。本書提及 method 名稱時也會加上括號，和變數名稱做出區別。）

Fig.2-34 呼叫沒有回傳值和引數的 method

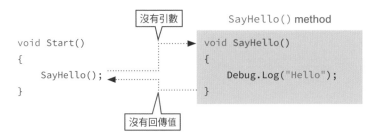

在 Start() 或是 Update() 裡面呼叫 SayHello() 之前，SayHello() 裡的內容都不會執行。請大家記得 **method 在創建後需要呼叫才能使用**。

2-7-4 有引數的 method

接著介紹有引數的 method。類似前面寫的 SayHello()，這次我們試著在 Hello 後面接著顯示 method 收到的字串引數。

List2-27 輸出引數

```
1  using System.Collections;
2  using System.Collections.Generic;
3  using UnityEngine;
4
5  public class Test : MonoBehaviour
6  {
7      void CallName(string name)
8      {
9          Debug.Log("Hello " + name);
10     }
11
12     void Start()
13     {
14         CallName("Tom");
15     }
16 }
```

＼輸出結果／

Hello Tom

創建 method

第 7 到 10 行是 CallName() method，由於沒有回傳值，就把回傳值型態指定為 void。再來，這次要接受字串型態的引數，所以在名稱後面的括號裡宣告了 string 型態的變數 name。

Fig.2-35 沒有回傳值但有引數的 method

沒有回傳值　　　method 名稱　　　一個 string 型態的引數

```
void CallName(string name)
```

呼叫 method

第 14 行呼叫了 CallName()，在名稱後面的括號裡寫的是要傳給 method 的字串。
Fig 2-36 整理了呼叫 method 的流程。

呼叫 CallName() 後，引數的字串 "Tom" 會自動指派給 CallName() 裡面的變數
name。name 變數的用法和一般變數相同，可以用 Debug.Log() 把 name 的值顯示出
來。

Fig.2-36 呼叫有引數的 method

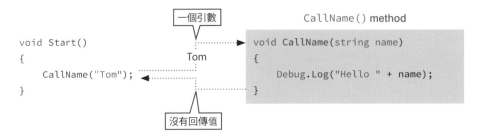

試試看！

更改第 14 行作為引數的字串，再重新執行看看。顯示在控制視窗的名字是不是也跟著改
變了呢？

>Tips< 注意引數的數量

如果把第 14 行改成 CallName();，不傳入引數的話，會發生什麼事呢？答案是會出
現編譯錯誤。一般的情況下，呼叫用的引數和 method 定義的引數數量必須相同才行。

2-7-5 有引數和回傳值的 method

最後介紹引數和回傳值都有的 method。這次的範例是 Add()，會接收 2 個引數，
再回傳相加後的值。

| List2-28 | 回傳 2 個值總和的 method |

```
1   using System.Collections;
2   using System.Collections.Generic;
3   using UnityEngine;
4
5   public class Test : MonoBehaviour
6   {
7       int Add(int a, int b)
8       {
9           int c = a + b;
10          return c;
11      }
12
13      void Start()
14      {
15          int answer;
16          answer = Add(2, 3);
17          Debug.Log(answer);
18      }
19  }
```

＼輸出結果／

5

創建 method

第 7 到 11 行就是 Add() method。因為這次計算的是 int 型態引數的總和，所以把回傳值也指定為 int 型態。再來，Add() 有 2 個引數，要以逗號區隔，分別宣告。

| Fig.2-37 | 有回傳值和引數的 method |

int 型態的回傳值　method 名稱　2 個 int 型態的引數

```
int Add(int a, int b)
```

因為需要傳回引數的總和，所以第 10 行使用了 return 這個關鍵字。return 後面要空一格，再寫變數名稱，這樣變數的值就能傳回去給呼叫端。

呼叫 method

Fig 2-38 整理了呼叫 Add() 的過程。呼叫端把 2 個引數（2 和 3）傳給 Add()，再來變數 a 被指派為 2，變數 b 被指派為 3。**呼叫時傳入的引數會依序指派給變數 a 和 b**。所以如果不是寫 Add(2, 3)，而是寫成 Add(3, 2)，變數 a 就會被指派為 3，變數 b 就會被指派為 2。

在 method 內，變數 a、b 的總和會指派給變數 c，再使用 return 把總和值回傳。

可以想像成**在 method 執行之後，呼叫 method 的程式碼會被替換成回傳值**。這個範例中，Add(2, 3) 就相當於被替換成回傳值 c，因此 answer = Add(2, 3); 可以視為 answer = c;，c 的值就會被指派給 answer。

`Fig.2-38` 呼叫多引數的 method

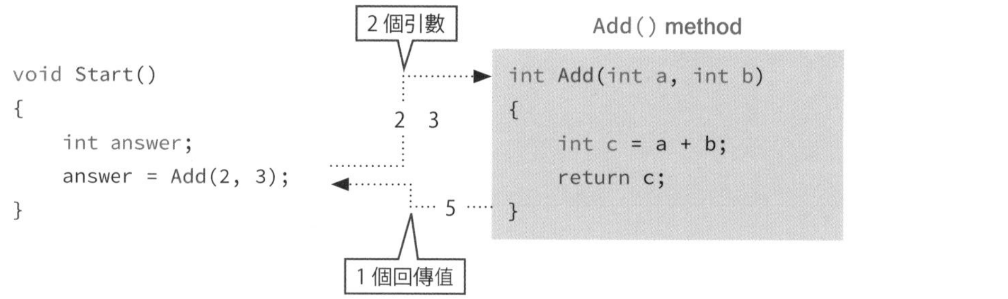

```
                    2 個引數              Add() method

void Start()                      int Add(int a, int b)
{                        2  3     {
    int answer;                       int c = a + b;
    answer = Add(2, 3);               return c;
}                            5    }

                    1 個回傳值
```

從這幾個範例可以看到，method 就如同腳本架構中的零件，只要事先準備好，之後就可以無限次的重複呼叫使用。善用 method，就能輕鬆的管理程式腳本。

試試看！

不只是數值，變數也能當引數。把 Start() 修改成這樣，確認是否會有相同執行結果。

```
void Start()
{
    int answer;
    int num1 = 2;
    int num2 = 3;
    answer = Add(num1, num2);
    Debug.Log(answer);
}
```

2-8 使用 class

我們前面學到把程式碼的流程整理成 method，接著還可以更進一步**整理 method 和變數，就能組成 class**（常譯為「類別」，本書使用英文以避免混淆）。以下會帶大家瞭解使用 class 的好處。

2-8-1 class 是什麼

以 Unity 製作遊戲時，我們會以玩家、敵人、武器、道具等「物件」為單位，分別撰寫腳本來指定它們的行動。所以，比起像 method 那樣以「程式碼的流程」來分類，程式腳本更適合以「物件」為單位來設計。

思考一下玩家角色的腳本會如何設計吧。一個角色會有 HP、MP 等狀態（變數），以及攻擊、防禦、魔法等行動（method）。

Fig.2-39　class 就是單位物件

如果不整理好這些變數、method，而是個別實作，可能會搞不清楚哪個變數是對應哪個 method。**使用 class 統整變數和 method，就能更輕鬆管理腳本。**

簡化的 class 語法如下所示。接在關鍵字 class 後面的是 class 的名稱，裡面宣告的是 class 會用到的變數和 method，這些都是 class 的成員。我們稱 class 裡面的變數是成員變數，而 class 裡的 method 則是成員 method。

```
class 名稱
{
    宣告成員變數;
    實作成員 method;
}
```

建好的 class 就像 int 或是 string，可以當成一個型態來使用。也就是說建立一個 Player class 之後，就能使用 Player 這個型態（嚴格來說，class 和型態其實並不相同，詳細說明請參考 C# 的語法書）。

我們可以用 int num; 宣告一個 int 型態的變數，名稱是 num；同理，用 Player myPlayer; 就可以建立了一個 Player 型態的變數，名稱是 myPlayer，這個變數不會有任何內容。

就像指派 2 或是 1500 這些數字給 int 型態的變數 num 一樣，我們也能指派「一個玩家」給 Player 型態的變數 myPlayer。這裡指派的「一個玩家」就稱為 class 的「實例（instance）」。產生實例的範例請見 2-8-3 小節。

Fig.2-40 何謂「實例」

數值　　　　　　　　實例

int num;　　Player myPlayer;

如果要使用 myPlayer 裡面的成員 method 或成員變數，語法是「myPlayer. 成員名稱（變數或 method）」。只要看到「〇〇.✕✕」的用法，都可以當成「**使用 〇〇 class 的 ✕✕ 成員**」的意思。

Fig.2-41 使用成員 method

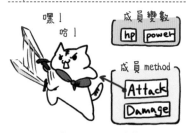

myPlayer.Attack();

除了自己建立的 class 以外，Unity 也有本來就內建的 class 可以使用。像是 2-9 節會介紹的 Vector class，還有前面一直用來顯示資料的 Debug class 等等。想要熟習 Unity，就一定要充分理解 class 的概念。

2-8-2 建立 class

經過前面的說明，相信大家對於 class 的概念還是感到有點模糊。現在就來實作 Fig 2-39 的 Player class，加深理解 class 的概念吧。請用先前建立的 Test 腳本（Test.cs）新增一個 Player class。注意，Player class 要加在 Test class 的外側。

List2-29　建立 Player class

```
 1  using System.Collections;
 2  using System.Collections.Generic;
 3  using UnityEngine;
 4
 5  public class Player
 6  {
 7      private int hp = 100;
 8      private int power = 50;
 9
10      public void Attack()
11      {
12          Debug.Log("造成" + this.power + "點傷害");
13      }
14
15      public void Damage(int damage)
16      {
17          this.hp -= damage;
18          Debug.Log("受到" + damage + "點傷害");
19      }
20  }
21
22  public class Test : MonoBehaviour
23  {
```

```
24      void Start()
25      {
26          Player myPlayer = new Player();
27          myPlayer.Attack();
28          myPlayer.Damage(30);
29      }
30  }
```

＼輸出結果／

造成 50 點傷害
受到 30 點傷害

第 5 到 20 行就是我們這次實作的 Player class。瀏覽一下整體架構，會看到在第 5 行宣告了 Player，第 7、8 行宣告了玩家的 HP 和攻擊力的變數，第 10 到 19 行建立發動攻擊的 Attack() 成員 method、還有受到傷害的 Damage() 成員 method。這兩個 method 的內容會在後面詳述。

2-8-3 使用 class

接著看到使用 Player class 的地方，在 List 2-29 的第 26 到 28 行，Start() 裡出現了一個 Player 的實例。

首先，第 26 行左邊 Player myPlayer 宣告了 Player 型態的變數 myPlayer，這只是建立 Player 型態的箱子而已，還需要再建立 Player 型態的實例，然後指派到這個箱子裡。

建立實例會用到 new 這個關鍵字，在 new 後面要接著 class 的名稱加上括號（第 26 行右邊）。到這裡就成功建好 Player class 的實例，並指派給 myPlayer 變數了。

Fig.2-42 建立實例

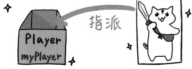

Player myPlayer = new Player();

在第 27 行，myPlayer.Attack() 呼叫了實例的 Attack() method，語法是「變數名稱.成員名稱」。在第 28 行，相同的語法呼叫了 Damage()。

按下執行鈕，在控制視窗確認執行結果吧。

2-8-4 存取修飾詞

在 List 2-29，Player 的成員變數和 method 前面寫著 public、private 這些關鍵字。它們是存取修飾詞（access modifiers），會標示**能不能用「〇〇.╳╳」語法，從其他 class 存取**。

如果成員前面標示 public，代表其他任何 class 都能呼叫；如果成員前面標示 private，其他 class 就無法呼叫。Attack() 前面是 public，因此能在 Start() 用 myPlayer.Attack() 語法呼叫，但變數 hp 前面是 private，所以就無法在 Start() 用 myPlayer.hp 存取這個變數。

Fig.2-43 存取修飾詞

可能有人會想：「那就把 class 的所有變數和 method，都宣告成 public 開放存取不就好了？」確實，這種做法不會影響腳本執行，遊戲也能正常運作。但使用 private 的好處是，開發者可以讓其他使用這個 class 的人知道：「**不要使用 private method，也不要動到 private 變數**」。反過來説，使用其他人製作的 class 時，也只需要使用那些 public 的變數和 method 就好了。這在多人共同開發的時候很實用，也能提醒自己未來不要錯用自己的 class。

Fig.2-44 只使用 public 部分的默契

如果省略存取修飾詞不寫，預設的狀態會是 private，所以也可以只在想公開的變數和 method 前面加上 public 就好，private 可以不用寫出來。

存取修飾詞的列表如 Table 2-3 所示。

Table2-3 存取修飾詞

存取修飾詞	可以在哪些 class 存取
public	所有 class
protected	同一個 class、subclass
private	只有同一個 class

2-8-5 this 關鍵字

大家可能有注意到，在 Attack() 和 Damage() 裡的成員變數 hp 和 power 前面，都加上了一個 this 關鍵字。this 指的是實例本身，this.power 就是指這個實例本身的變數 power。

雖然**一般來說，不加 this 也可以使用所屬 class 的成員變數**，但如果 List 2-29 的 Attack() 裡面，宣告了一個和成員變數相同名稱的區域變數（power），那 power 就會優先視為區域變數來處理。所以如果想明確指定成員變數，還是要加上 this 關鍵字，避免發生錯誤。

```
public void Attack()
{
    int power = 9999;
    Debug.Log("造成" + power + "點傷害");
    // 優先使用區域變數，會造成 9999 點傷害
}
```

2-8 節的內容在程式語言的世界也稱為物件導向。物件導向有 3 大要素，分別是「繼承（inheritance）」、「封裝（encapsulation）」、「多型（polymorphism）」。考量本書所需要的設計技巧，這一節就只有提到透過 public、private 這些存取修飾詞進行「封裝」。有興趣更深入瞭解的讀者，可以參考其他程式語法的書籍。

> Tips < **繼承**

在 Test class 的宣告（List 2-29 的第 22 行）後半部有加上：MonoBehaviour，這就是所謂的「繼承」，意思是把 Unity 預設的 MonoBehaviour class 的功能交給 Test class 使用。

MonoBehaviour 中有建構遊戲物件所需的基本功能和成員變數、成員 method。因此，會附加在遊戲物件上的腳本，都必須繼承 MonoBehaviour（或是 MonoBehaviour 衍生的 class）才行。

> Tips < **Debug.Log() 不需要先建立實例就能直接使用？**

我們在這一節建立了 Player class 的實例，並以「實例變數名稱 . 成員名稱」這樣的語法來呼叫成員 method。可是，之前已經用過好幾次的 Debug.Log()，卻是以「class 名稱 . 成員名稱」直接呼叫成員 method。這是因為 Debug.Log() 在宣告時設為靜態（static）method，不用建立實例也能直接使用。這部分的內容比較深入，初學階段只要先記得「原來也有這種特殊的 method」就可以了。

2-9 使用 Vector

在本章最後，要來介紹製作遊戲常用的 class：Vector。設計角色動作時經常會用到 Vector，好好掌握 Vector 的概念吧！。

2-9-1 Vector 是什麼？

製作 3D 遊戲時，物件在整體空間內的擺放位置、移動方向、施力方向等，都會以 float 型態的 3 個值「x, y, z」表示。

Fig.2-45 Vector 型態的使用方式

為了方便處理這些值，就要用到 Vector3 這個 class（正確來說是「struct[※]」）。如果是製作 2D 遊戲，也有 Vector2 可以處理 float 型態的 x, y 兩個值。Vector3 的程式碼大概長得像這樣：

```
class Vector3
{
    public float x;
    public float y;
    public float z;

    // 以下是 Vector 的成員 method

}
```

※ struct
struct 跟 class 一樣，都是可以統整變數和 method 的結構。比起 class，struct 能用的功能比較有限，但執行速度會比 class 快上許多。

可以看到，Vector3 裡面有成員變數 x、y、z，如果是 Vector2 就只會有 x 和 y。這些值可以當成座標或向量加以運用。

例如 x = 3、y = 5，當成座標就代表把物件設置在位置 (3, 5)；當成向量就代表從目前位置朝著「x 軸 3 單位、y 軸 5 單位」前進。

Fig.2-46　不同用途的 Vector2

當作座標的 Vector2　　　　當作向量的 Vector2

2-9-2 使用 Vector

接著來看看 Vector2 的簡單使用範例。以下是對 Vector2 的成員變數做加法運算的程式碼。

List2-4　Vector2 成員變數的加法運算

```
1  using System.Collections;
2  using System.Collections.Generic;
3  using UnityEngine;
4
5  public class Test : MonoBehaviour
6  {
7      void Start()
8      {
9          Vector2 playerPos = new Vector2(3.0f, 4.0f);
10         playerPos.x += 8.0f;
11         playerPos.y += 5.0f;
12         Debug.Log(playerPos);
13     }
14 }
```

＼輸出結果／

(11.00, 9.00)

第 9 行左邊宣告了 Vector2 的變數 playerPos，緊接著以 new Vector2(3.0f, 4.0f); 建立並指派一個 Vector2 的實例。這裡用的是前面提過，以「new class 名稱 ()」語法來建立 class 實例的方式（2-8-3）。

用 new 建立 Vector2 實例的同時，也可以傳入引數，把成員變數初始化。在這個範例中，x 的初值為 3.0f，y 的初值為 4.0f（如前所述，Vector2 包含 float 型態的成員變數 x 與 y）。

Fig.2-47　Vector2 實例化

Vector2 playerPos ＝ new Vector2(3.0f, 4.0f);

如同先前對 class 的說明，成員變數 x、y 必須用「變數名稱 .x」、「變數名稱 .y」的方式來存取（2-8-1）。在第 10、11 行就用了這個語法，把玩家 x 座標位置增加 8，y 座標增加 5。

Fig.2-48　Vector2 成員變數的加法運算

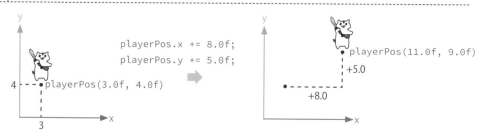

當我們把 Vector2 的變數當成遊戲物件的座標來使用，增加數值就會讓物件往正方向（往右或往上）移動，而減少數值則是會往負方向（往左或往下）移動。

從上面的範例，我們發現 Vector2 的成員變數（x、y）是可以做加法運算的。緊接著來介紹 Vector2 之間的減法運算。

| List2-31 | Vector2 之間的減法運算 |

```
1  using System.Collections;
2  using System.Collections.Generic;
3  using UnityEngine;
4
5  public class Test : MonoBehaviour
6  {
7      void Start()
8      {
9          Vector2 startPos = new Vector2(2.0f, 1.0f);
10         Vector2 endPos = new Vector2(8.0f, 5.0f);
11         Vector2 dir = endPos - startPos;
12         Debug.Log(dir);
13
14         float len = dir.magnitude;
15         Debug.Log(len);
16     }
17 }
```

＼輸出結果／

```
(6.00, 4.00)
7.211102
```

在這個範例，我們想找出從 startPos 往 endPos 的向量。因為兩點座標相減就能算出向量，所以在第 11 行就以 endPos 減去 startPos 得出 dir。像這樣用兩個 Vector2 實例相減也是沒問題的。

| Fig.2-49 | Vector2 之間的減法運算 |

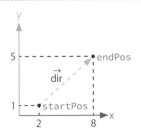

在第 14 行指派的是從 startPos 到 endPos 的距離，而這個距離正是 Fig 2-49 裡向量 dir 的長度。Vector2 的另一個成員變數 magnitude 就是向量 dir 的長度。

Vector 還有許多方便計算向量的成員變數，可以查詢相關文件進一步瞭解。

2-9-3 Vector class 的應用

前面範例都是把 Vector 當成座標或向量，其實 Vector 也能應用在各種物理數值，包括力、速度、加速度等等。舉例來說，可以用 `Vector2` 把玩家的移動速度寫成 `Vector2 speed = new Vector2(2.0f, 0.0f);`。只要在每個影格都讓玩家的座標增加 `speed`，那麼玩家就會在每個影格都沿 X 軸移動 2 單位。實際應用範例會在第 3 章說明。

Fig.2-50 把 Vector2 當成速度來使用

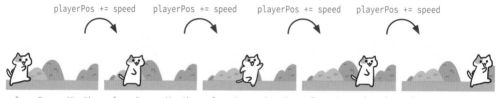

| playerPos += speed | playerPos += speed | playerPos += speed | playerPos += speed |

| playerPos = (0, 0) | playerPos = (2, 0) | playerPos = (4, 0) | playerPos = (6, 0) | playerPos = (8, 0) |

第 3 章之後會開始撰寫各種製作遊戲所需的腳本。請大家把自己當成編劇，一邊為每個物件設想「應該要這樣動！」一邊寫下腳本吧。

> **Tips** Visual Studio 怪怪的？
>
> Visual Studio 偶爾會有自動清單功能跳不出來，或是出現一整面紅色波浪底線，這些奇怪的問題。遇到這種狀況的話，請重啟 Visual Studio 試試看。

Chapter 3
遊戲物件的設置與動作

實際來設置遊戲角色等物件，
做出遊戲畫面吧！

這一章會製作一個「占卜輪盤」，在過程中會學到遊戲的製作模式，以及透過程式腳本來控制物件動作。

本章學習重點

遊戲設計的思考模式
編寫程式腳本的方法
在手機上執行遊戲

3-1 設計遊戲

第 3 章是學習 Unity 的暖身階段，我們要來做一個簡單的遊戲。如果一開始就想製作大型遊戲，這個功能想做、那個功能想加，很有可能半途而廢，因此從簡單的遊戲開始，再慢慢挑戰複雜的遊戲吧。本章會從「讓物件動起來」開始說明。

3-1-1 遊戲企劃

雖說是暖身，但如果只是在螢幕上顯示圖片，那可稱不上是遊戲。一個遊戲至少要能**隨著玩家的輸入，產生不同動作**。這一章要來做一個點一下就能占卜的「占卜輪盤」。

Fig 3-1 為遊戲畫面的示意圖。在螢幕上有一個大輪盤，輕觸螢幕之後輪盤便會開始旋轉，轉速會隨著時間漸慢，最終停止轉動。

Fig.3-1　預想的遊戲畫面

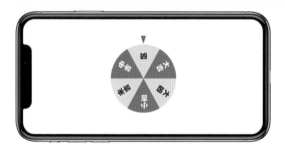

3-1-2 遊戲的設計步驟

以 Fig 3-1 的示意圖為出發點來思考如何設計遊戲吧。本書設計遊戲時會依循下列 5 個步驟，只要照著步驟，就能有條有理的設計出各種遊戲。

由於第 3 章製作的遊戲比較簡單，因此不需要第 3 和第 4 步，在這裡稍微有個印象就好，後續章節會再詳細説明。

Step ❶ 列出遊戲畫面上所有需要的物件

Step ❷ 規劃讓物件動起來的控制器腳本

Step ❸ 規劃自動製造物件的產生器腳本

Step ❹ 規劃更新 UI 的導演腳本

Step ❺ 思考編寫腳本的順序

Step ① 列出遊戲畫面上所有需要的物件

這個步驟要列出所有會在畫面上出現的物件。參考 Fig 3-1 的遊戲畫面示意圖，想想有哪些物件會出現在遊戲裡。可以看到畫面上只有「輪盤」和「指針」，因為第 3 章的遊戲內容很單純，所以只有 2 個物件。如果是更複雜的遊戲，在這個步驟列出的物件數量也會更多。

Fig.3-2　列出遊戲畫面上的物件

輪盤　　指針

Step ② 規劃讓物件動起來的控制器腳本

接著從 Step ① 列出的物件裡挑出動作物件。因為輪盤會旋轉，所以歸類在動作物件；而指針不會動，就不屬於動作物件。

Fig.3-3　找出動作物件

輪盤　　指針

我們需要針對動作物件，設計控制動作的腳本。這類腳本在本書會稱為控制器腳本。在這次製作的遊戲中，輪盤屬於動作物件，因此我們就需要準備一個「輪盤腳本（輪盤控制器）」。

Fig.3-4 控制器腳本

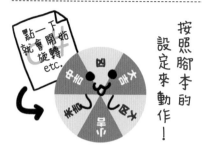

點一下就會開始旋轉 etc.

按照腳本的設定來動作！

凶 大吉 末吉 小凶 小吉

需要的控制器腳本程式
• 輪盤控制器

Step ③ 規劃自動製造物件的產生器腳本

在這個步驟，我們要找出會在遊戲過程中出現的物件。像是敵人、關卡場景等等，**隨著玩家移動或時間流逝而出現的東西**都屬於這類物件。在遊戲過程負責製造物件的腳本，本書稱為產生器腳本，產生器腳本就像是一間專門**製造物件的工廠**。本章製作的遊戲並不需要這類腳本，在第 5 章的遊戲範例會再詳細說明。

Step ④ 規劃更新 UI 的導演腳本

我們需要能夠綜觀遊戲整體的腳本，來**控制遊戲的 UI**（user interface，使用者介面）或是**判斷遊戲運作現狀**，本書把這類腳本稱為導演腳本。這一章製作的遊戲沒有 UI，遊戲流程也相對簡單，因此不需要導演腳本。

Step ⑤ 思考編寫腳本的順序

前面幾個步驟已經列出遊戲需要的腳本，接著就是安排寫腳本的順序。基本上會依照**控制器腳本→產生器腳本→導演腳本**的順序製作（Fig 3-5）。

第 3 章需要的腳本只有輪盤控制器。也就是說，除了擺放物件等 Unity 的基本操作之外，只要**做好輪盤控制器，遊戲就會動了**。是不是覺得完成一個遊戲沒有那麼遙遠了呢？

Fig.3-5　寫腳本的順序

控制器腳本　　　　　　　產生器腳本　　　　　　　導演腳本

那麼就先來快速確認一下，輪盤控制器需要控制哪些動作。

輪盤控制器

「點一下輪盤就開始旋轉，然後慢慢減速。」輪盤控制器裡就是要寫下這樣的動作。具體的寫法請參考 3-2 節。

如果堅持「一定要在這個階段就仔細設計好遊戲！」的想法，那在開始製作遊戲前就會感到倦怠了。**重要的是先思考「該寫哪些腳本」、「要照什麼順序寫」這些整體的規劃**。至於個別腳本，只要先大略想過「想要做這樣的動作」就好了。

截至目前，談的都是理論上的東西，接下來終於要開始實作占卜輪盤了。遊戲製作的步驟請見 Fig 3-6。

Fig.3-6　遊戲製作流程

① 建立專案　　　　② 設置物件　　　　③ 編寫腳木　　　　④ 附加腳木

因為這次製作的遊戲很簡單，大家可能會覺得，這 5 個步驟有點多餘又麻煩。然而在製作大型遊戲時，依照這些步驟來設計可以有效減少後續過程的阻礙。在製作的遊戲規模還不大時，就先習慣這個設計方法吧。

3-2 建立專案與場景

① 建立專案 ② 設置物件 ③ 編寫腳本 ④ 附加腳本

3-2-1 建立專案

首先要建立專案。請在開啟 Unity Hub 後，點選畫面上的新專案。

Fig.3-7 建立專案的畫面

點選新專案

點選「新專案」後，就會進入專案設定畫面。

這次要做的是 2D 遊戲，請從所有範本裡選擇 2D，在專案名稱欄位輸入 Roulette，接著按下畫面右下角藍色的建立專案按鈕，就能在指定資料夾建立專案，並啟動 Unity 編輯器。

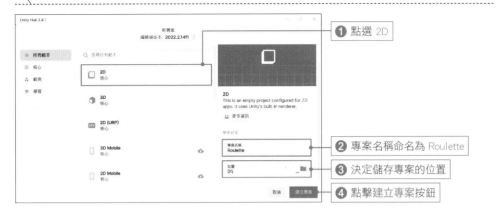

Fig.3-8 專案設定畫面

① 點選 2D

② 專案名稱命名為 Roulette

③ 決定儲存專案的位置

④ 點擊建立專案按鈕

把素材加進專案

開啟 Unity 編輯器後,要先加入這次會用到的素材。請下載本書的書附檔案,開啟 chapter3 資料夾,將裡面的素材拖放到專案視窗(要確認專案視窗左上方,是否已經切換到 Project 分頁)。

URL 書附檔案連結

https://www.flag.com.tw/bk/st/F3589

Fig.3-9 加入素材

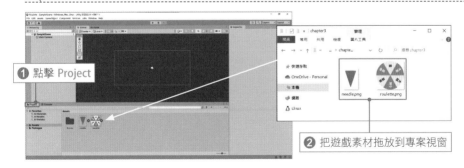

① 點擊 Project

② 把遊戲素材拖放到專案視窗

兩個素材檔案的功用如下:

Table3-1 各個素材檔案的類型與功用

檔案名稱	檔案類型	功用
needle.png	png 檔	指針圖片
roulette.png	png 檔	輪盤圖片

Fig.3-10 用到的素材

needle.png

roulette.png

3-2-2 手機的執行設定

我們的目標是做出**能在智慧型手機（iPhone 或 Android）上執行的遊戲**，因此必須做好下列設定。

Build 設定

首先要調整適用於智慧型手機的 build 設定。在工具列找到 File → Build Settings，點選後便會開啟 Build Settings 視窗，接著依據你要使用的手機，在 **Platform** 欄位選擇 iOS 或 Android，再點擊 **Switch Platform** 按鈕。

（編註：Build 這個詞在 Unity 代表「把專案做成一個應用程式」。例如「build 一個 iOS 版本」意思是「做成一個 iOS 版本的應用程式」。Build 也經常當成名詞，代表應用程式本身，例如「Windows 的 build」指的是在 Windows 系統上的遊戲應用程式。）

Fig.3-11 更改 build 設定

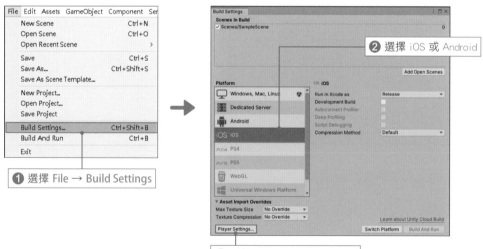

❶ 選擇 File → Build Settings

❷ 選擇 iOS 或 Android

❸ 點擊 Switch Platform 按鈕

指定好手機系統（iOS 或 Android）之後，我們就能 build 在指定系統執行的遊戲了。完成設定後就可以關閉 Build Settings 視窗。

設定畫面尺寸

接著要設定的是遊戲畫面尺寸。這次要做的是橫向的手機遊戲。點選 Game 分頁，打開遊戲視窗左上角設定畫面尺寸（aspect）的下拉式選單。**不同型號的手機適合的畫面尺寸也會不同，請依照使用的型號選擇。**本書示範採用 iPhone 11 Pro 2436×1125 Landscape。

Fig.3-12 設定畫面尺寸

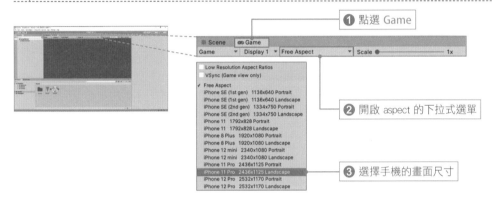

點一下 Scene 分頁回到場景視窗，應該會看到畫面尺寸改變了。場景視窗內的白色方框，就是遊戲畫面的範圍。

Fig.3-13 確認畫面尺寸

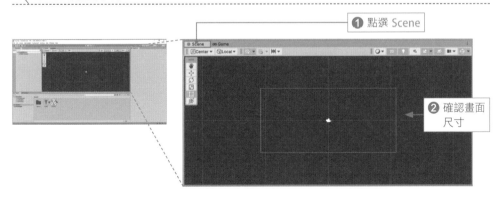

3-2-3 儲存場景

接著建立場景。點選工具列的 File → Save As，就會出現儲存場景的視窗。在檔案名稱欄位輸入 GameScene 後按下存檔，專案視窗會出現 Unity 的圖示，這樣就表示儲存了名為「GameScene」的場景。

在選單的 File → Save 可以儲存製作中的場景，遊戲製作過程記得隨時儲存檔案喔。

Fig.3-14 儲存場景

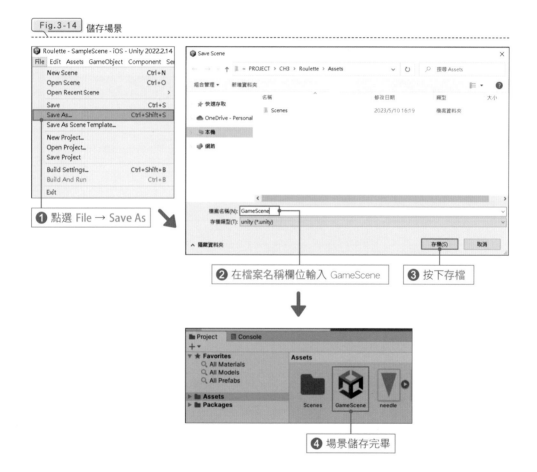

① 點選 File → Save As

② 在檔案名稱欄位輸入 GameScene

③ 按下存檔

④ 場景儲存完畢

現在已經完成製作遊戲的事前準備了，下一節就會正式開始製作遊戲，敬請期待！

3-3 在場景內擺放物件

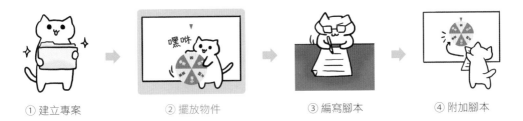

① 建立專案 　　 ② 擺放物件 　　 ③ 編寫腳本 　　 ④ 附加腳本

3-3-1 設置輪盤

首先要把輪盤圖片放進場景視窗，直接把先前新增到專案視窗的 roulette 圖片拖放到場景視窗內就可以了。在 Unity 的 2D 遊戲專案中，放置在場景視窗的圖片稱為 sprite。

因為場景視窗與階層視窗的物件是相對應的，在階層視窗的總覽也會看到新增了 roulette。

Fig.3-15 │ 將輪盤放進場景

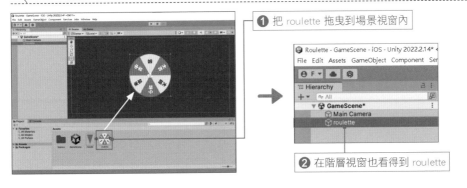

❶ 把 roulette 拖曳到場景視窗內

❷ 在階層視窗也看得到 roulette

調整物件位置

接著要決定輪盤的位置。在第 1 章的時候，我們介紹使用操作工具來移動物件，不過這次我們要用檢視視窗來指定座標（Fig 3-16）。檢視視窗可以編輯物件的詳細資料，**想要指定特定座標的時候，在檢視視窗設定會比較便利。**

Fig.3-16 移動物件的方法

用操作工具放到大致位置

用檢視視窗調整詳細位置

因為我們想把輪盤放在畫面正中央,所以就從檢視視窗來指定座標吧。在階層視窗點選 roulette,就能在檢視視窗看見詳細資訊。把 Transform 裡 Position 欄位的 X、Y、Z 都設成 0。

Fig.3-17 放置輪盤

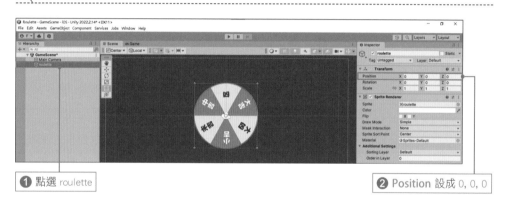

❶ 點選 roulette

❷ Position 設成 0, 0, 0

這個動作相當於把輪盤這個 sprite 的 X 軸、Y 軸、Z 軸都設在 0 的位置。**X 軸和 Y 軸都是 0 的位置就是整個場景(遊戲畫面)的正中間。**

>Tips< 座標方向與相機位置

Unity 的 2D 專案會預設畫面的左右方向為 X 軸、上下方向為 Y 軸、深度為 Z 軸。在 2D 遊戲中,位置的 Z 軸基本上都設為 0,因為拍攝整個場景的相機放在 Z = -10 的位置,如果 sprite 的 Z 軸座標小於相機,就不會被拍到,會直接從遊戲畫面消失。

3-3-2 設置指針

再來要把指針也放進場景視窗。指針的設置步驟和輪盤相同，都是把指針圖片拖放到場景視窗，然後在檢視視窗設定座標。

把指針圖片 needle 從專案視窗拖放到場景視窗。點選階層視窗的 needle，在檢視視窗的 Transform 把 Position 設成 0, 3.2, 0。

Fig.3-18 指針配置

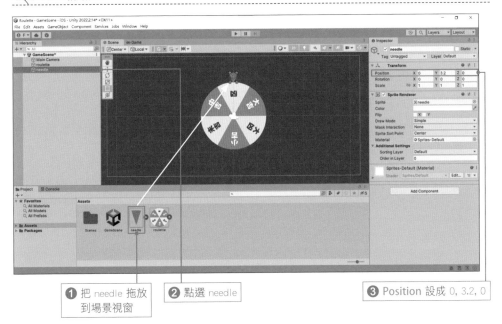

❶ 把 needle 拖放　　❷ 點選 needle　　❸ Position 設成 0, 3.2, 0
　　到場景視窗

這樣就把指針 sprite 放到輪盤 sprite 的上方了。

做到這邊，我們來試試看執行遊戲吧。點擊 Unity 編輯器上方的執行鈕，Unity 畫面就會切換到遊戲視窗，顯示遊戲畫面，可以看到輪盤和指針都出現在畫面上（Fig 3-19）。如果想放大畫面，可以拖曳調整遊戲視窗上方的 Scale。

我們終於完成遊戲製作的第一步了！如果想停止遊戲的話，再按一次執行鈕就好。

Fig.3-19 執行遊戲

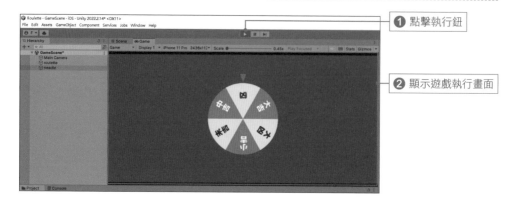

❶ 點擊執行鈕

❷ 顯示遊戲執行畫面

3-3-3 更換背景顏色

藍色的遊戲背景感覺有點太深了，來換個淺一點的背景顏色吧。**調整相機物件的參數就能更換背景顏色。**

點選階層視窗裡的 Main Camera，到檢視視窗的 **Camera**，點擊 **Background** 的色彩條，就會跳出 Color 視窗。把 **Hexadecimal** 設成 FBFBF2 就會比較搭配輪盤顏色了。

在 Hexadecimal 設定的 FBFBF2 是一種把顏色表示成 16 進位數值的色碼（color code）。000000 是黑色，FFFFFF 是白色，其他顏色都介於這兩個數值之間。詳細資訊可以上網查詢。

Fig.3-20 更換背景顏色

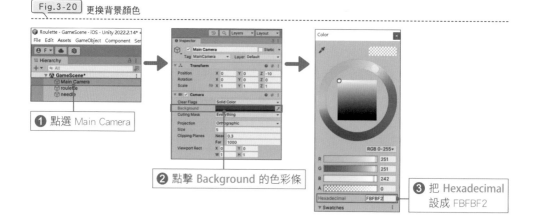

❶ 點選 Main Camera

❷ 點擊 Background 的色彩條

❸ 把 Hexadecimal 設成 FBFBF2

再次執行遊戲，看看背景是否已經變成剛剛指定的顏色。

Fig.3-21 確認背景顏色是否變更

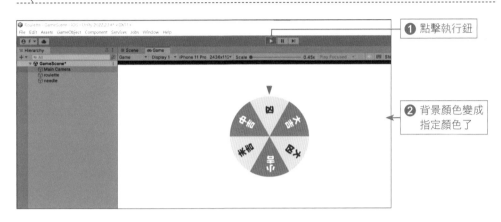

❶ 點擊執行鈕

❷ 背景顏色變成
指定顏色了

只要在檢視視窗挑選，就能輕鬆改變背景顏色！Unity 可以像這樣，直接透過編輯器變更各種設定，不需要什麼事情都寫腳本處理。

用 Unity 顯示圖片是不是比想像中還簡單呢？過去曾經需要數百行程式碼才能顯示一張圖片，現在只要用 Unity，一行程式碼都不用寫，就能在遊戲畫面裡顯示想要的圖片了，這樣的工具簡直像魔法一樣！學習更多 Unity 的操作，繼續製作有趣的遊戲吧！

3-3 節已經設置好需要的零件了。3-4 節要來設計控制器腳本，讓輪盤轉起來。

>Tips< 設計需要有憑有據

一提到「設計」，大家不免認為必須仰賴「品味」與「直覺」，但事實並非如此。「設計」其實也是工程領域的一部分。一個好的設計必定要思考「為什麼要用這個顏色？」、「為什麼要用這種排版？」等等問題，每個元素背後都會有理由。

以單純的「挑選背景色」而言，光是思考過「為什麼使用這個顏色？」，結果呈現就會很不一樣。

3-4 學習撰寫腳本

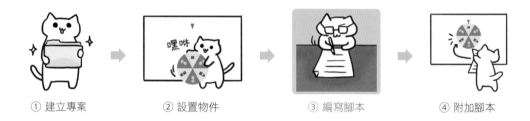

① 建立專案　　　② 設置物件　　　③ 編寫腳本　　　④ 附加腳本

3-4-1 腳本的功用

　　我們會在 3-4 節完成「**滑鼠點擊後輪盤開始旋轉，然後慢慢停下**」的功能。要讓物件動起來，就要先寫好物件該如何動作的「劇本」。Unity 的這個「劇本」就是「程式腳本（script）」，這在第 2 章的時候已經介紹過了。在這一章，我們要寫出一個讓輪盤旋轉的控制器腳本。

Fig.3-22 撰寫腳本

　　先來設計「點擊後就以固定速度旋轉」的腳本，晚點再設計減速到停止的部分吧。整體看起來雖然有點困難，但**分解成簡單的動作**之後，可能會出乎意料的容易喔。

3-4-2 設計輪盤的腳本

　　在專案視窗按滑鼠右鍵，選擇 Create → C# Script。建立檔案後可以直接輸入檔案名稱 RouletteController。

Fig.3-23 新增腳本程式檔案

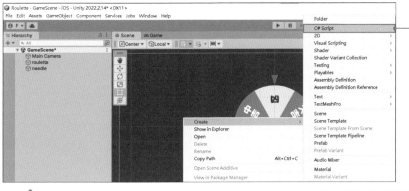

❶ 在專案視窗按滑鼠右鍵，
選擇 Create → C# Script

❷ 輸入檔案名稱 RouletteController

　　新增檔案後，雙擊開啟檔案。在 Visual Studio 輸入 List 3-1 的程式碼，然後儲存
檔案。

List3-1　「點擊後輪盤以固定速度旋轉」的腳本

```
1  using System.Collections;
2  using System.Collections.Generic;
3  using UnityEngine;
4
5  public class RouletteController : MonoBehaviour
6  {
7      float rotSpeed = 0;  // 旋轉速度
8
9      void Start()
10     {
11         // 影格速率設為 60 FPS
12         Application.targetFrameRate = 60;
13     }
14
15     void Update()
16     {
17         // 按下滑鼠就設定旋轉速度
```

```
18          if (Input.GetMouseButtonDown(0))
19          {
20              this.rotSpeed = 10;
21          }
22
23          // 讓輪盤依照設定的速度旋轉
24          transform.Rotate(0, 0, this.rotSpeed);
25      }
26  }
```

Start() 裡面指派了 60 給 Application.targetFrameRate，讓影格速率固定為 60 FPS。這是為了讓遊戲在任何規格的電腦都能以同樣頻率更新畫面。每個影格都執行一次的 Update() 裡面則是會讓輪盤轉動一點點，連續轉動就會呈現出旋轉動畫的效果了（關於影格可以參考 2-3-1）。

第 24 行的程式碼用了 Rotate() 這個 method，可以讓輪盤一點一點轉動。Rotate() 前面的 transform. 部分會在第 4 章說明，這裡先記得「**只要用了 Rotate()，物件就會旋轉**」就可以了。

Rotate() 能讓遊戲物件**以引數的角度旋轉**。傳給 Rotate() 的引數依序是以 X 軸、Y 軸、Z 軸為中心旋轉的角度。在這個範例中，我們想讓物件以 Z 軸（往畫面內延伸的軸）為中心旋轉，所以把旋轉角度設定在第 3 個引數。

設定引數的旋轉角度時，傳入正數會逆時針旋轉，傳入負數則是順時針旋轉。

Fig.3-24 以不同軸為中心的旋轉方式

X 軸旋轉　　　Y 軸旋轉　　Z 軸旋轉

List 3-1 的輪盤旋轉速度設定在成員變數（rotSpeed）。Update() 裡的 Rotate(0, 0, this.rotSpeed); 會讓物件在每個影格都旋轉 rotSpeed 數值的角度。

Fig.3-25 Rotate 的旋轉量

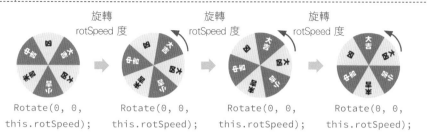

旋轉
rotSpeed 度
    旋轉
rotSpeed 度
    旋轉
rotSpeed 度

Rotate(0, 0,
this.rotSpeed);
  Rotate(0, 0,
this.rotSpeed);
  Rotate(0, 0,
this.rotSpeed);
  Rotate(0, 0,
this.rotSpeed);

為了讓物件在點擊後才開始旋轉，**rotSpeed 的初始值要設為 0**（第 7 行），**點擊滑鼠後再改成 10**（第 18 到 21 行）。

Fig.3-26 透過 rotSpeed 調整旋轉速度

以速度 rotSpeed = 0 旋轉
（不旋轉）
    設定 rotSpeed = 10
    以速度 rotSpeed = 10 旋轉
（每個影格轉 10 度）

偵測滑鼠點擊的是 Input.GetMouseButtonDown()（第 18 行）。這個 method 會在滑鼠點擊的瞬間回傳 true 一次（true 代表「真」值，見 2-4-1）。引數 0 代表要偵測左鍵的點擊，1 是偵測右鍵，2 是偵測中間的滾輪點擊。

這裡用 if 條件式（見 2-5-1）檢查 Input.GetMouseButtonDown() 的回傳值，如果發現點了左鍵（也就是回傳 true），就把 rotSpeed 設為 10。這樣一來，點擊滑鼠之後，輪盤就會以每個影格 10 度的速度持續旋轉。

腳本說明到這裡告一段落。剛才寫的腳本到底能不能讓輪盤轉起來，趕緊執行確認吧。但在執行之前，還必須把寫好的腳本附加到輪盤物件上才行。請接著看 3-5 節的說明。

這裡介紹另外 2 個關於滑鼠的 method。GetMouseButtonDown() 會在點擊滑鼠按鍵的瞬間回傳一次 true，GetMouseButtonUp() 則是在放開按鍵的瞬間回傳一次 true。還有 GetMouseButton() 會在按住按鍵的期間持續回傳 true。

Fig.3-27 滑鼠 method 的功能

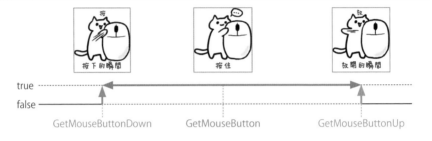

3-5 附加腳本讓輪盤轉起來吧

① 建立專案　　　② 設置物件　　　③ 編寫腳本　　　④ 附加腳本

3-5-1 把腳本附加到輪盤物件上

3-5 節要把 3-4 節寫好的輪盤控制器附加到輪盤 sprite 上。**腳本附加上去之後，輪盤就能按照腳本的規劃動作**。就像是把劇本交給演員後，演員就會依劇本演出一樣。

> Fig.3-28　把劇本交給演員

依照 Fig 3-29 的步驟，把專案視窗的 RouletteController 腳本，拖放到階層視窗的 roulette 物件上。這樣就能把腳本附加到輪盤物件，讓輪盤動起來。

控制器腳本附加到輪盤 sprite（劇本交給演員）之後，就能執行遊戲看看結果（Fig 3-30）。現在點擊畫面，輪盤就會轉起來！

Fig.3-29 將腳本程式附加在輪盤上

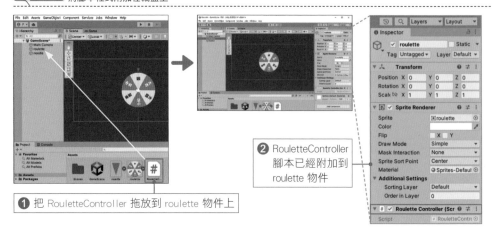

❷ RouletteController
腳本已經附加到
roulette 物件

❶ 把 RouletteController 拖放到 roulette 物件上

Fig.3-30 確認輪盤的旋轉動作

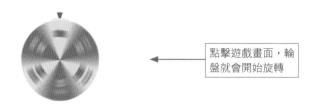

點擊遊戲畫面，輪
盤就會開始旋轉

在此整理一下讓輪盤動起來的步驟。用 Unity 建立動作物件都是依照這個程序，
務必要熟悉。

🐾 建立動作物件的步驟 重要！
❶ 把物件放進場景視窗。
❷ 編寫動作的程式腳本。
❸ 把寫好的腳本附加到物件上。

試試看！

把輪盤控制器（3-4-2 的 List 3-1）第 20 行的 this.rotSpeed，從原本的 10 改為 5，
看看更改後的輪盤轉速是不是會減半。

3-6 讓輪盤停止旋轉

遊戲目前的樣子是滑鼠點一下之後會開始旋轉輪盤，然後就永遠不會停下來了。這樣根本不能占卜嘛。所以，我們還需要修改一下腳本，讓輪盤能夠越轉越慢，最後停下來顯示結果。

3-6-1 設計越轉越慢的方法

要讓旋轉慢慢減速的話，可以試試讓決定旋轉速度的 rotSpeed 變數逐漸變小。**不過，如果是把 rotSpeed 逐漸減去固定值來減速（線性減速）的話，畫面會非常不自然**。試試在每個影格都對 rotSpeed 乘上一個衰減係數（例如 0.96）看看吧。

這種指數型的減速，就不會像線性減速那樣不自然。而且**只要調整衰減係數，就能輕鬆控制減速幅度**。這也可以應用於各種情境，像是受空氣阻力而減速，或是彈簧力道的衰減等等。

Fig.3-31 運用衰減係數達成減速效果

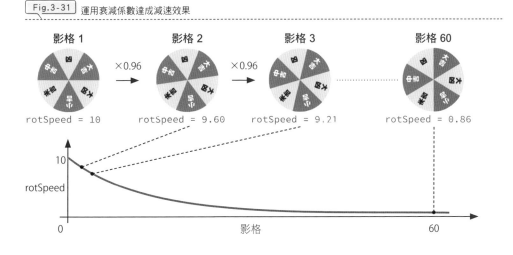

3-6-2 修正輪盤腳本

接下來要把這個方法加進腳本。雙擊開啟專案視窗的 RouletteController，參考 List 3-2 修改程式碼。

List3-2 追加讓輪盤減速的程式

```
1   using System.Collections;
2   using System.Collections.Generic;
3   using UnityEngine;
4
5   public class RouletteController : MonoBehaviour
6   {
7       float rotSpeed = 0;   // 旋轉速度
8
9       void Start()
10      {
11          // 影格速率設為 60 FPS
12          Application.targetFrameRate = 60;
13      }
14
15      void Update()
16      {
17          // 按下滑鼠就設定旋轉速度
18          if (Input.GetMouseButtonDown(0))
19          {
20              this.rotSpeed = 10;
21          }
22
23          // 讓輪盤依照設定的速度旋轉
24          transform.Rotate(0, 0, this.rotSpeed);
25
26          // 讓輪盤減速（新增）
27          this.rotSpeed *= 0.96f;
28      }
29  }
```

在第 27 行新增了讓輪盤減速的程式碼。rotSpeed 會在 Update() 裡不斷乘上衰減係數（0.96），就像 Fig 3-31 描繪的那樣。滑鼠點擊的瞬間，rotSpeed 會被指派為 10（第 20 行）；1 個影格後會乘上 0.96 倍，變成 9.60；2 個影格後再次乘上

0.96 倍變成 9.216。旋轉速度會隨時間而越來越慢,最後無限趨近於 0。雖然 rotSpeed 永遠不會等於 0,但數值變得很小很小,畫面上看起來就像是輪盤停止旋轉一樣。

在輪盤開始旋轉之後又點擊畫面的話,rotSpeed 就會再次被指派為 10,輪盤又會重新以最高速旋轉。

儲存腳本並執行遊戲(前面已經把腳本附加到輪盤上了,所以這一次就不用重新附加)。輪盤確實慢慢減速,最後停下來了!我們只新增一行程式碼,輪盤動作就更加逼真!

Fig.3-32 | 輪盤減速到停止

看看輪盤是不是越轉越慢,最後停下來

試著調整衰減係數,找出最滿意的減速幅度。Unity 的一大優點就是不斷修正再執行也毫不費力,不用客氣盡情修改吧!

> Tips < 無法附加腳本?

腳本裡有程式碼錯誤的時候,就不能附加到遊戲物件上。如果遇到腳本無法拖放到物件的情況,請先確認 Unity 編輯器左下方是否出現錯誤訊息。

﹀Tips﹀　消除不同裝置的執行結果差異

在 2-3-1 提過，一秒內呼叫 Update() 的次數就是 FPS。智慧型手機的 FPS 一般為 60，但在運算速度快的電腦上，FPS 則有可能達到 300。

不同裝置間的性能差異會嚴重影響遊戲的運作。舉例來說，Update() 裡設定「玩家在 x 軸的位置增加 1」；在 60 FPS 的手機上，一秒內會呼叫 Update() 60 次，所以 1 秒後的位置在 x = 60；但在 300 FPS 的電腦，位置卻會在 x = 300。

Fig.3-33 裝置性能不同，造成執行結果差異

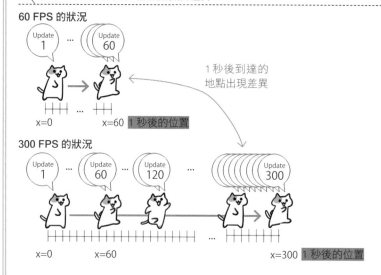

由於執行結果可能會被裝置本身的 FPS 影響，所以本書會在腳本裡設定 Application. targetFrameRate = 60，把 FPS 固定在 60。

除了像這樣固定 FPS 的做法之外，我們也可以把 Update() 裡的移動距離，設定為「玩家秒速 × Time.deltaTime」。這個設定會讓玩家 1 秒後的位置變成「玩家秒速 × Time.deltaTime × FPS」（因為 FPS 是 1 秒內呼叫 Update() 的次數）。Time. deltaTime 就是影格間的時間差，也就是 1 / FPS，上述公式的結果是：

　　玩家秒速 × Time.deltaTime × FPS

= 玩家秒速 × (1 / FPS) × FPS

= 玩家秒速

藉由這個方法，1 秒後的位移量在不同裝置都會相同，不會受 FPS 影響。本書的目標以簡單做出遊戲為優先，所以會採用固定 FPS 的做法。

3-7 在智慧型手機上執行

遊戲已經可以順利在電腦上執行了，接著也在手機上執行吧。用 Unity 轉換遊戲執行平台相當簡單，因此一般都會先在電腦完成九成左右的開發工作，最後再移到手機環境，確認執行的效果。這樣減少了在手機安裝的次數，不但開發方便，也大大提升偵錯的速度。

3-7-1 在手機上的遊戲操作

在電腦執行遊戲時，是用滑鼠點擊輪盤來開始旋轉。要把遊戲轉移到手機上執行的話，就必須改成「**觸碰螢幕後輪盤開始旋轉**」。

其實，GetMouseButtonDown() 這個 method 就可以同時偵測滑鼠點擊和手機螢幕的觸碰，因此不用修改腳本，就能直接在手機執行了。

既然腳本不需要額外針對手機修改，那就來直接把遊戲安裝到手機上吧。首先，要用 USB 線連接電腦和手機。

3-7-2 iPhone Build 的做法

如果你的系統是 iOS，就需要先把 Unity 專案轉換成 iOS 專案，用 iOS 專用的開發環境編輯程式碼，才可以安裝到手機上。建立 iPhone build 需要 Mac 電腦，並且要準備好 Xcode（參照 1-3-4）。

Fig.3-34 建立 iPhone 遊戲的流程

 轉檔 安裝

Unity 專案　　　　　　iOS 專案　　　　　　手機

在一開始設定的時候也要把 Platform 選擇為 iOS（3-2-2）。

iOS 執行檔需要有個檔名，而且在裝置上不能重複。在工具列選擇 File → Build Settings，再點擊 Build Settings 視窗左下方的 Player Settings。

Fig.3-35 輸出 iOS 遊戲的設定

❶ 選擇 File → Build Settings

❷ 點擊 Player Settings

iOS 裝置的安裝設定視窗開啟後，在最上方的 Company Name 欄位以英數字輸入名稱。製作完成的遊戲會有一個 ID，是這裡輸入的 Company Name 和專案名稱的組合：com.(Company Name).(專案名稱)。這個名稱必須獨一無二，不可以和裝置上其他名稱重複。

Fig.3-36 輸入 Company Name

❶ 選擇 Player

❷ 在 Company Name 欄位以英數字輸入名稱

輸入後回到 Build Settings 視窗，把專案視窗的 GameScene 拖放到 Scenes In Build。如果 Scenes In Build 裡面有 Scenes/Sample Scene，要記得取消勾選。經過上述步驟，做好的 GameScene 遊戲就能轉換成合適的安裝檔了。設定好 Scenes In Build 之後，請點擊右下方的 Build。

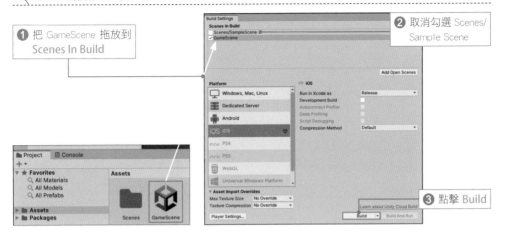

Fig.3-37 轉換成 iOS 專案

按下 Build 按鈕後，會跳出儲存位置的選擇畫面。點擊左下方的 New Folder，在資料夾名稱欄位輸入 Roulette_iOS，再按下 Create 按鈕，新建好的資料夾就是儲存位置。接著點擊右下方的 Choose，系統就會開始轉檔成適用於 iOS 的專案。

建好 iOS 版本的專案後，專案資料夾會自動開啟。請在 Roulette_iOS 資料夾內的 Unity-iPhone.xcodeproj 點兩下來開啟 Xcode。

Fig.3-39 開啟 Xcode

雙擊 Unity-iPhone.xcodeproj
開啟 Xcode

開啟 Xcode 後,在左方欄位選擇專案名稱(在此為 Unity-iPhone),點選畫面中央的 Signing & Capabilities 分頁。接著勾選 Automatically manage signing 後,按下 Team 裡的 Add Account。如果沒有看到 Add Account,只有 None,請依 Fig 3-42 的步驟進行設定。

Fig.3-40 建立帳號

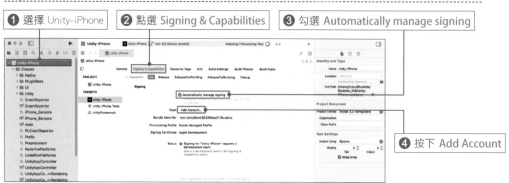

❶ 選擇 Unity-iPhone ❷ 點選 Signing & Capabilities ❸ 勾選 Automatically manage signing

❹ 按下 Add Account

接著在 Accounts 視窗內輸入 Apple ID 與密碼,再點擊 Next。

Fig.3-41 登入帳號

Sign in with your Apple ID.
Don't have an Apple ID? You can create one for free.

Apple ID: example@icloud.com

Forgot Apple iD or Password?

Cancel   Next

輸入 Apple ID 與密碼
後點擊 Next

順利登入後,帳號會顯示在 Accounts 視窗左側(Apple IDs),代表已成功在 Xcode 建好帳號,可以關閉 Accounts 視窗。

回到 Xcode 畫面,會看到 Signing 的 **Team** 欄位現在是 None,請從下拉式選單中選取先前自己新建好的帳號名稱。選好之後,如果看到 **Register Device** 按鈕就點下去。

Fig.3-42 選取帳號

點一下 None，從下拉式
選單中選取帳號

接著選擇要執行專案的手機。點一下位於 Xcode 畫面左上方的 Any iOS Device，
選擇已經與 PC 連接好的手機（若 iPhone 未解鎖螢幕，在這個步驟可能會無法偵
測）。

Fig.3-43 選擇執行遊戲的手機

❶ 點擊 Any iOS Device

❷ 選擇手機

如果 Signing 的 Status 出現錯誤訊息「Device "xxx" isn't registered on the developer
portal.」，請按下 Register Device。

Fig.3-44 出現錯誤的處理方式

按下 Register Device

這樣就完成 iOS 版的設定了，再按下執行鈕就能安裝到手機上。另外，在 Fig
3-36 設定的 ID 如果在手機上有重複，在這一步驟就會發生錯誤，必須重新設定
ID。

Fig.3-45 傳送至手機

按下執行鈕

若執行時跳出「The run destination（手機名稱）is not valid…」訊息，請開啟 iPhone 主畫面。如果看到「信任這部電腦？」訊息，按下信任。此外，若執行中跳出像是 Fig 3-46 的畫面，請輸入密碼，按下允許。

Fig.3-46 允許存取

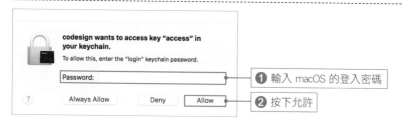

❶ 輸入 macOS 的登入密碼

❷ 按下允許

執行過程如果跳出「Could not launch（遊戲名稱）」，代表需要在手機上允許使用 App。請從 iPhone 的設定→一般→裝置管理找到 App 並選擇信任。

因為上鎖的 iPhone 無法接收檔案，記得要先解鎖手機進入主畫面。也要事先解除畫面直向鎖定，讓手機能夠顯示橫向畫面。

>Tips< 使用 Windows 系統該如何確認 iPhone 的遊戲執行狀況？

透過 iPhone 的 Unity Remote 5 應用程式，就能用 iPhone 檢視和操作 Windows 上開發的 Unity 遊戲。

首先，從 App Store 下載和安裝 Unity Remote 5，接著以 USB 線連接 iPhone 與 Windows，並開啟 Unity Remote 5。從 Unity 工具列選擇 Edit → Project Settings，點選 Editor，在 Unity Remote 項目的 Device 選擇連接裝置的種類（Any iOS Device）。

完成設定後再次執行遊戲，遊戲畫面就會出現在 iPhone 上了。

※ 若已經選擇裝置後再執行，卻無法在手機上看到遊戲畫面
　→ 在 Windows 安裝最新版的 iTunes，並更新 iPhone 的驅動程式
　→ 安裝 Unity 時，確認是否勾選 iOS Build Support（1-3-2 的安裝步驟 21）。

3-7-3 Android Build 的做法

Android 與 iOS 類似，要先把 Unity 專案轉換成 Android 的「apk 檔」再安裝到手機裡。

另外，在建立專案時要先在 Platform 選擇 Android，畫面尺寸也要設定成使用手機的尺寸（3-2-2）。

Fig.3-47 建立 Android 遊戲的流程

Unity 專案　　轉檔　　apk 檔　　Build　　手機

首先設定 apk 檔案的名稱。從工具列選擇 File → Build Settings，點擊 Build Settings 視窗左下方的 Player Settings。

Fig.3-48 輸出 Android 遊戲的設定

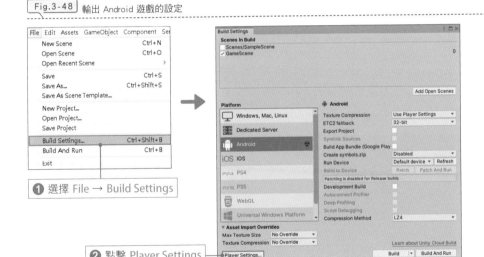

❶ 選擇 File → Build Settings

❷ 點擊 Player Settings

Android 裝置的安裝設定視窗會開啟，請在最上方的 Company Name 欄位以英數字輸入名稱。製作完成的遊戲會有一個自己的 ID，是這裡輸入的 Company Name 和專案名稱的組合：com.(Company Name).(專案名稱)，不可以和其他應用程式的名稱重複。

Fig.3-49 輸入 Company Name

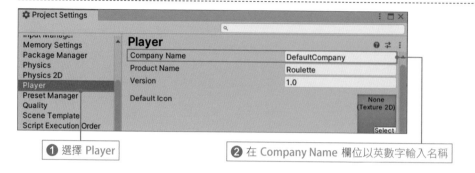

❶ 選擇 Player

❷ 在 Company Name 欄位以英數字輸入名稱

輸入後回到 Build Settings 視窗，把專案視窗的 GameScene 拖放到 Scenes In Build。如果 Scenes In Build 裡面有 Scenes/Sample Scene，要記得取消勾選。經過上述步驟，做好的 GameScene 遊戲就能轉換成合適的安裝檔了。設定好 Scenes In Build 後，請點擊右下方的 **Build And Run**，就能一口氣完成 Android 版遊戲的轉檔與安裝。

Fig.3-50 轉換成 Android 版的專案

❶ 把 GameScene 拖放到 Scenes In Build

❷ 取消勾選 Scenes/Sample Scene

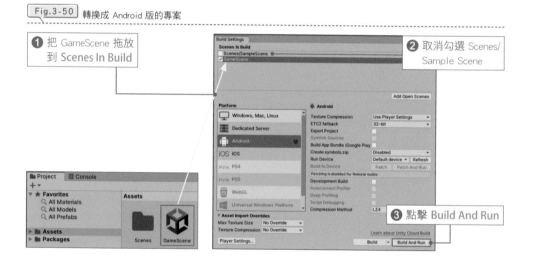

❸ 點擊 Build And Run

按下 **Build And Run** 按鈕後，會跳出儲存位置的選擇畫面，請在**檔案名稱**欄位輸入 Roulette_Android（這會是 apk 檔案的名稱），儲存位置可以選擇在 Roulette 的專案資料夾（Fig 3-51），只要不是在 Assets 資料夾裡面都可以。按下**存檔**，就會開始建立 apk 檔並安裝到手機上。

安裝完成後，Android App 會自動開啟。只要先在電腦上完成遊戲，做出 iPhone build 與 Android build 就是那麼簡單！

Fig.3-51 安裝到手機

① 選擇 Roulette
專案資料夾

② 輸入 Roulette_Android

③ 按下存檔

如果發現無法傳送到手機，就要把 Android 手機設定成開發者模式。請從「設定」
→「關於手機」找到版本號碼（Build number），觸碰點擊版本號碼 7 次，在跳出
「開發人員設定已啟用」訊息後，回到設定畫面調整以下設定：

- 把「使用開發人員選項」設為開啟

- 把開發人員選項中的「USB 偵錯」設為開啟
  （若找不到設定，可以使用上方的「搜尋設定」功能。）

手機在鎖定狀態也會無法傳輸，要先解鎖手機。

傳輸時，如果跳出「Android SDK is outdated」訊息，請選擇「Use Highest
Installed」繼續進行步驟。

在第 3 章製作輪盤遊戲的過程中，我們學會了 Unity 的使用方法、編寫腳本的方
法、建立動作物件的方法。第 4 章將加入 UI 等其他要素，挑戰製作更像遊戲的遊
戲，敬請期待！

〉Tips〈 手機無法顯示做好的遊戲

遇到這種情況，請先確認有沒有取消勾選 Scenes In Build 的 Scenes/SampleScene，
再確認是否有新增 GameScene。如果有勾選 SampleScene，就會安裝 Unity 預設的場
景，顯示在遊戲畫面上。

習慣使用元件

在學習 Unity 的過程中，必定會碰到「元件（component）」的概念，詳細將於第 4 章說明。元件就像是一種升級遊戲物件的零件，把元件加在遊戲物件上，就能新增各種功能。在第 3 章寫的「程式腳本」也是一種元件。把我們寫的腳本附加在輪盤物件上，就新增了輪盤物件的旋轉功能。

Fig.3-52 附加腳本程式

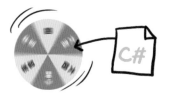

同理，加上「音效（AudioSource）元件」的話輪盤物件就能發出聲音、加上「粒子（Particle）元件」就會有一閃一閃的特效。

Fig.3-53 以元件新增功能

現階段只要先知道「使用 Unity 內建元件就能輕鬆新增功能」，以及「腳本也是一種元件」就好。

Chapter 4

UI 與導演物件

製作出顯示遊戲狀態的
各種提示訊息吧！

這一章會示範製作一個「停車遊戲」，介紹狀態 UI、音效等遊
戲要素的製作方法。

本章學習重點
- 設計滑動操作
- 製作 UI
- 瞭解元件的功用
- 加入音效

4-1 遊戲設計

第 3 章製作的遊戲主要是做為範例，沒什麼樂趣；第 4 章的遊戲會加入 UI、音效等要素，也會有挑戰的目標，提升遊戲性。但學習無法一步登天，我們先來製作一個稍微難一點點的遊戲，從過程中一步步學會 UI 和導演物件的建立方法吧。

4-1-1 遊戲企劃

這章要做一個「停車遊戲」，完成圖如 Fig 4-1 所示。遊戲開始後，畫面左下方會出現一台車，滑動手機畫面就能讓車子開始前進，隨後車子會慢慢減速到停止。改變滑動長度，就能改變車輛的移動距離。旗子會顯示於畫面右下方，車子與旗子的距離則顯示於畫面中央，玩家要挑戰讓車子盡可能靠近旗子，但又不可以碰到旗子。

| Fig.4-1 | 本章預計製作的遊戲畫面

4-1-2 構思遊戲的物件

以 Fig 4-1 的遊戲畫面為基礎，想想該如何設計遊戲吧。這次也跟第 3 章一樣，按照下列 5 個步驟來設想。

Step ❶ 列出遊戲畫面上所有需要的物件

Step ❷ 規劃讓物件動起來的控制器腳本

Step ❸ 規劃自動製造物件的產生器腳本

Step ❹ 規劃更新 UI 的導演腳本

Step ❺ 思考編寫腳本的順序

Step ① 列出遊戲畫面上所有需要的物件

首先要列出畫面上所有物件。觀察 Fig 4-1，列出遊戲裡該有的物件吧。在這個遊戲裡，有「車子」、「旗子」，還有很容易忘記的「地面」，以及「顯示距離的 UI」。

Fig.4-2　列出遊戲畫面上所有需要的物件

離終點還有
100.0m

車子　　旗子　　地面　　　UI

Step ② 規劃讓物件動起來的控制器腳本

接著從 Step 1 列出的物件裡挑出動作物件。因為車子會動所以歸在動作物件；旗子與地面則是靜止不動。雖然顯示車子與旗子距離的 UI 內容會變動，但顯示位置固定，所以不算是動作物件。

Fig.4-3　找出動作物件

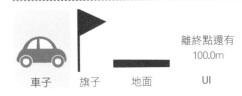

離終點還有
100.0m

車子　　旗子　　地面　　　UI

我們在第 3 章也提過，只要是動作物件，都需要「控制物件動作的劇本（程式腳本）」。為了控制車子的動作，我們需要一個「車子控制器」。

需要的控制器腳本
- **車子控制器**

Step ③ 規劃自動製造物件的產生器腳本

這個步驟要找出遊戲執行時會不斷產生的物件。這次的遊戲裡沒有這類物件。

Step ④ 規劃更新 UI 的導演腳本

在戲劇領域，「導演」會負責掌握拍攝進度，並給予演員指令。同理，遊戲要順利進行就需要導演腳本。導演腳本會負責掌控遊戲整體，進行更新 UI、判定遊戲結束等工作。這次要製作的遊戲裡，有一個顯示車子與旗子距離的 UI，因此我們必須針對這個 UI 設計導演腳本。

Fig.4-4 導演腳本扮演的角色

```
需要的導演腳本
• 更新 UI 顯示的導演腳本
```

Step ⑤ 思考編寫腳本的順序

跟第 3 章一樣，列出需要的腳本後就要安排編寫的順序。原則上還是以「**控制器腳本**」→「**產生器腳本**」→「**導演腳本**」的順序製作。

Fig.4-5 腳本的編寫順序

第 4 章需要寫「車子控制器」腳本和「UI 導演」腳本。**只要寫好這 2 個腳本，遊戲就能動起來。**

車子控制器腳本

滑動後車子開始前進，隨後慢慢減速、停止。車子行駛距離會隨滑動長度改變。

UI 導演腳本

檢查「車子」與「旗子」的座標，算出之間的距離，顯示於 UI。

這章的車子雖然外觀和第 3 章的輪盤完全不同，但設置的步驟幾乎一模一樣。**不論是哪種動作物件，設置的步驟都一樣**，多多練習、熟悉吧！這次除了會用到動作物件，也會用到 UI。和動作物件同理，每個遊戲設置 UI 的步驟大同小異，所以也要好好練習熟記。整體流程請參考 Fig 4-6。

Fig.4-6 遊戲製作流程

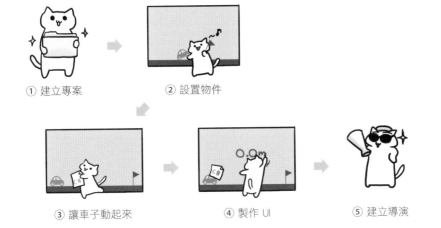

① 建立專案　　　　② 設置物件

③ 讓車子動起來　　　④ 製作 UI　　　⑤ 建立導演

4-2 建立專案與場景

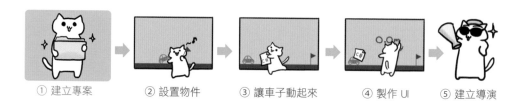

① 建立專案　② 設置物件　③ 讓車子動起來　④ 製作 UI　⑤ 建立導演

4-2-1 建立專案

　　我們從建立專案開始。開啟 Unity Hub 後，點選畫面上的**新專案**，從所有範本裡選擇 2D，在專案名稱輸入 SwipeCar，接著點擊右下角藍色的**建立專案**按鈕，在指定資料夾建好專案，並啟動 Unity 編輯器。

選擇範本 → 2D

建立專案 → SwipeCar

把素材加進專案

　　開啟 Unity 編輯器後，先加入製作本章遊戲會用到的素材。從下載的素材中開啟 chapter4 資料夾，把裡面的素材全部拖放到專案視窗。

URL 書附檔案連結

https://www.flag.com.tw/bk/st/F3589

Fig.4-7 加入素材

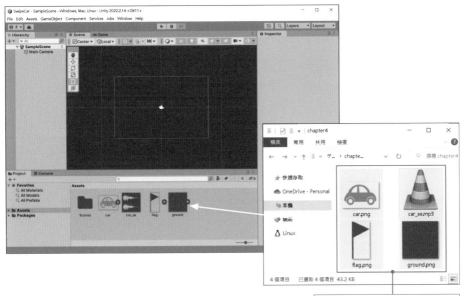

把素材全選，拖放到專案視窗

各個素材檔案的功用如下：

Table4-1 各個素材檔案的類型與功用

檔案名稱	檔案類型	功用
car.png	png 檔案	車子圖片
ground.png	png 檔案	地面圖片
flag.png	png 檔案	旗子圖片
car_se.mp3	mp3 檔案	車子音效

Fig.4-8 用到的素材

car.png   car_se.mp3   flag.png   ground.png

4-2-2 手機的執行設定

這次也要設定智慧型手機的 build。在工具列找到 File → Build Settings，開啟 Build Settings 視窗，接著在左下方 Platform 欄位選擇 iOS 或 Android，再點擊 Switch Platform 按鈕。詳細步驟請參考 3-2-2。

設定畫面尺寸

接著設定遊戲畫面尺寸。這次要做的也是橫式遊戲。點擊場景視窗的 Game 分頁，打開遊戲視窗左上角設定畫面尺寸（aspect）的下拉式選單，依照使用的手機選擇畫面尺寸大小（本書選的是 iPhone 11 Pro 2436×1125 Landscape）。詳細步驟請參考 3-2-2。

4-2-3 儲存場景

再來要建立場景。點選工具列的 File → Save As，把場景名稱儲存成 GameScene。儲存後專案視窗會出現場景圖示。詳細步驟請參考 3-2-3。

建立場景 → GameScene

Fig.4-9 完成場景建立後的狀態

場景儲存在這裡

4-3 在場景內設置物件

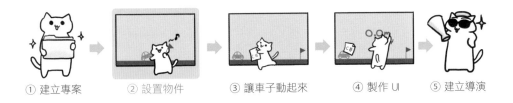

① 建立專案　② 設置物件　③ 讓車子動起來　④ 製作 UI　⑤ 建立導演

4-3-1 設置地面

在 4-3 節,我們會把遊戲需要的物件逐一設置在場景內。要設置的有「地面」、「車子」、「旗子」這 3 個。設置 sprite 的步驟和第 3 章相同,我們快速地完成吧(2D 遊戲使用的圖片稱為「sprite」)。

首先設置地面。點擊 Scene 分頁,把地面的圖片 ground 從專案視窗拖放到場景視窗,就能看到 sprite 出現在場景視窗內,同時在階層視窗也會出現 ground。

Fig.4-10 把地面加入場景

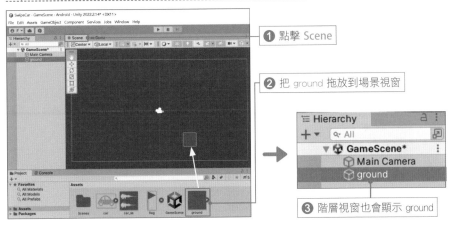

接著**在檢視視窗調整地面的位置、大小**。點選階層視窗的 ground,在檢視視窗顯示的詳細資訊裡設定座標和大小。把 Transform 的 Position 設為 0, -5, 0,Scale 設為 18, 1, 1(Fig 4-11)。地面 sprite 的位置與大小會隨檢視視窗的設定而改變。

Fig.4-11 更改地面的座標與大小

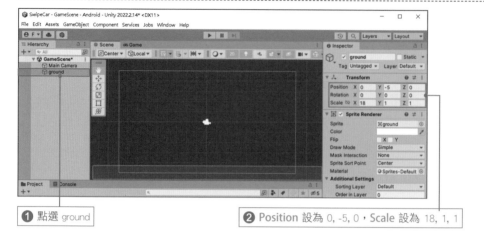

① 點選 ground

② Position 設為 0, -5, 0，Scale 設為 18, 1, 1

4-3-2 設置車子

下一步是設置「車子」。把車子的圖片 car 拖放到場景視窗，階層視窗也會顯示 car，和場景視窗的 sprite 對應。

Fig.4-12 把車子加進場景

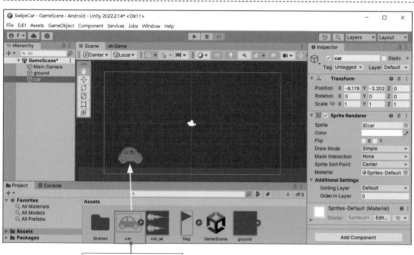

把 car 拖放到場景內

接著在檢視視窗調整車子的位置。和前面一樣，點選階層視窗的 car 再指定座標，把 Transform 的 Position 設為 -7, -3.7, 0。

Fig.4-13　更改車子座標

Fig.4-13　更改車子座標

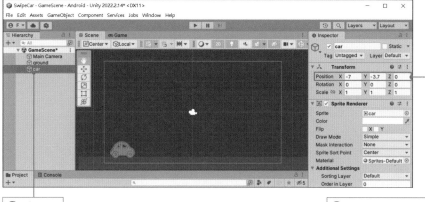

① 點選 car

② Position 設為 -7, -3.7, 0

4-3-3 設置旗子

最後是設置「旗子」。把旗子的圖片 flag 拖放到場景視窗，就能看到階層視窗顯示 flag，和場景視窗的 sprite 對應。

接著在檢視視窗調整旗子的位置。點選階層視窗的 flag 指定座標，把 Transform 的 Position 設為 7.5, -3.5, 0。

Fig.4-14　把旗子加進場景並調整座標

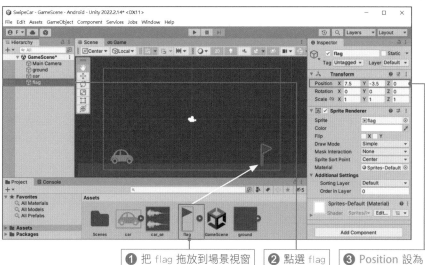

① 把 flag 拖放到場景視窗　② 點選 flag　③ Position 設為 7.5, -3.5, 0

4-3-4 更換背景顏色

本來的藍色遊戲背景不太好看，我們換個淺一點的背景顏色。**相機物件的檢視視窗可以調整背景顏色**（3-3-3）。先點選階層視窗裡的 Main Camera，再到檢視視窗的 **Camera**，點擊 **Background** 的色彩條，就會跳出 Color 視窗。這次把背景顏色設成 DEDBD2。

Fig.4-15 更換背景顏色

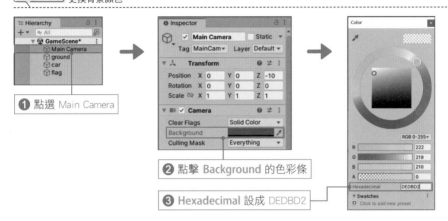

❶ 點選 Main Camera

❷ 點擊 Background 的色彩條

❸ Hexadecimal 設成 DEDBD2

做到這裡，來確認一下遊戲的執行結果吧。按下 Unity 編輯器上方的執行鈕，看看物件與背景顏色是否設定成功。

Fig.4-16 執行遊戲確認

❶ 按下執行鈕

❷ 確認物件和背景顏色設定成功

我們在 4-3 節擺好物件，也設好背景顏色了。「設置圖片」→「在檢視視窗設定座標」的步驟重複了 3 次，應該很習慣操作了吧。趁著這個氣勢，讓車子動起來吧！

4-4 用滑鼠移動車子

① 建立專案　　② 設置物件　　③ 讓車子動起來　　④ 製作 UI　　⑤ 建立導演

4-4-1 編寫車子的腳本

在 4-4 節，我們要想辦法讓車子動起來。這會需要一個車子動作模式的劇本（控制器腳本），之後再依照「建立動作物件」的步驟，把寫好的腳本附加在車子物件上。

> 🐾 **建立動作物件的步驟** 重要！
> ❶ 把物件放進場景視窗
> ❷ 編寫動作的程式腳本
> ❸ 把寫好的腳本附加到物件上

物件已經都放進場景了，現在要開始寫腳本。

Fig.4-17 製作車子的腳本

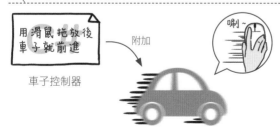

最終目標是要以滑鼠拖放的距離或手機滑動的長度，決定車子的前進距離。但是如果一開始就打算做這麼難的功能，很可能會不知道要從哪裡下手。因此我們**先做出「點擊滑鼠後車子開始前進，隨後慢慢減速並停下來」**。車子從開始前進到停止，就跟第 3 章輪盤開始旋轉到停止的概念是一樣的，應該用類似的方式就能做出來！

現在就來寫「點擊滑鼠後車子開始前進，再慢慢停下來」的腳本。

在專案視窗按滑鼠右鍵，選擇 Create → C# Script。建立檔案後，把檔案名稱改為 CarController。

製作腳本 → CarController

檔案命名後，雙擊專案視窗的 CarController 開啟檔案，輸入 List 4-1 的程式碼後儲存。

List 4-1　「點擊滑鼠後車子開始前進，再慢慢停下來」腳本

```
1  using System.Collections;
2  using System.Collections.Generic;
3  using UnityEngine;
4
5  public class CarController : MonoBehaviour
6  {
7      float speed = 0;
8
9      void Start()
10     {
11         Application.targetFrameRate = 60;
12     }
13
14     void Update()
15     {
16         if (Input.GetMouseButtonDown(0))        // 如果點擊滑鼠
17         {
18             this.speed = 0.2f;                  // 設定開始速度
19         }
20
21         transform.Translate(this.speed, 0, 0);  // 依目前速度前進
22         this.speed *= 0.98f;                    // 減速
23     }
24 }
```

List 4-1 和先前 List 3-2 的輪盤旋轉機制幾乎一模一樣。車子速度由變數 speed 控制。遊戲開始時 speed 為 0，車子靜止不動；滑鼠點擊後就設定 speed 的值，讓車子開始前進（Fig 4-18）。車子的移動是使用 Translate()，以 speed 設定的速度來前進。

Translate() 這個 method 會讓遊戲物件從目前座標移動引數值的距離。**引數的意義不是目的地座標，而是從目前座標算起的相對移動量。**也就是說，Translate(0, 3, 0) 代表從目前座標沿 Y 軸前進 3 單位，而不是移動到座標 (0, 3, 0)（Fig 4-19）。

Fig.4-18 車子前進的方式

設定 speed 為 0.2　　以 speed = 0.2 速度前進　　　越來越慢……　　　　停止

Fig.4-19 Translate() 的功用

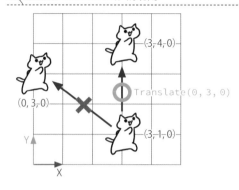

Translate(0, 3, 0)

(3, 4, 0)
(0, 3, 0)
(3, 1, 0)
Y
X

　　第 22 行是讓車子慢慢減速的程式碼。把速度的變數在每個影格都乘上 0.98，車子就會越來越慢，這和第 3 章輪盤減速的方法一樣。

　　這次也在 Start() 裡把影格速率設為固定 60 FPS，遊戲執行速度就不會受到電腦性能影響了。

試試看！

　　改變初速度（第 18 行的 0.2）和衰減係數（第 22 行的 0.98），車子前進的樣子就會大大不同。一般而言，**在遊戲製作的最後階段會再次調整這類參數，讓遊戲玩起來更順手。**人家可以依自己的喜好調整這些參數。

4-4-2 把腳本附加到車子物件上

　　把剛才做的車子控制器附加到車子物件上，就相當於把劇本交給演員。請把專案視窗的 CarController 拖放到階層視窗的 car 上面（Fig 4-20）。

Fig.4-20 把腳本附加到 car 上

❶ 把 CarController 拖放到 car 上　　❷ 成功把 CarController 腳本附加到 car 物件

　　腳本附加到車子了，接著確認點擊滑鼠的反應。請執行遊戲，車子真的在點擊畫面時往前移動了！

Fig.4-21 執行遊戲

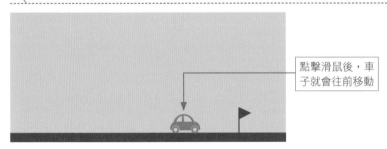

點擊滑鼠後，車子就會往前移動

4-4-3 用滑動長度控制車子前進

　　車子雖然成功動起來了，但行駛距離每次都一樣，這可稱不上是遊戲呀。修改現在的腳本，用滑鼠拖放的距離控制車子的前進距離吧。另外，為了和手機上的「滑動」操作統一用詞，之後也會**把滑鼠的「拖放」操作稱為滑動**。

想要依滑動長度（拖放距離）改變車子的前進距離的話，**把滑動長度當成車子的**
初速度（List 4-1 的第 18 行）應該是個不錯的做法。

滑動長度短，初速度就比較小，前進距離也比較短；滑動長度長，初速度就比較
大，前進距離也比較長。

Fig.4-22 滑動長度與前進距離

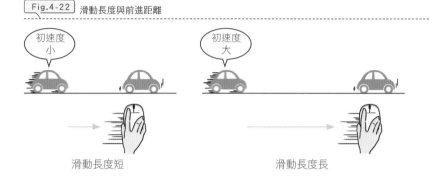

再來就是思考該如何算出滑動長度。如果知道**點擊和放開滑鼠的座標，應該就能**
把座標的差距當成滑動長度。我們可以透過 GetMouseButtonDown() 與
GetMouseButtonUp()（3-4-2）得知滑鼠被點擊和放開。只要知道滑鼠游標在那 2
個時間點的座標（Input.MousePosition），然後計算差值，就能得出滑動長度了。

Fig.4-23 計算滑動長度的方法

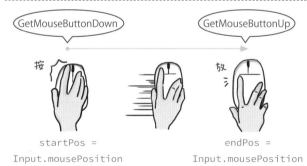

偵測滑鼠點擊的 GetMouseButtonDown() 與 GetMouseButtonUp() 也能偵測智慧
型手機的螢幕觸碰，因此不用修改程式碼，在手機也能滑動操作。

接著把計算滑動長度的功能寫進腳本吧。雙擊開啟專案視窗的 CarController，照
著 List 4-2 修改程式碼。

```
1  using System.Collections;
2  using System.Collections.Generic;
3  using UnityEngine;
4
5  public class CarController : MonoBehaviour
6  {
7      float speed = 0;
8      Vector2 startPos;
9
10     void Start()
11     {
12         Application.targetFrameRate = 60;
13     }
14
15     void Update()
16     {
17         // 計算滑動長度
18         if (Input.GetMouseButtonDown(0))
19         {
20             // 點擊滑鼠的座標
21             this.startPos = Input.mousePosition;
22         }
23         else if (Input.GetMouseButtonUp(0))
24         {
25             // 放開滑鼠的座標
26             Vector2 endPos = Input.mousePosition;
27             float swipeLength = endPos.x - this.startPos.x;
28
29             // 根據滑動長度設定初速度
30             this.speed = swipeLength / 500.0f;
31         }
32
33         transform.Translate(this.speed, 0, 0);   // 前進
34         this.speed *= 0.98f;                      // 減速
35     }
36 }
```

我們在 Update()，偵測開始點擊的座標（GetMouseButtonDown()）與結束點擊的座標（GetMouseButtonUp()），分別指派為 startPos 與 endPos。利用 if 條件式，就可以只在 GetMouseButtonDown() 或 GetMouseButtonUp() 是 true 的狀況用 Input.mousePosition 存取滑鼠座標。

在第 27 行計算的是 2 點間的 X 軸距離，以這個數值做為滑動長度。第 30 行把滑動長度除以 500，設為車子的速度。

按下畫面上方的執行鈕執行遊戲，確認車子前進的距離是否成功隨著滑動長度而改變。

Fig.4-24 根據滑動長度決定前進距離

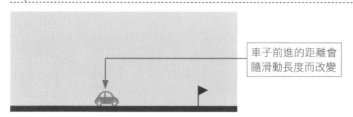

車子前進的距離會
隨滑動長度而改變

我們成功用控制器腳本讓車子照著設想的方式移動了！寫腳本的訣竅，就是「從簡單動作著手，再慢慢增加功能」！只要從功能簡單的實驗腳本開始慢慢加上功能，就算是很複雜的程式碼，也不會那麼困難。再來 4-5 節要製作的是顯示旗子與車子距離的 UI，這樣才能知道車子是成功停在旗子前面，還是超過旗子。

試試看！

在程式碼第 30 行是用「滑動長度除以 500.0」來做為車子的初速度，調整這個值就能改變車子速度和滑動長度的比例關係。如果覺得車子的速度不如預期，例如輕輕滑就飛出畫面外，可以調整這個數值來達成理想的效果。

>Tips< 世界（world）座標系與本地（local）座標系

世界座標系是遊戲世界裡標示物件位置的座標系。我們在檢視視窗設定的座標就是世界座標。至於本地座標系則是遊戲物件自己的座標系。

使用 Translate() 移動物件時，移動方向是以本地座標計算，而不是世界座標。因此，經過旋轉的物件也是以旋轉後的本地座標來計算移動方向。同一個物件需要旋轉和移動的話，需要多多注意！

Fig.4-25 世界座標系與本地座標系

4-5 製作 UI

① 建立專案　② 設置物件　③ 讓車子動起來　④ 製作 UI　⑤ 建立導演

4-5-1 UI 的設計方針

UI（user interface，使用者介面）能**顯示遊戲狀態與進度**，是讓玩家順利進行遊戲的重要角色。Unity 內建了許多 UI 相關的套件，讓開發者可以輕鬆完成 UI 設計。在這一小節，我們會運用 UI 物件**顯示車子到旗子的距離**。製作 UI 的步驟如下所示：

> 🐾 **製作 UI 的步驟** 重要！
> ❶ 把 UI 物件放進場景視窗
> ❷ 編寫負責更新 UI 的導演程式腳本
> ❸ 建立導演物件，把寫好的腳本附加上去

　　首先要把 UI 物件放在畫面上。這次要用文字顯示車子與旗子的距離，因此使用 TextMeshPro（顯示文字的套件）的 Text。設置 Text 之後再寫好負責更新 Text 的導演腳本，然後附加在導演物件上。

　　4-5 節會說明步驟 1，4-6 節會說明步驟 2 與步驟 3。

4-5-2 以文字顯示距離

　　先來製作顯示車子與旗子距離的文字 UI。在階層視窗點選 + → UI → Text - TextMeshPro。跳出 TMP Importer 視窗後，點擊 Import TMP Essentials，匯入成功後關閉視窗。可以看到階層視窗中新增了一個 Canvas 物件，Canvas 物件下面有 Text (TMP)。

Fig.4-26 建立文字

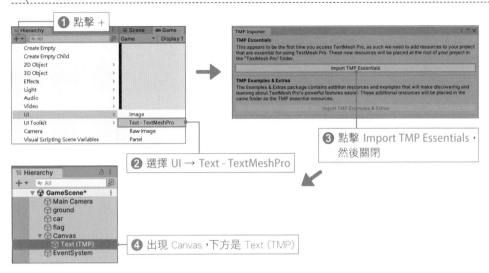

❶ 點擊 ＋

❷ 選擇 UI → Text - TextMeshPro

❸ 點擊 Import TMP Essentials，然後關閉

❹ 出現 Canvas，下方是 Text (TMP)

　　UI 的設計畫面，**會比一般遊戲設計畫面大上許多**，在場景視窗內可能會找不到剛剛新增的文字。遇到這種情況時，請雙擊階層視窗的 Text (TMP)，就能在場景視窗中央看到「New Text」文字了。

　　雖然從場景視窗看 UI 的設計畫面會覺得很大，但**實際大小會比照遊戲畫面的尺寸來呈現**。在實際執行遊戲時，不會發生 UI 跑出畫面的情況。

Fig.4-27 遊戲設計畫面與 UI 設計畫面的尺寸差異

　　接著在階層視窗點選 Text (TMP) 後，再點一下名稱，更名為 Distance，再按下 Enter 鍵確定。

Fig.4-28 更改 Text (TMP) 的名稱

❶ 階層視窗點選 Text (TMP)

❷ 再點一下進入編輯名稱狀態

❸ 更名為 Distance

　　然後是調整 Distance 的位置和尺寸。點選階層視窗裡的 Distance，找到檢視視窗內的 Rect Transform，把 Pos 設成 0, 0, 0；Width、Height 設成 900、80；Font Size 設成 64。點一下 Vertex Color 的色彩條，把 Hexadecimal 設成 292020、Alignment 的橫向和直向分別設成 Center 和 Middle。

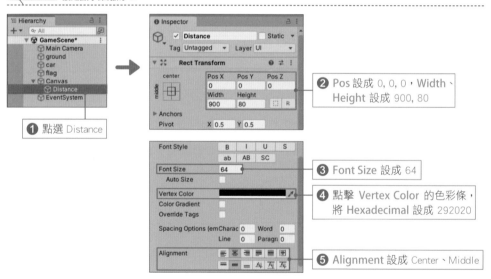

Fig.4-29 設定顯示距離的 UI

❶ 點選 Distance

❷ Pos 設成 0, 0, 0，Width、Height 設成 900, 80

❸ Font Size 設成 64

❹ 點擊 Vertex Color 的色彩條，將 Hexadecimal 設成 292020

❺ Alignment 設成 Center、Middle

　　要特別注意，設置 Text (TMP) 時，如果 Rect Transform 的 Width 和 Height 的值小於顯示文字的大小，就會無法正確顯示文字。

　　我們已經設置好 UI 物件了，現在執行遊戲，確認「New Text」是否顯示在畫面中央（Fig 4-30）。4-6 節就會在「New Text」的位置，顯示車子和旗子的距離！

Fig.4-30　UI 的設置結果

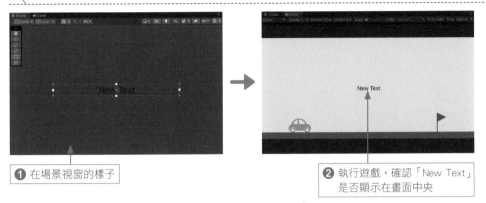

❶ 在場景視窗的樣子

❷ 執行遊戲，確認「New Text」
是否顯示在畫面中央

>Tips< EventSystem 是什麼？

　新增 UI 文字後，階層視窗內除了 Canvas 之外，還多了個 EventSystem。這個
EventSystem 是負責把使用者輸入傳遞給 UI 物件的中繼物件，使用 UI 物件時一定需要
1 個 EventSystem。我們可以用 EventSystem 設定鍵盤、滑鼠等等的輸入。

>Tips< Rect Transform 是什麼？

　在檢視視窗，修改 UI 物件座標的區域是 Rect Transform，而非之前看過的
Transform。這兩者的差異在於 Transform 只能調整座標、旋轉、大小，而 Rect
Transform 除了能調整這些之外，還多了「支點（pivot）」和「錨點（anchor）」。支點是
旋轉和縮放使用的中心座標，錨點是設置 UI 物件時，指定位置的基準。這會在第 5 章
詳細說明。

建立更新 UI 的導演

① 建立專案　② 設置物件　③ 讓車子動起來　④ 製作 UI　⑤ 建立導演

4-6-1 編寫更新 UI 的導演腳本

雖然 UI 文字已經設置了，但永遠只顯示 New Text 也沒有意義。**寫出導演腳本，把車子和旗子的距離顯示在 New Text 的位置吧**。導演腳本會找出場景視窗裡車子和旗子的座標，把距離顯示在前面做好的 UI 文字上。

Fig.4-31　導演腳本的功用

首先要寫導演腳本。請在專案視窗按滑鼠右鍵，選擇 Create → C# Script。建立檔案後，把檔名改為 GameDirector。

製作腳本 → GameDirector

接著雙擊 GameDirector 開啟檔案，依照 List 4-3 輸入程式碼之後儲存。

List4-3 「顯示距離資訊」的腳本

```
1  using System.Collections;
2  using System.Collections.Generic;
3  using UnityEngine;
4  using TMPro;  // 要使用 TextMeshPro 就必須加上這一行！
5
6  public class GameDirector : MonoBehaviour
7  {
8      GameObject car;
9      GameObject flag;
10     GameObject distance;
11
12     void Start()
13     {
14         this.car = GameObject.Find("car");
15         this.flag = GameObject.Find("flag");
16         this.distance = GameObject.Find("Distance");
17     }
18
19     void Update()
20     {
21         float length = this.flag.transform.position.x -
               this.car.transform.position.x;
22         this.distance.GetComponent<TextMeshProUGUI>().text =
               "Distance:" + length.ToString("F2") + "m";
23     }
24 }
```

第 4 行的程式碼是使用 UI 物件的前置準備，在這裡是為了使用 TextMeshPro，一定要記得加入這一行喔！

導演腳本要負責找出車子和旗子的座標，計算距離後顯示在 UI。因此腳本需要處理車子、旗子、UI 這些物件，在第 8 到 10 行就分別準備了車子、旗子、UI 的 GameObject 型態變數。在這時，這些還只是 GameObject 型態的箱子而已，裡面還是空空的。

Fig.4-32 宣告用來收納物件的變數

接著要在場景找到物件，放入對應的箱子內。Unity 內建了 Find() 這個 method，可以在場景搜尋物件。**把物件名稱作為引數交給 Find()，就可以在遊戲場景搜尋同名的物件，找到的話就會回傳。**

Fig.4-33 Find() 的運作模式

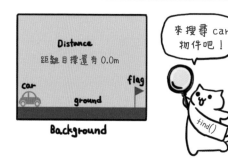

在 Start() 裡面用 Find() 找到物件並指派給變數（放進箱子）之後，就能用 car.transform.position.x 和 flag.transform.position.x 取得兩個物件的 X 軸座標（第 21 行）。這個語法會在本節最後的 Tips 詳細說明，這裡只要先記得「**遊戲物件名稱 .transform.position**」就是遊戲物件的座標。

第 22 行把第 21 行計算出的距離，指派給 distance 物件的 TextMeshProUGUI 元件。現在可能會覺得第 21、22 行的程式碼好像一串密碼一樣。的確，要讀懂這 2 行就必須先理解 Unity 元件的相關知識，這也會在本節最後的 Tips 說明。這裡只要先記得 ToString() 可以設定數字的格式，讓車子和旗子的距離只顯示到小數點第二位。

ToString() 是把數值轉換成字串的 method，傳入不同引數就能用不同格示來顯示數值。Table 4-2 是 ToString() 可以設定的其中 2 種格式。

Table4-2　ToString() 的其中 2 種格式

格式規範	說明	範例
整數：D[位數]	用於顯示整數。 位數不足時會在左側補上零。	(456).ToString("D5") → 00456
固定小數點：F[位數]	用於顯示小數， 四捨五入至指定小數點位數。	(12.7428).ToString("F3") → 12.743

在建立車子的控制器腳本時，已經在 Start() 設定影格速率為 60 FPS。這個設定在整個專案只需要做一次就好，在這個腳本就不用重複了。

4-6-2 把腳本附加到導演物件上

劇本要交到演員手裡才能發揮功用，程式腳本也是一樣，附加給物件才能派得上用場。然而，遊戲做到目前為止，都還沒有一個物件可以附加導演腳本。因此必須先建立一個「空物件」，再把導演腳本附加上去。**這個全新的空物件收到導演腳本之後，就會化身為導演物件，擔任導演的角色。**

Fig.4-34 附加導演腳本

附加導演腳本
C#
空物件
導演物件

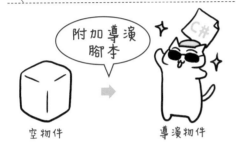

點選階層視窗的 + → Create Empty 建立空物件，再把階層視窗裡新建的 GameObject 更名為 GameDirector。

Fig.4-35 建立空物件

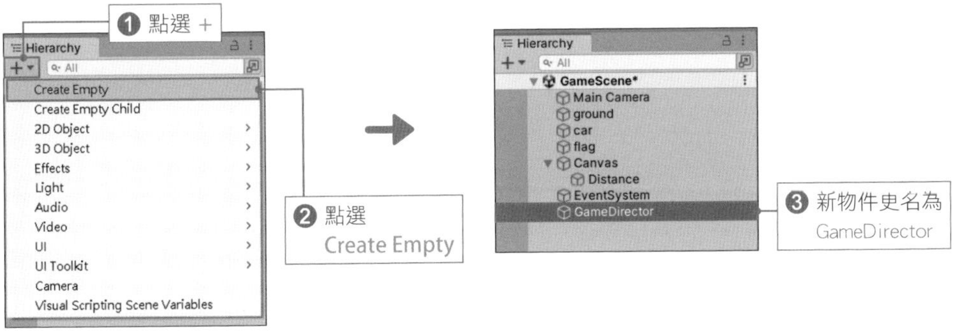
❶ 點選 +
Hierarchy
Create Empty
Create Empty Child
2D Object
3D Object
Effects
Light
Audio
Video
UI
UI Toolkit
Camera
Visual Scripting Scene Variables
❷ 點選 Create Empty
Hierarchy
GameScene*
Main Camera
ground
car
flag
Canvas
Distance
EventSystem
GameDirector
❸ 新物件更名為 GameDirector

接著把 GameDirector 腳本附加到 GameDirector 物件上。如 Fig 4-36，把專案視窗的 GameDirector 腳本拖放到階層視窗的 GameDirector 物件。附加的腳本和物件的名稱不需要相同，這個例子只是剛好同名而已。

Fig.4-36 把腳本附加到空物件

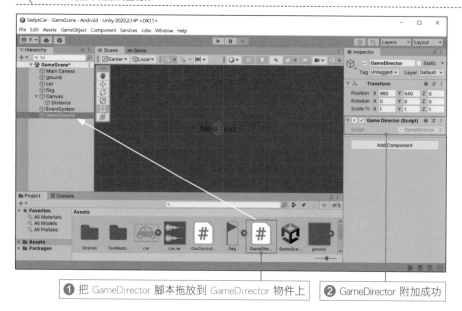

① 把 GameDirector 腳本拖放到 GameDirector 物件上　② GameDirector 附加成功

執行遊戲後，會看到 UI 確實依照導演的指示，顯示出車子與旗子的距離！

Fig.4-37 UI 顯示車子與旗子的距離

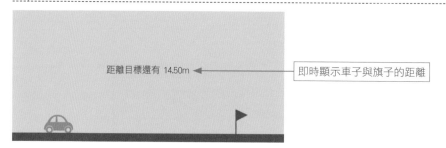

距離目標還有 14.50m ◄─────── 即時顯示車子與旗子的距離

以下整理建立導演物件的步驟。大部分的遊戲 UI 都是由導演物件控制。建立導演物件也和建立動作物件相同，都有固定步驟，一定要詳細瞭解喔！

🐾 **建立導演物件的步驟** 重要！

❶ 編寫導演腳本

❷ 建立空物件

❸ 把寫好的導演腳本附加到空物件上

試試看！

對於遊戲而言，讓玩家知道究竟結果是成功還是失敗，是非常重要的。這次製作的遊戲，如果在車子超過旗子時，也能在畫面上顯示「GameOver」，那就更完整了。試試看改寫 GameDirector 腳本的 Update()。

```
void Update()
{
    float length = this.flag.transform.position.x -
        this.car.transform.position.x;
    if (length >= 0)
    {
        this.distance.GetComponent<TextMeshProUGUI>().text =
            "Distance:" + length.ToString("F2") + "m";
    }
    else
    {
        this.distance.GetComponent<TextMeshProUGUI>().text =
            "GameOver";
    }
}
```

這段改寫的程式碼，會根據車子和旗子的距離（length 變數）顯示 2 種不同訊息。當距離大於等於 0，就顯示和終點之間的距離；當距離小於 0，則顯示「GameOver」。修改完畢後，導演物件不只能負責更新 UI，還能掌握遊戲狀況，判定是否 GameOver。

>Tips< 元件（component）是什麼東西？

　這一段要來談談還沒解釋清楚的「元件」。存取車子物件的座標時，用到了 car.transform.position.x 這個功能。因為是車子物件的座標，寫成 car.position 確實合理，但中間卻夾了個 transform 變數。這裡的 transform 究竟是何方神聖？又從何而來？這個 Tips 會詳細說明。

　前面有提到，我們在導演腳本的 Start() 裡面用 Find() 找到遊戲物件，再放進 GameObject 型態的箱子（變數）裡。**Unity 可以在這些 GameObject 箱子上附加元件，新增物件的功能。**舉例來說，想讓物件表現出自然物理性質，可以附加 Rigidbody（剛體）元件（見 6-3）；想讓物件發出聲音，可以附加 AudioSource（音效）元件；想新增自訂的功能，可以附加程式腳本元件（控制器腳本與導演腳本也都是元件）。

　也有負責管理物件座標與旋轉的元件：Transform。如果說 AudioSource 元件就像一台音響，那 Transform 元件可以說是一支操縱桿，讓物件可以做出關於座標、旋轉、移動等等動作的相關功能。

`Fig.4-38` 元件的思考邏輯

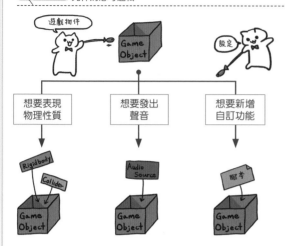

再回頭看看 `car.transform.position.x`，其實就是存取「**車子物件（car）上附加的 Transform 元件所控制的座標（position）資訊**」，難怪需要 transform 這個變數。

`Fig.4-39` Transform 元件的功用

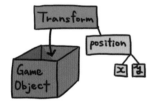

繼續討論關於元件的細節。在腳本中，「Transform 元件」是寫成 transform 變數，那 AudioSource 元件也是寫成 audioSource、Rigidbody 元件也是寫成 rigidbody 嗎？很遺憾，除了 Transform，幾乎沒有元件能這樣照著寫。

`Fig.4-40` 存取元件的方法

那我們該如何存取元件呢？在導演腳本裡設定 UI 文字的時候用的 `GetComponent<>()` 就能解決這個問題。`GetComponent<>()` 這個 method 會對遊戲物

件要求「請給我○○元件！」，然後就能回傳符合的元件。想要 AudioSource 元件的話，就可以寫 GetComponent<AudioSource>()，想要 TextMeshProUGUI 元件的話，就可以寫 GetComponent<TextMeshProUGUI>()。

Fig.4-41 透過 GetComponent<>() 取得元件

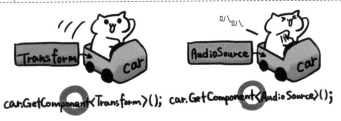

car.GetComponent<Transform>(); car.GetComponent<AudioSource>();

不過每次需要座標時都要寫 GetComponent<Transform>() 實在很麻煩，所以 Unity 替使用頻率很高的 Transform 元件，準備了一個簡略寫法 transform。transform 其實就相當於 GetComponent<Transform>() 的意思。

此外，因為自己寫的腳本也是元件，所以也能透過 GetComponent<>() 存取。假設在 CarController 腳 本 裡 新 增 一 個 method 叫 做 Run()，那 麼 就 可 以 用 car. GetComponent<CarController>().Run() 呼叫車子物件上附加的 CarController 腳本裡面的 Run()。

Fig.4-42 透過 GetComponent<>() 存取 method

car.GetComponent<CarController>().Run();

後面會有很多範例使用 GetComponent<>() 呼叫腳本裡的 method。請大家仔細理解物件與元件之間的關係喔！

🐾 **在其他物件存取元件的步驟** 重要！

❶ 用 Find() 找出物件

❷ 用 GetComponent<>() 取得物件的元件

❸ 存取元件裡的資料

4-7 加入音效

最後要再做點修飾，在遊戲裡加上音效。音效是影響遊戲體驗的重要元素。雖然在製作遊戲時，音效常被擺在後期才處理，但也還是不容草率。用心找出滿意的音效，才更能提升遊戲的品質！

4-7-1 AudioSource 元件的使用方法

在 Unity 加入音效會用到 AudioSource 元件。用這個元件在滑動時加入汽車奔馳而過的音效吧。加入音效需要下列 3 個步驟：

> 🐾 **加入音效的步驟** 重要！
> ❶ 把 AudioSource 元件附加在需要音效的物件上
> ❷ 設定 AudioSource 元件的音源檔案
> ❸ 在需要音效的時機，用程式腳本呼叫 Play()

4-7-2 附加 AudioSource 元件

AudioSource 元件就像 CD 播放器一樣，只要放進 CD 片（聲音檔案），就能發出想要的聲音。這次我們想幫車子加上音效，所以就在車子物件上設定 AudioSource 吧。

Fig.4-43 AudioSource 元件

放進 → 聲音檔案

附加 → Audio Source

車子物件

從階層視窗點選 car 後，在檢視視窗按下 Add Component，選擇 Audio → Audio Source，把 AudioSource 元件附加在車子物件上。

Fig.4-44 附加 AudioSource 元件

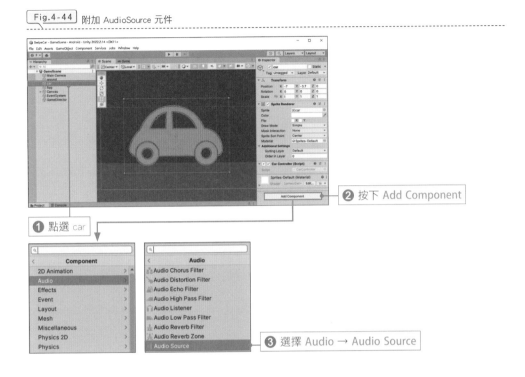

4-7-3 設定音源

AudioSource 元件附加到車子之後，接著要設定裡面的聲音檔案。請把專案視窗的 car_se 拖放到 car 檢視視窗中 Audio Source 的 AudioClip 欄位，並取消勾選 Play On Awake。如果保持勾選，在遊戲開始的時候就會自動播放音效。

Fig.4-45 設定 AudioSource 的音樂檔案

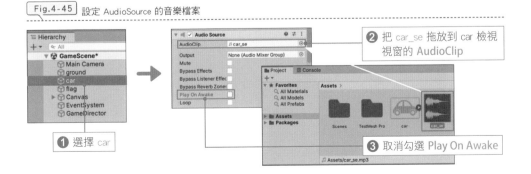

4-7-4 用腳本播放音效

播放音效必須在腳本呼叫 AudioSource 元件的 Play()。因為 AudioSource 元件已經附加在 car 物件上了，我們就從一樣附加在 car 物件的腳本（CarController）呼叫Play() 吧。

Fig.4-46 在腳本播放音效

雙擊專案視窗的 CarController 腳本，開啟檔案後依照 List 4-4 加入播放音效的程式碼。

List4-4 新增播放音效的處理程式

```
1   using System.Collections;
2   using System.Collections.Generic;
3   using UnityEngine;
4
5   public class CarController : MonoBehaviour
6   {
7       float speed = 0;
8       Vector2 startPos;
9
10      void Start()
11      {
12          Application.targetFrameRate = 60;
13      }
14
15      void Update()
16      {
17          // 計算滑動長度
18          if (Input.GetMouseButtonDown(0))
19          {
20              // 點擊滑鼠的座標
21              this.startPos = Input.mousePosition;
```

```
22              }
23          else if (Input.GetMouseButtonUp(0))
24          {
25              // 放開滑鼠的座標
26              Vector2 endPos = Input.mousePosition;
27              float swipeLength = endPos.x - this.startPos.x;
28
29              // 根據滑動長度設定初速度
30              this.speed = swipeLength/500.0f;
31
32              // 播放音效
33              GetComponent<AudioSource>().Play();
34          }
35
36          transform.Translate(this.speed, 0, 0);    // 前進
37          this.speed *= 0.98f;                      // 減速
38      }
39
```

　　為了要在車子前進的瞬間播放音效，我們把播放音效的程式碼加在第 33 行、設定車子初速度之後。用 `GetComponent<AudioSource>()` 取得 AudioSource 元件，並呼叫 AudioSource 元件的 `Play()`。

　　請執行遊戲，試試滑動車子。在滑動瞬間成功播放音效了！在 Unity 加入音效就是這麼簡單呀！

　　音效會直接影響到遊玩的感受。大家可以仔細觀察市面上的遊戲，在什麼時機會播放哪些音效？對於自己製作遊戲一定會有幫助喔！

>Tips< **支援的音檔類型與副檔名**

　　Unity 支援各式各樣的音檔格式，Table 4-3 列出了幾個代表性的類型。其他的格式請到 Unity 官網查詢確認。

Table 4-3 Unity 支援的音檔類型

檔案類型	副檔名
MPEG Layer3	.mp3
Ogg Vorbis	.ogg
Microsoft Wave	.wav
Audio Interchange File Format	.aiff/.aif

> Tips< **在 TextMeshPro 顯示中文的方法**

內建的 TextMeshPro 無法顯示中文，可以依照下列步驟調整設定。

首先，搜尋並下載想用的字型檔案。Unity 支援的字型檔案副檔名為 .ttf 或是 .otf。下載好字型檔案後就拖放到專案視窗。

接下來我們要製作字型 sprite，也就是把所有會用到的文字都做成 sprite。

 Fig.4-47 字型 sprite 範例

請從工具列點選 Window → TextMeshPro → Font Asset Creator。

Font Asset Creator 視窗開啟後，在 Source Font File 指定剛才新增到專案的字型檔案。接著在 Character Set 選擇 Custom Characters，並在 Custom Character List 欄位輸入所有會用到的中文字，點擊 Generate Font Atlas，再按下 Save。

Fig.4-48 建立字型 sprite

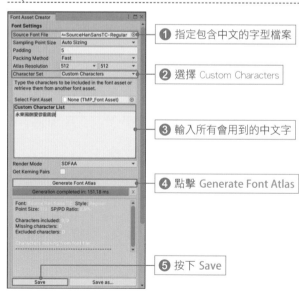

❶ 指定包含中文的字型檔案

❷ 選擇 Custom Characters

❸ 輸入所有會用到的中文字

❹ 點擊 Generate Font Atlas

❺ 按下 Save

決定儲存名稱，把檔案存在 Assets 裡的資料夾，按下 Save，字型 sprite 就製作完成了。

儲存字型 sprite

決定檔案名稱與儲存位置後按下 Save

再來要設定字型 sprite，顯示於 UI。請從階層視窗點選要顯示中文的 Text (TMP) 物件；檢視視窗裡 TextMeshPro-Text 元件的 **Font Asset** 欄位右側有個 ⊙ 符號；點選該符號，再選擇做好的字型 sprite，這樣就能在 TextMeshPro 顯示中文了。

Fig.4-50 設定字型 sprite

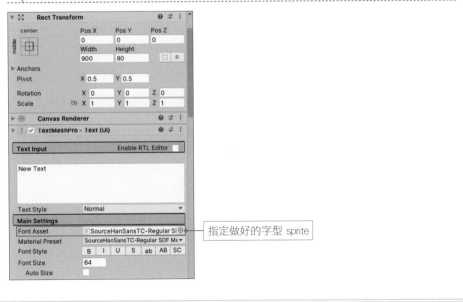

指定做好的字型 sprite

最後在手機上執行看看吧。我們在這一章做的遊戲是以滑鼠點擊模擬手指動作。手機的觸控動作一樣能用 GetMouseButtonDown() 與 GetMouseButtonUp() 偵測，所以只要直接 build 就可以玩了。

詳細的 iPhone build 步驟，請參考 3-7-2；Android build 步驟，請參考 3-7-3。

這一章介紹了 UI 的設置方法，也介紹了負責更新 UI 的導演物件。除了這一章用到的 Text，其他還有像是 Image、Button 等各式各樣的 UI 物件，都是製作遊戲不可或缺的工具，後續章節會再詳細說明。

Chapter 5

碰撞偵測和 Prefab

建立複製物件的「工廠」

本章會製作一個「躲箭頭」遊戲，在製作遊戲過程中說明使用 prefab 來產生物件的方法。

本章學習重點

- 什麼是「prefab」？
- 建立 prefab 和工廠物件
- 設計碰撞偵測

5-1 遊戲設計

我們的成果越來越有遊戲的樣子了。不過,「想到有趣遊戲的點子,實際做出來卻超無趣」的情況,在遊戲製作的過程裡可以說是家常便飯。正因如此,能持續努力直到做出有趣的遊戲,才是開發者的真本事。提升遊戲樂趣的技術會在第 8 章解說,先在第 5 章掌握遊戲製作的基礎,一起學習 prefab 和碰撞偵測吧。

Fig.5-1 咦?也太無聊?

5-1-1 遊戲企劃

在第 5 章要做的遊戲內容是「移動遊戲角色,躲開掉落的箭頭」。遊戲畫面如 Fig 5-2 所示。

Fig.5-2 本章預計製作的遊戲畫面

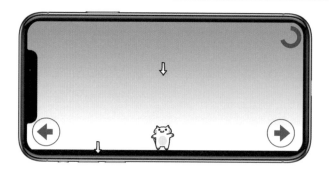

角色一開始在畫面中央，右上方是生命值。箭頭會不斷從上方掉落，要用左右方向按鈕控制角色閃躲，避免被箭頭刺到。如果遊戲角色被箭頭刺到，生命值就會減少。

5-1-2 遊戲的設計步驟

以遊戲畫面示意圖為出發點，想想該如何設計遊戲吧。遊戲設計時，一樣依照下列 5 步驟思考。

Step ❶ 列出遊戲畫面上所有需要的物件

Step ❷ 規劃讓物件動起來的控制器腳本

Step ❸ 規劃自動製造物件的產生器腳本

Step ❹ 規劃更新 UI 的導演腳本

Step ❺ 思考編寫腳本的順序

Step ① 列出遊戲畫面上所有需要的物件

首先列出畫面上的物件。觀察一下 Fig 5-2 的示意圖，裡面有：遊戲角色、箭頭、生命值、移動按鈕。也別忘了還有背景圖片，一共有 5 個物件。

Fig.5-3 列出遊戲畫面上的物件

遊戲角色　　　箭頭　　　背景圖片　　　移動按鈕　　　生命值

Step ② 規劃讓物件動起來的控制器腳本

接著從 Step ① 列出的物件裡，挑出動作物件。

遊戲角色是由玩家操控移動，歸在動作物件；箭頭會從畫面上方掉落，也算是動作物件。生命值是 UI，不屬於動作物件。

只要是動作物件，都需要控制器腳本，所以我們需要「角色控制器」以及「箭頭控制器」。

需要的控制器腳本

• 角色控制器　　　• 箭頭控制器

Fig.5-4 找出動作物件

遊戲角色　　　箭頭　　　背景圖片　　　移動按鈕　　　生命值

Step ③ 規劃自動製造物件的產生器腳本

在這個步驟，我們要找出會在遊戲過程中出現的物件。像是敵人、關卡場景等等，隨著玩家移動或時間流逝而出現的東西都屬於這類物件。這次要做的遊戲中，箭頭會不斷從畫面上方掉落，因此箭頭屬於遊戲執行過程中會出現的物件。

Fig.5-5 找出會在遊戲執行過程中出現的物件

遊戲角色　　　箭頭　　　背景圖片　　　移動按鈕　　　生命值

我們需要一個**製造物件的工廠**，在遊戲執行過程中自動產生物件。這個「工廠」的運作要仰賴產生器腳本，在這個遊戲裡，我們需要「箭頭的產生器腳本」。

Fig.5-6 產生器腳本是什麼？

需要的產生器腳本
- 箭頭產生器

Step ④ 規劃更新 UI 的導演腳本

如果遊戲用到 UI，就需要一個負責判斷遊戲進度和更新 UI 的導演。這次的遊戲有個生命值 UI，因此需要導演腳本。

Fig.5-7 需要導演的 UI

遊戲角色　　箭頭　　背景圖片　　移動按鈕　　生命值

需要的導演腳本
- 更新 UI 的導演腳本

Step ⑤ 思考編寫腳本的順序

我們這次也以「控制器腳本」→「產生器腳本」→「導演腳本」的順序製作。

Fig.5-8 腳本的編寫順序

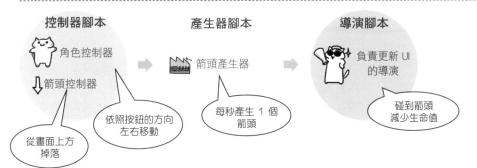

控制器腳本　　　　產生器腳本　　　　導演腳本

角色控制器　　　　箭頭產生器　　　　負責更新 UI 的導演

箭頭控制器

從畫面上方掉落

依照按鈕的方向左右移動

每秒產生 1 個箭頭

碰到箭頭減少生命值

控制器腳本、產生器腳本、導演腳本，這次總算是全都用上了！一旦需要寫的腳本變多，就更需要在開始寫之前把整個製作流程想過一遍。只要掌握整體狀況，就不會有「怎麼做也做不完」的感覺。

角色控制器

偵測玩家按下的按鈕，讓遊戲角色移動的腳本。

箭頭控制器

讓箭頭在畫面由上往下移動的腳本。

箭頭產生器

以 1 秒 1 個的頻率，在隨機位置產生箭頭的腳本。

UI 導演

當箭頭碰到角色時，畫面右上方的生命值應該要變少。因此需要一個腳本，偵測碰撞並更新 UI。

產生器在這一章是初次登場。建立產生器的方式比建立動作物件複雜，而且還加入了 prefab 這個新概念。不過就像前面的章節一樣，各步驟都會有詳細的解說，在操作的過程中確實理解就沒問題了。Fig 5-9 整理了這次遊戲的製作流程。

Fig.5-9 遊戲製作流程

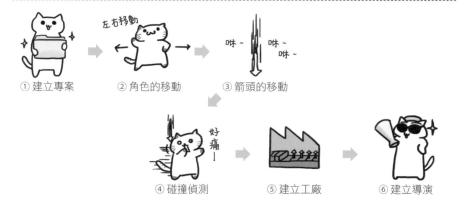

① 建立專案　　② 角色的移動　　③ 箭頭的移動

④ 碰撞偵測　　⑤ 建立工廠　　⑥ 建立導演

 **5-2** 建立專案與場景

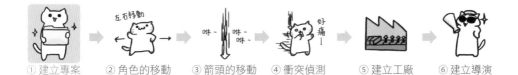

① 建立專案　② 角色的移動　③ 箭頭的移動　④ 衝突偵測　⑤ 建立工廠　⑥ 建立導演

5-2-1 建立專案

我們從建立專案開始。開啟 Unity Hub 後，點選畫面上的新專案，從所有範本裡選擇 2D，在專案名稱欄位輸入 CatEscape，然後按下右下角藍色的建立專案，就能在指定資料夾建好專案，並啟動 Unity 編輯器。

選擇範本 → 2D

建立專案 → CatEscape

素材加進專案

開啟 Unity 編輯器後，先加入本章遊戲會用到的素材。在本書的書附檔案開啟 chapter5 資料夾，將裡面的素材都拖放到專案視窗。

Fig.5-10　加入素材

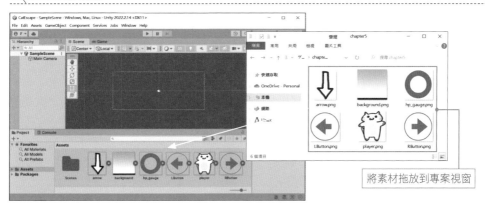

將素材拖放到專案視窗

各個素材檔案功用如下表所示：

Table 5-1　各個素材檔案的類型與功用

檔案名稱	檔案類型	功用
player.png	png 檔	角色圖片
arrow.png	png 檔	箭頭圖片
background.png	png 檔	背景圖片
hp_gauge.png	png 檔	生命值圖片
RButton.png	png 檔	右按鈕圖片
LButton.png	png 檔	左按鈕圖片

Fig.5-11　用到的素材

arrow.png　　background.png　　hp_gauge.png　　LButton.png　　player.png　　RButton.png

5-2-2 手機的執行設定

接著調整手機的 build 設定。在工具列找到 File → Build Settings，開啟 Build Settings 視窗，然後在 Platform 欄位選擇 iOS 或 Android，再點擊 Switch Platform 按鈕。詳細步驟請參考 3-2-2。

設定畫面尺寸

再來設定遊戲畫面尺寸。這次要做的是橫式遊戲。點擊 Game 分頁切換到遊戲視窗，打開左上角設定畫面尺寸（aspect）的下拉式選單，依照使用的手機選擇畫面尺寸大小（本書選的是 iPhone 11 Pro 2436×1125 Landscape）。詳細步驟請參考 3-2-2。

⊟ 5-2-3 儲存場景

　　然後是建立場景。點選工具列的 File → Save As，把場景名稱儲存成 GameScene。儲存完畢後，在 Unity 編輯器的專案視窗會出現場景的小圖示。詳細步驟請參考 3-2-3。

建立場景 → GameScene

Fig.5-12 完成場景建立後的狀態

成功儲存場景

> Tips < **自製遊戲素材**

　　製作遊戲需要各種素材，像是遊戲角色、背景、UI 等圖片，或是 3D 模型和表示模型質地的紋理（texture）等等。如果我們想自製這些素材，需要什麼軟體呢？

　　製作圖片可以用 Adobe 的 Photoshop、Illustrator、Substance，還有 CELSYS 的 CLIP STUDIO PAINT 等等。3D 模型則可以用免費軟體 Blender 來製作。Blender 除了 3D 建模功能之外，也能製作動畫。

5-3 在場景內設置物件

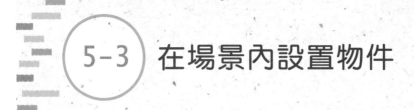

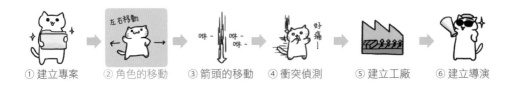

① 建立專案　② 角色的移動　③ 箭頭的移動　④ 衝突偵測　⑤ 建立工廠　⑥ 建立導演

5-3-1 設置遊戲角色

首先要設置遊戲角色。點擊 Scene 分頁，把遊戲角色圖片 player 從專案視窗拖放到場景視窗。在場景視窗設置完成後，階層視窗也能看到多了 player。

Fig.5-13　把遊戲角色加進場景

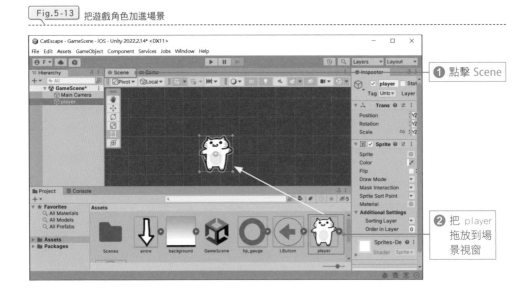

接著在檢視視窗設定遊戲角色的初始位置。點選階層視窗的 player，再把檢視視窗中 Transform 的 Position 設為 0, -3.6, 0。

Fig.5-14 設置角色位置

5-3
●
在
場
景
內
設
置
物
件

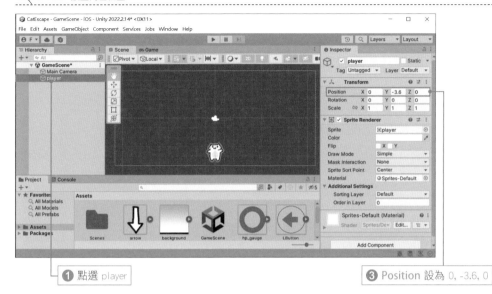

1 點選 player

3 Position 設為 0, -3.6, 0

5-3-2 設置背景圖片

前面做的遊戲都只有變更背景顏色,這次的遊戲來試試加入背景圖片吧。把專案
視窗的 background 圖片拖放到場景視窗。在場景視窗設置完成後,階層視窗也出現
background。

Fig.5-15 把背景圖片加進場景

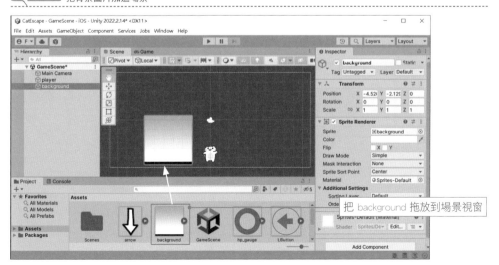

把 background 拖放到場景視窗

再來要放大背景圖片，蓋住原本的背景。在階層視窗點選 background 後，把檢視視窗中 Transform 的 Position 設成 0, 0, 0，Scale 設成 4.5, 2, 1。

Fig.5-16 設置背景圖片

❶ 點選 background

❷ Position 設成 0, 0, 0，Scale 設成 4.5, 2, 1

現在按下畫面上方的**執行鈕**，確認背景圖片是不是覆蓋了整個畫面。不過執行遊戲時，可能會發現畫面只顯示背景圖片，看不到遊戲角色。

Fig.5-17 沒有顯示出角色

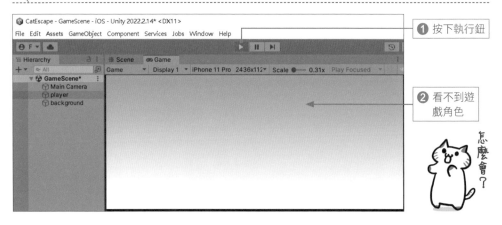

❶ 按下執行鈕

❷ 看不到遊戲角色

怎麼會？

設定圖層

會發生這種狀況，是因為角色和背景的前後順序設定錯誤。如 Fig 5-18 所示，在 Unity 的 2D 遊戲裡**每個遊戲物件都有自己的圖層編號，這個編號決定了遊戲畫面上的前後順序**。圖層編號越大，會顯示在越前面；圖層編號越小，會顯示在越後面。

因為遊戲角色和背景圖片目前的圖層編號都是 0，所以比較晚加進來的背景剛好會蓋住角色。更改圖層編號，就可以確保背景在角色後面。這裡把背景的圖層設為 0，角色的圖層設為 1。

Fig.5-18 圖層編號與畫面的關係

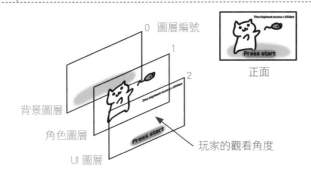

點選階層視窗的 player 之後，把檢視視窗中 Sprite Renderer 的 Order in Layer 設定為 1。背景的編號原本就是 0，不用特別設定。

再次按下執行鈕，看看角色有沒有顯示在畫面上。

Fig.5-19 設定正確的圖層編號

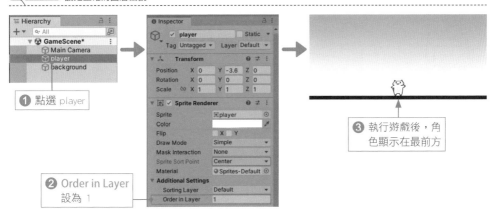

背景和角色都已設置完畢，在 5-4 節就會用腳本讓角色動起來。又是大家熟悉的「建立動作物件」登場的時候了。

5-4 用鍵盤控制角色

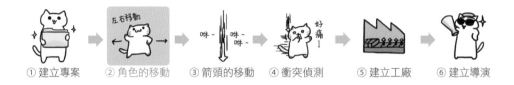

① 建立專案　② 角色的移動　③ 箭頭的移動　④ 衝突偵測　⑤ 建立工廠　⑥ 建立導演

5-4-1 編寫角色的腳本

緊接著來寫角色的控制器腳本，讓角色動起來。我們的最終目標，是**用畫面上的按鈕來移動角色**，但這需要同時處理按鈕的 UI、移動的腳本等等。太多要素組合在一起，做起來會很混亂，所以在 5-4 節會先以鍵盤的方向鍵來控制遊戲角色移動。複習一下建立動作物件的步驟：

> Fig.5-20　建立動作腳本

> ✣ 建立動作物件的步驟　重要！
> ❶ 把物件放進場景視窗
> ❷ 編寫動作的程式腳本
> ❸ 把寫好的腳本附加到物件上

在專案視窗按滑鼠右鍵，選擇 Create → C# Script，把檔案名稱改為 PlayerController。

製作腳本 → PlayerController

檔案命名後，雙擊 PlayerController 開啟檔案，輸入 List 5-1 的程式碼再儲存。

List5-1 「使用按鈕來操控遊戲角色」的程式

```
1   using System.Collections;
2   using System.Collections.Generic;
3   using UnityEngine;
4
5   public class PlayerControllr : MonoBehaviour
6   {
7       void Start()
8       {
9           Application.targetFrameRate = 60;
10      }
11
12      void Update()
13      {
14          // 按下左方向鍵的瞬間
15          if (Input.GetKeyDown(KeyCode.LeftArrow))
16          {
17              transform.Translate(-3, 0, 0);   // 往左移動 3
18          }
19
20          // 按下右方向鍵的瞬間
21          if (Input.GetKeyDown(KeyCode.RightArrow))
22          {
23              transform.Translate(3, 0, 0);   // 往右移動 3
24          }
25      }
26  }
```

偵測鍵盤按鍵的 method 是 Input class 的成員，GetKeyDown()（第 15、21 行）。這個 method 會**偵測引數指定的按鍵，在按下的瞬間回傳一次** true。GetKeyDown() 很類似於前面用過的 GetMouseButtonDown()，用一樣的感覺來使用就可以了。

Fig.5-21 GetKey() 的功用

按下左方向鍵的瞬間，第 15 行 if 判斷式的條件為 true，就會執行第 17 行的 transform.Translate(-3, 0, 0);，讓遊戲角色往左移動。同樣的，按下右方向鍵的瞬間，第 21 行的 if 判斷式的條件為 true，就會執行第 23 行的 transform. Translate(3, 0, 0);，讓遊戲角色往右移動。

5-4-2 附加角色的腳本

把寫好的腳本附加到角色物件上吧。將專案視窗的 PlayerController 拖放到階層視窗的 player 上。

Fig.5-22 把腳本附加到 player 上

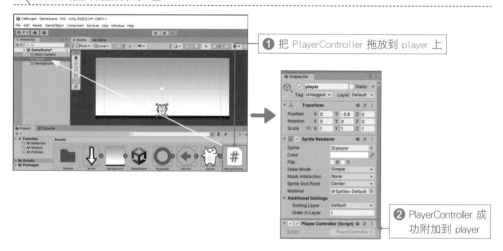

❶ 把 PlayerController 拖放到 player 上

❷ PlayerController 成功附加到 player

腳本成功附加後請執行遊戲，按下左、右方向鍵，遊戲角色真的跟著左右移動了！

Fig.5-23 角色依照腳本動作

確認角色會依照按下的方向鍵左右移動

5-5 不使用 Physics 的掉落動作

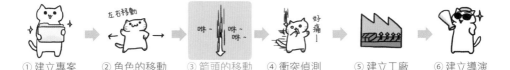

① 建立專案　② 角色的移動　③ 箭頭的移動　④ 衝突偵測　⑤ 建立工廠　⑥ 建立導演

5-5-1 從天而降的箭頭

在 5-5 節，我們要先設置一個會往下掉落的箭頭。只要運用 Unity 內建的 Physics 功能，系統就會幫我們計算重力，不用寫腳本就能做出箭頭的掉落動作。然而，一旦套用 Physics 功能，**就會很難再加入其他自創的動作**。所以這次我們不使用 Physics，一樣用之前「建立動作物件的步驟」來完成箭頭的掉落。整個流程如下所示：

> 🐾 **建立動作物件的步驟** 重要！
> ❶ 把物件放進場景視窗
> ❷ 編寫動作的程式腳本
> ❸ 把寫好的腳本附加到物件上

5-5-2 設置箭頭

把箭頭圖片 arrow 從專案視窗拖放到場景視窗，點選階層視窗裡的 arrow，再到檢視視窗把 Transform 的 Position 設定為 0, 3.2, 0，讓箭頭出現在角色上方（Fig 5-24）。

接著調整箭頭的圖層編號，讓箭頭顯示在背景圖片前方。不同物件可以擁有相同圖層編號。選取階層視窗裡的 arrow，再到檢視視窗把 Sprite Renderer 的 Order in Layer 設定為 1（Fig 5-25）。

Fig.5-24　設置箭頭

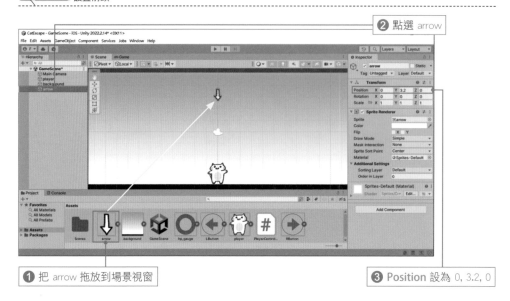

❷ 點選 arrow

❶ 把 arrow 拖放到場景視窗

❸ Position 設為 0, 3.2, 0

Fig.5-25　設定箭頭的圖層編號

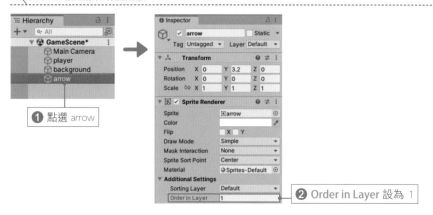

❶ 點選 arrow

❷ Order in Layer 設為 1

5-5-3 編寫箭頭的腳本

接著來寫讓箭頭往下掉落的腳本。在專案視窗按滑鼠右鍵，選擇 Create →
C# Script，檔案名稱改為 ArrowController。

製作腳本 → ArrowController

雙擊 ArrowController 開啟檔案，輸入 List 5-2 的程式碼後儲存檔案。

List5-2 「箭頭掉落」的腳本

```
1  using System.Collections;
2  using System.Collections.Generic;
3  using UnityEngine;
4
5  public class ArrowController : MonoBehaviour
6  {
7      void Start()
8      {
9
10     }
11
12     void Update()
13     {
14         // 每個影格等速落下
15         transform.Translate(0, -0.1f, 0);
16
17         // 當物件跑出畫面就刪除
18         if (transform.position.y < -5.0f)
19         {
20             Destroy(gameObject);
21         }
22     }
23 }
```

Update() 裡面的 Translate(0, -0.1f, 0) 會讓箭頭等速向下移動（第 15 行）。Translate() 的引數是 Y 座標 -0.1f，也就是每個影格都往下移動一點點。在第 4 章也是用 Translate() 讓車子動起來的（4-4-1）。

箭頭跑出畫面就刪除

如果放著不管，箭頭就算跑出畫面依然會持續掉落。**在看不到的地方讓箭頭持續掉落根本沒有意義，還會持續耗用電腦的運算資源**。要避免這種情況，就需要用第 18 到 21 行的程式碼**銷毀跑出畫面的箭頭**。

當箭頭的 Y 座標小於畫面底端（y = -5.0），箭頭物件就會用 Destroy() 方法把自己銷毀。

Fig.5-26 箭頭跑出畫面就刪除

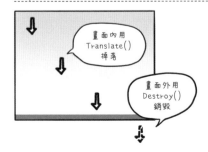

把物件當成引數傳給 Destroy() 就可以銷毀物件。在這個腳本裡，箭頭物件跑出畫面後就把代表自己的「gameObject 變數」當成引數傳給 Destroy()，銷毀自己。

5-5-4 附加箭頭的腳本

接著是附加腳本。把專案視窗的 ArrowController 腳本拖放到階層視窗的 arrow 上。

Fig.5-27 把控制器附加到箭頭上

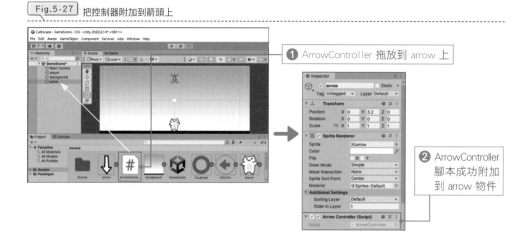

現在執行遊戲，等箭頭跑出畫面後，看看階層視窗的 arrow 是不是消失了。

Fig.5-28 確認箭頭跑出畫面後被刪除

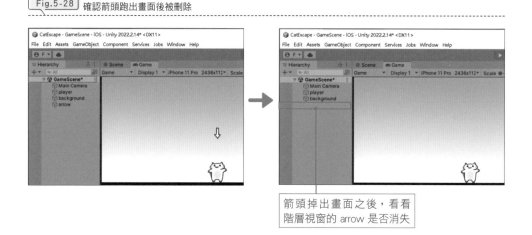

箭頭掉出畫面之後，看看階層視窗的 arrow 是否消失

5-5 節完成了讓箭頭掉落的腳本，在 5-6 節我們會加入碰撞偵測的功能，偵測箭頭有沒有刺到角色。

5-6 碰撞偵測

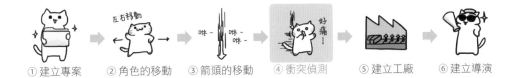

① 建立專案　② 角色的移動　③ 箭頭的移動　④ 衝突偵測　⑤ 建立工廠　⑥ 建立導演

5-6-1 什麼是碰撞偵測？

　　遊戲角色會動了，箭頭也能從上方掉落了，越來越有遊戲的感覺了呢。但是，如果無法偵測出箭頭碰到角色，就沒辦法做成遊戲。在 5-6 節，我們會加入箭頭和角色之間的碰撞偵測功能。

　　碰撞偵測是一種機制，負責檢查遊戲裡的物件之間是否有接觸。製作遊戲時，如果沒有做好相關設定，兩個物件撞上後就只會穿透彼此。為了避免發生這種情況，**必須隨時注意物件是否發生碰撞，預先設定碰撞後的反應**。「隨時注意是否碰撞」稱為碰撞偵測，「碰撞後的反應」稱為碰撞回應。方便起見，本書將兩者合稱為「碰撞偵測」。

> Fig.5-29 碰撞偵測與碰撞回應

碰撞偵測　　　　　　　　碰撞回應

　　這次的遊戲，需要偵測是否碰撞的物件只有「箭頭與遊戲角色」，「箭頭與箭頭」則不需要。會同時出現的箭頭數量不多，就來做個簡單的碰撞偵測功能吧。

5-6-2 簡單的碰撞偵測

這裡介紹一下要使用的簡易版碰撞偵測演算法。使用簡易版演算法是因為，假如我們要很精確偵測物件碰撞，就必須從**物件輪廓線的接觸**來判斷，這會消耗大量運算效能，腳本也會相當複雜。

Fig.5-30 精確的碰撞偵測

我們可以用簡單一點的做法，像是**以圓形來代表物件的形狀**。如果是圓形的話，只要有圓心座標和半徑，就能偵測碰撞，不用檢查物件的輪廓線。

Fig.5-31 用圓形偵測碰撞

接著想想，如何用圓心座標和半徑來偵測碰撞。假設圈住蘋果的圓，半徑是 r1、圓心座標是 p1；圈住貓咪的圓，半徑是 r2、圓心座標是 p2。根據畢氏定理，圈住蘋果的圓的圓心（p1）和圈住貓咪的圓的圓心（p2）的距離就是：

$$d = \sqrt{(p1_x - p2_x)^2 + (p1_y - p2_y)^2}$$

Fig.5-32 計算物件之間的距離

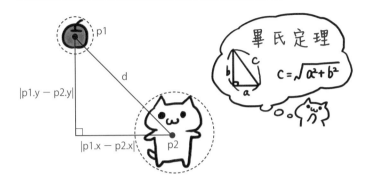

如果 2 個圓的圓心距離大於 r1 + r2，就代表 2 個圓沒有碰撞（反之，如果距離小於 r1 + r2，就代表發生碰撞）。Fig 5-33 會更容易理解。

Fig.5-33 2 個圓的碰撞條件

如果 d > r1 + r2 代表 2 個圓　　　　　如果 d < r1 + r2 代表 2 個圓
　　沒有發生碰撞　　　　　　　　　　　　發生碰撞了

5-6-3 實作碰撞偵測的腳本

接著把 5-6-2 小節偵測碰撞的演算法，寫進 ArrowController 腳本。

雙擊專案視窗的 ArrowController，開啟檔案後照著 List 5-3 修改程式碼。

```
1  using System.Collections;
2  using System.Collections.Generic;
3  using UnityEngine;
4
5  public class ArrowController : MonoBehaviour
6  {
7      GameObject player;
8
9      void Start()
10     {
11         this.player = GameObject.Find("player");
12     }
13
14     void Update()
15     {
16         // 每個影格等速落下
17         transform.Translate(0, -0.1f, 0);
18
19         // 當物件跑出畫面就刪除
20         if (transform.position.y < -5.0f)
21         {
22             Destroy(gameObject);
23         }
24
25         // 碰撞偵測
26         Vector2 p1 = transform.position;              // 箭頭的圓心座標
27         Vector2 p2 = this.player.transform.position;  // 角色的圓心座標
28         Vector2 dir = p1 - p2;
29         float d = dir.magnitude;
30         float r1 = 0.5f;   // 箭頭的半徑
31         float r2 = 1.0f;   // 角色的半徑
32
33         if (d < r1 + r2)
34         {
35             // 發生碰撞就刪除箭頭
36             Destroy(gameObject);
37         }
38     }
39 }
```

　　第 26 到 37 行就是新增的碰撞偵測。在這個腳本中，箭頭的圓心座標為 p1、角色的圓心座標為 p2（2 個都是 Vector2 型態）；箭頭的半徑為 r1、角色的半徑為 r2（2 個都是 float 型態）。角色的座標，要先在 Start() 裡面用 Find() 搜尋才能取得。把腳本用到的變數做成圖，就是 Fig 5-34。

　　第 26 行把箭頭自己的座標（transform.position）指派給 p1，第 27 行把遊戲

角色的座標指派給 p2，然後在第 28 行用 p1 - p2 得出從 p2 指向 p1 的向量 dir，再透過 magnitude 算出 dir 的長度 d（2-9-2）。

如果 2 個物件的距離 d 小於半徑的總和（r1 + r2），就視為發生碰撞，用 Destroy() 銷毀箭頭物件。

Fig.5-34 用腳本偵測碰撞

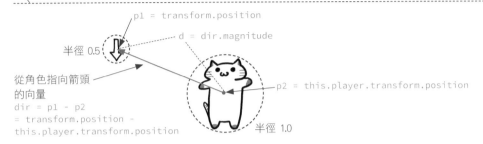

這樣就寫好碰撞偵測了。按下執行鈕執行遊戲看看，箭頭碰到角色後真的就消失了！我們只用了不到 10 行的程式碼，就實作出碰撞偵測了耶！

Fig.5-35 確認碰撞偵測功能是否正常

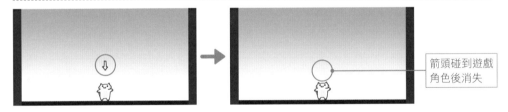

箭頭碰到遊戲角色後消失

試試看！

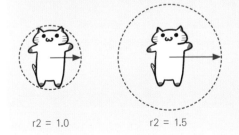

我們用了「物件外圍的圓」的半徑來偵測是否發生碰撞，所以只要更改這個半徑大小，那「撞到」的範圍也會跟著改變。在 ArrowController 裡，圈住角色的圓的半徑是 r2（第 31 行），請把這個變數從原來的 1.0f 改為 1.5f。因為角色偵測碰撞的圓變大了，所以畫面上會看到前頭在碰到角色前就消失不見。

Fig.5-36 改變偵測範圍

r2 = 1.0   r2 = 1.5

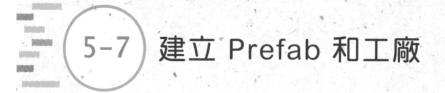

5-7 建立 Prefab 和工廠

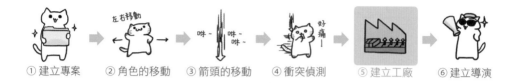

① 建立專案　② 角色的移動　③ 箭頭的移動　④ 衝突偵測　⑤ 建立工廠　⑥ 建立導演

5-7-1 工廠的架構

在 5-7 節，我們會完成一個 1 秒產生 1 個箭頭的工廠（箭頭產生器）。和之前的控制器腳本不一樣，產生器腳本是一個完全不同的概念，接下來會詳細說明，一邊往下看，一邊慢慢理解吧。

這個箭頭工廠的運作模式，就是**「生產線」**依照**「範本」**做出**「產品」**的過程。關係如 Fig 5-37 所示。

Fig.5-37　工廠的架構

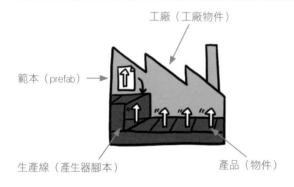

工廠（工廠物件）

範本（prefab）→

生產線（產生器腳本）　　　產品（物件）

這個產品的範本，**在 Unity 稱為** prefab（又譯為「預製」、「預製物件」，本書以英文表示）。把範本（prefab）交給生產線（產生器腳本）後，就會照著範本做出產品（物件）。

5-7-2 什麼是 Prefab

5-7-1 提到 prefab 就像是一個範本。一般而言，範本會包含外型、尺寸等產品製造資訊，只要照著範本，就能重複做出一模一樣的產品。prefab 也跟範本一樣，內含建立遊戲物件的資訊，可以用來重複建立一模一樣的物件。

Fig.5-38 prefab 是什麼？

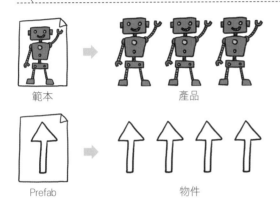

範本　　　　　　　　產品

Prefab　　　　　　　物件

因為有這樣的功能，我們通常會把 prefab 用在需要大量製作相同物件的情況。例如遊戲中出現的敵人、掉落的道具、組成關卡的方塊等等，仔細想想還挺多的。

Fig.5-39 prefab 的例子

道具的 prefab

方塊的 prefab　　　敵人的 prefab

5-7-3 Prefab 的優點

如果只有這樣的話，或許有人會覺得「不要用 prefab，直接複製貼上不就好了嗎？」但是在某些情況，使用 prefab 和單純的複製比起來，會有一個很大的差異。

舉例來說，「做好 10 個白色箭頭之後，想要把 10 個箭頭的顏色全部換成紅色」的情況。如果箭頭是複製的，就必須一個一個更改箭頭的顏色才行；使用 prefab 的話，只需要改變 prefab 的顏色，10 個箭頭就會跟著變色。也就是說，如果使用 prefab，**遇到需要修改所有產出物件的情況時，只要調整 prefab 就可以了**，修改物件變得相對輕鬆。

Fig.5-40 使用 prefab 的好處

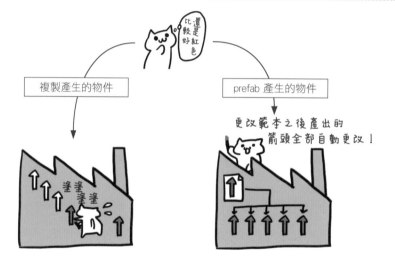

瞭解 prefab 的優點後，接著實際建造工廠吧。建造工廠的步驟為：先建立 prefab（5-7-4），再寫產生器腳本（5-7-5），然後把產生器腳本附加到空物件（5-7-6），最後把 prefab 傳進產生器腳本，完成工廠物件（5-7-7）。

> 🐾 **建立工廠的步驟** 重要！
> ① 用現有的物件建立 prefab
> ② 編寫產生器腳本
> ③ 把產生器腳本附加到空物件上
> ④ 把 prefab 傳進產生器腳本

5-7-4 建立 Prefab

這一節要建立箭頭的 prefab。建立 prefab 很簡單，只要**把作為範本的物件，從階層視窗拖放到專案視窗**就可以了。

我們想建立的是箭頭的 prefab，所以就把 arrow 從階層視窗拖放到專案視窗，這樣就在專案視窗裡建好 arrow 的 prefab 了。把做好的 prefab 取一個簡單明瞭的名稱，命名成 arrowPrefab 吧。

Fig.5-41 用 arrow 建立 prefab

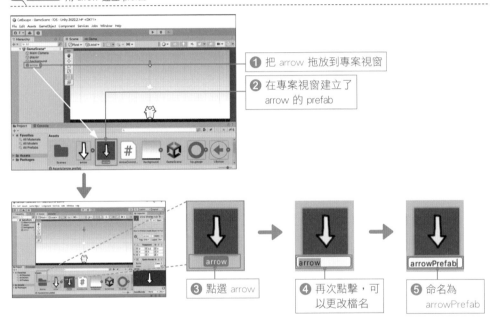

① 把 arrow 拖放到專案視窗

② 在專案視窗建立了 arrow 的 prefab

③ 點選 arrow

④ 再次點擊，可以更改檔名

⑤ 命名為 arrowPrefab

建好 prefab 之後，場景內就不需要箭頭物件了（因為只要有 pretab，隨時都能製造新物件）。點選階層視窗的 arrow，按滑鼠右鍵 → Delete，刪除箭頭物件。

Fig.5-42 刪除不要的物件

① 右鍵點選 arrow

② 選擇 Delete

5-7-5 編寫產生器腳本

完成 prefab 之後，再來要寫產生器腳本，才能用 prefab 大量生產物件。請在專案視窗按滑鼠右鍵，選擇 Create → C# Script，把檔案名稱改為 ArrowGenerator。

製作腳本 → ArrowGenerator

雙擊 ArrowGenerator，開啟檔案後照著 List 5-4 修改並儲存。

List5-4 箭頭的產生器腳本

```
1   using System.Collections;
2   using System.Collections.Generic;
3   using UnityEngine;
4
5   public class ArrowGenerator : MonoBehaviour
6   {
7       public GameObject arrowPrefab;
8       float span = 1.0f;
9       float delta = 0;
10
11      void Update()
12      {
13          this.delta += Time.deltaTime;
14          if (this.delta > this.span)
15          {
16              this.delta = 0;
17              GameObject go = Instantiate(arrowPrefab);
18              int px = Random.Range(-6, 7);
19              go.transform.position = new Vector3(px, 7, 0);
20          }
21      }
22  }
```

這個產生器腳本會根據前面建好的 prefab，每隔 1 秒就產出箭頭物件。

在第 7 行宣告的變數，之後會指派為箭頭 prefab，目前只有先宣告一個空變數（先做好箱子）而已。我們會在下一小節說明，如何把 arrowPrefab 指派給這個變數。

第 13 到 20 行的程式碼會每秒產生 1 個箭頭，不過在 Update() 該如何計算「秒」呢？

這裡用到類似「添水竹筒」的概念。每個影格都會執行一次 Update()，前一個影格和目前影格的時間差則是 Time.deltaTime（2-3-1）；只要把影格的時間差不斷加進一個變數（delta），集滿 1 秒就歸零，並生產 1 個箭頭，就能做到每 1 秒產出 1 個箭頭了。這就像把水儲存在竹筒裡，存滿 1 秒就會倒空竹筒並敲出聲響一樣。

Fig.5-43　deltaTime 的概念

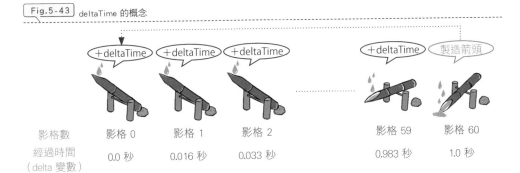

	+deltaTime	+deltaTime	+deltaTime	+deltaTime	製造箭頭
影格數	影格 0	影格 1	影格 2	影格 59	影格 60
經過時間（delta 變數）	0.0 秒	0.016 秒	0.033 秒	0.983 秒	1.0 秒

第 17 行使用 Instantiate() 來做出箭頭物件。把 prefab 當成引數傳給 Instantiate()，就會回傳 prefab 做出的物件。

接下來 2 行運用 Random class 的 Range()，讓箭頭的 X 座標隨機落在 -6 到 6 的範圍。在 Range() 傳入整數（int）時，會隨機回傳第 1 個引數（含）以上、小於第 2 個引數的整數值。

5-7-6　把腳本附加到工廠物件

把產生器腳本附加到物件上，就可以建立「工廠物件」。和之前建立導演物件的情況相同（4-6-2），只要**把產生器腳本附加到空物件，空物件就會變成「工廠物件」**。

Fig.5-44　建立工廠物件

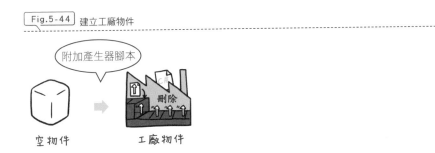

首先點選階層視窗的 + → **Create Empty** 建立空物件，更名為 ArrowGenerator。

建立空物件

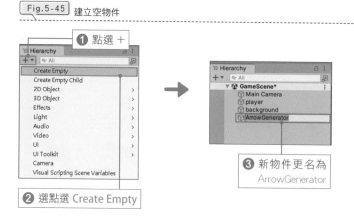

接下來照著 Fig 5-46，把專案視窗的 ArrowGenerator 腳本拖放到階層視窗的 ArrowGenerator 物件，空物件就會變成工廠物件。

附加 ArrowGenerator

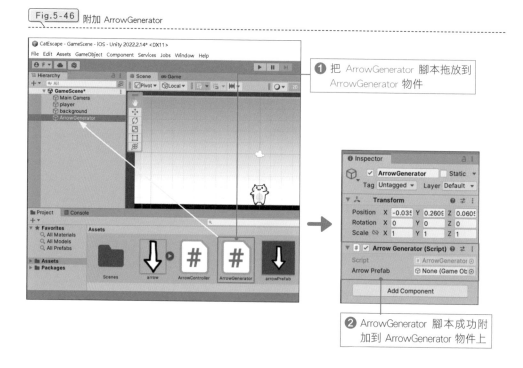

5-7-7 把 Prefab 傳入產生器腳本

現在要說明，產生器腳本裡面的 prefab 變數，該如何連結到實際的 prefab。究竟需要哪些步驟，才能把專案視窗的 prefab 指定給腳本裡的變數呢？

Fig.5-47 把 prefab 指派給變數

在此使用一個簡單的方法，**把 prefab 連結到腳本內的變數**。本書稱這個方法為插座連結法。插座連結法就是先在腳本裡準備好插座，再透過檢視視窗把東西「插進插座」，指派給變數。

Fig.5-48 插座連結法

> 🐾 插座連結法的步驟 **重要！**
> ❶ 變數前面加上 **public** 修飾詞，在腳本做出一個插座
> ❷ public 變數可以在檢視視窗進行設定
> ❸ 在檢視視窗插入（把物件拖放到檢視視窗）要指派的物件

做出插座

用插座連結法，把 prefab 指派給 `arrowPrefab` 變數吧。

首先要做出插座。在 ArrowGenerator 的第 7 行程式碼，會看到的 arrowPrefab 變數原本就是宣告為 `public`（List 5-4）。

```
public GameObject arrowPrefab;
```

既然已經完成第 ❶ 步，就直接進到第 ❷ 步，在檢視視窗指派物件。

在檢視視窗插入物件

請點選階層視窗的 ArrowGenerator，在檢視視窗會看到 arrowPrefab 變數的欄位，這就是要使用的插座。在這個範例中，這是 Arrow Generator (Script) 元件的 **Arrow Prefab** 欄位。

從專案視窗把 arrowPrefab 拖放到這個 **Arrow Prefab** 欄位，就能設定好 prefab。

經過上述步驟，我們已經把 prefab 順利指派給腳本裡的 `arrowPrefab` 變數了。

Fig.5-49 用檢視視窗指派 public 變數

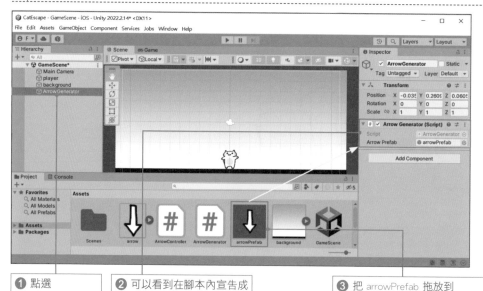

❶ 點選 ArrowGenerator

❷ 可以看到在腳本內宣告成 public 的變數：arrowPrefab

❸ 把 arrowPrefab 拖放到 **Arrow Prefab** 欄位完成指派

執行遊戲，確認是否照預期運作（Fig 5-50）。真的每秒都會掉 1 個箭頭下來！這樣產生器就完成了！

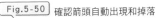

Fig.5-50 確認箭頭自動出現和掉落

看看是否間隔固定時間就有箭頭掉落

這次用工廠生產的是箭頭，除此之外，在動作遊戲可以生產大量敵人，或是在動態關卡可以生產地形方塊。只要善用工廠，製作的遊戲類型就能更多更廣！

試試看！

修改 ArrowGenerator 第 8 行宣告的 span 值，就能調整生產箭頭的時間間隔。如果改成 span = 0.5f，delta 變數的值累積到 0.5 以上就會製造箭頭，箭頭的產出速度就會變成 2 倍。

5-8 建立 UI

① 建立專案　② 角色的移動　③ 箭頭的移動　④ 衝突偵測　⑤ 建立工廠　⑥ 建立導演

5-8-1 編寫顯示 UI 的導演腳本

終於進入最終階段。為了能瞭解遊戲進度，我們還需要加入 UI，隨遊戲進度改變 UI 訊息。顯示、更新 UI 的流程和第 4 章相同，都是依照下列 3 個步驟：

> 🐾 製作 UI 的步驟　**重要！**
> ❶ 把 UI 物件放進場景視窗
> ❷ 編寫負責更新 UI 的導演程式腳本
> ❸ 建立導演物件，把寫好的腳本附加上去。

5-8-2 設置生命值

這次用 UI 物件 Image 來製作生命值圖示。Image 是用來顯示圖片的 UI 物件，我們要用 Image 來顯示事先準備好的生命值圖片。

參考 Fig 5-51，在階層視窗點選 + → UI → Image 後，可以看到階層視窗中新增了一個 Canvas，Canvas 物件底下有 Image。把建好的 Image 更名為 hpGauge（如果在場景視窗裡找不到新增的 Image 物件，可以雙擊階層視窗裡的 hpGauge）。

接著在 hpGauge 物件上設定生命值圖片。點選階層視窗的 hpGauge，再把專案視窗的 hp_gauge 圖片檔拖放到檢視視窗裡 Image 的 **Source Image** 欄位（Fig 5-52）。

Fig.5-51 建立生命值 UI

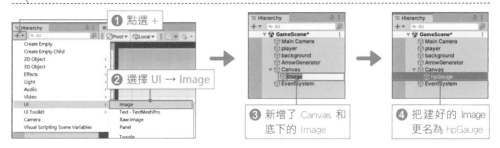

① 點選 +

② 選擇 UI → Image

③ 新增了 Canvas 和底下的 Image

④ 把建好的 Image 更名為 hpGauge

Fig.5-52 設置生命值圖檔

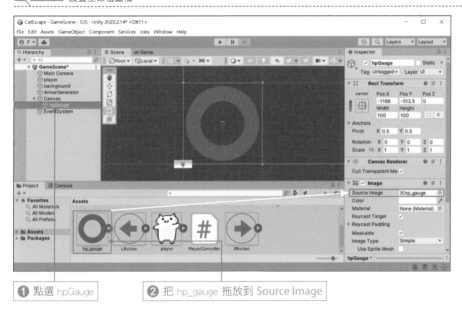

① 點選 hpGauge

② 把 hp_gauge 拖放到 Source Image

設定錨點

接下來要設定錨點（anchor），把生命值的位置固定，就算畫面尺寸變動也會維持在右上方。錨點就是字面上的意思，代表「下錨的地點」，是「**計算 UI 物件位置的基準點**」。

如果把錨點設在畫面中央的原點（0, 0），再指定 UI 物件要放在錨點的右上方，當畫面尺寸縮小的時候，右上方的 UI 可能就會跑出畫面（Fig 5-53）。

如果把錨點設在畫面右上的角落，UI 則是指定在錨點左下方，那 UI 就會固定顯示於整個畫面的右上方，不會跑出畫面（Fig 5-54）。**只要把錨點設在恰當的位置，無論裝置畫面尺寸為何，遊戲的 UI 顯示都不會受到影響。**

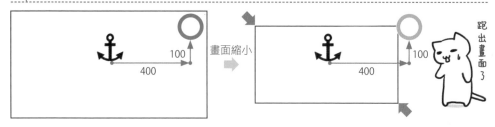

Fig.5-53 錨點設於畫面中央

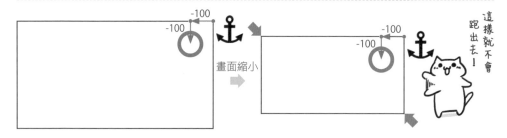

Fig.5-54 錨點設於畫面右上角落

　　我們想讓生命值維持顯示在畫面右上方，不受畫面尺寸影響，所以要把錨點設在
畫面右上。請點選階層視窗的 hpGauge，再到檢視視窗點一下錨點圖示，跳出
Anchor Presets 視窗後，點選「固定於右上」的圖示。然後在 Rect Transform 的
Pos 欄位設定 -120, -120, 0、Width 和 Height 設成 200、200。

Fig.5-55 錨點設定於畫面右上角

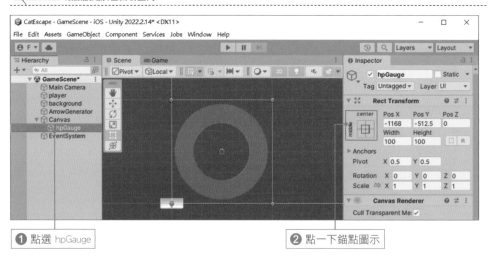

❶ 點選 hpGauge　　　　　　　　　　　❷ 點一下錨點圖示

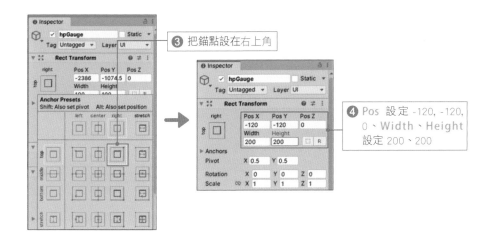

❸ 把錨點設在右上角

❹ Pos 設定 -120, -120,
0、Width、Height
設定 200、200

減少生命值

Image 這個 UI 物件有內建「Fill 功能」，可以隨設定數值隱藏一部分的圖片，剛好可以做出生命值變少的效果。我們只需要調整 Fill Amount 的值，就能顯示生命值的比例。

Fig.5-56 Fill Amount 改變顯示範圍

Fill
Amount   1.0   0.8   0.6   0.4   0.2

用 Fill 功能顯示部分圖片的方式，還有水平方向（Horizontal）、垂直方向（Vertical），和其他扇形（Radial）。建議在 Fill Method 把所有種類都試過 次。

Table5-2 Fill Method 的種類

Fill Method	功用
Horizontal	橫向部分顯示
Vertical	直向部分顯示
Radial 90	90 度扇形部分顯示
Radial 180	半圓扇形部分顯示
Radial 360	全圓扇形部分顯示

我們這次做的是圓形的生命值標示，因此使用 Radial 360。請點選階層視窗的 hpGauge，再把檢視視窗中 Image 的 Image Type 欄位設成 Filled、Fill Method 設成 Radial 360。Fill Origin 設定的是「隱藏顯示的起始位置」，設定為 Top 就能從上方開始隱藏圖片。

滑動 Fill Amount，就能看到場景視窗內的生命值隨之增減。遊戲一開始的生命值是滿的，Fill Amount 的初始值要設成 1。

Fig.5-57 設定 Fill Amount

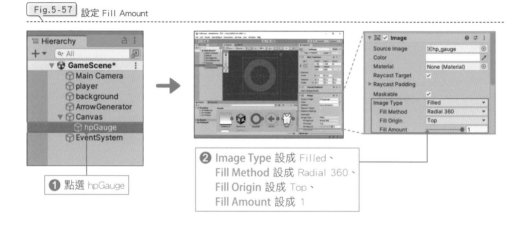

❷ Image Type 設成 Filled、
Fill Method 設成 Radial 360、
Fill Origin 設成 Top、
Fill Amount 設成 1

❶ 點選 hpGauge

完成設定後執行遊戲，生命值是不是顯示在畫面右上方呢？

Fig.5-58 設置 UI 後的遊戲執行畫面

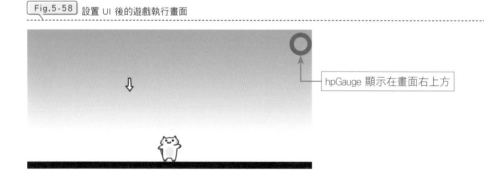

hpGauge 顯示在畫面右上方

設定好錨點，遊戲的 UI 就不會受到畫面尺寸影響。手機的畫面尺寸百百種，錨點設定是一項很寶貴的功能！想製作手機遊戲的人，務必要學會錨點的機制與用法。

5-9 建立更新 UI 的導演

① 建立專案　② 角色的移動　③ 箭頭的移動　④ 衝突偵測　⑤ 建立工廠　⑥ 建立導演

5-9-1 更新 UI 的流程

終於來到這章遊戲製作的最後一步了！我們在 5-9 節要完成更新 UI 的導演物件。導演腳本會負責偵測，只要角色被箭頭刺到，就立刻更新顯示的生命值。

更仔細考慮一下生命值的更新流程吧。箭頭控制器現在會偵測角色和箭頭之間的碰撞。發生碰撞之後，箭頭控制器可以向導演發出「減少生命值」的請求；導演收到請求後，就能更新生命值。整個流程整理在 Fig 5-59。

❶ 箭頭控制器要求導演減少生命值

❷ 導演更新生命值 UI

Fig.5-59 遊戲狀況和 UI 變化

箭頭控制器腳本　　　　導演腳本　　　　　　生命值

被刺到了！

① 更新生命值　　　② 更新 UI

5-9-2 建立 UI 導演

建立導演來做出「減少生命值」的效果吧。建立導演的流程為：**製作導演腳本 →**
建立空物件 → 把寫好的導演腳本附加到空物件上。

製作導演腳本

首先要寫導演腳本。請在專案視窗按滑鼠右鍵，選擇 Create → C# Script。建立
檔案後，把檔案名稱改為 GameDirector。

製作腳本 → GameDirector

接著雙擊 GameDirector 開啟檔案，依照 List 5-5 輸入程式碼後儲存。

List5-5　UI 的導演腳本

```
 1  using System.Collections;
 2  using System.Collections.Generic;
 3  using UnityEngine;
 4  using UnityEngine.UI;   // 用到 UI 就要記得加這一行
 5
 6  public class GameDirector : MonoBehaviour
 7  {
 8      GameObject hpGauge;
 9
10      void Start()
11      {
12          this.hpGauge = GameObject.Find("hpGauge");
13      }
14
15      public void DecreaseHp()
16      {
17          this.hpGauge.GetComponent<Image>().fillAmount -= 0.1f;
18      }
19  }
```

用腳本控制 UI 物件時，不要忘記加上第 4 行的 using UnityEngine.UI;。

導演腳本需要可以直接操控生命值 UI 物件，才能更新生命值。在 Start() 裡呼
叫的 Find() 就是用來找出場景內的生命值物件，並指派給 hpGauge 變數。

前面有提到，我們會讓箭頭控制器發出要求給導演，再由導演減少生命值。具體來說，就是要在導演腳本裡寫好「處理生命值顯示」的 method（第 15 到 18 行），這個 method 還要加上 public 修飾，才可以從箭頭控制器呼叫（會在 5-9-3 完成）。當箭頭和角色發生碰撞時，箭頭控制器就呼叫這個方法，減少 Image 物件（hpGauge）的成員變數 fillAmount，降低生命值圖片的顯示比例。

建立空物件

寫好導演腳本後，接著要建立空物件並附加腳本，這樣空物件就能變成導演物件來指揮 UI 了。

Fig.5-60　建立導演物件

點選階層視窗的 + → Create Empty 建立空物件，再把階層視窗裡新建的 GameObject 更名為 GameDirector。

Fig.5-61　建立空物件

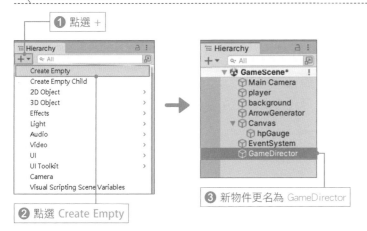

把導演腳本附加到空物件上

把專案視窗的 GameDirector 腳本，拖放到階層視窗的 GameDirector 物件上。

Fig.5-62 附加導演腳本

❶ 把 GameDirector 腳本拖放到 GameDirector 物件上

❷ GameDirector 腳本成功附加到 GameDirector 物件上

5-9-3 要求導演調降生命值

箭頭和角色發生碰撞的時候，必須從箭頭控制器呼叫導演腳本的 `DecreaseHP()`。來寫出這個功能的程式碼吧。

Fig.5-63 更新生命值的步驟

箭頭控制器腳本　　　　　　導演腳本　　　　　　　　生命值

被刺到了！

① 更新生命值　　　　　② 更新 UI

5-6-3 已經在箭頭控制器裡面寫好了偵測箭頭和角色碰撞的程式碼，這一小節要在碰撞偵測的程式碼裡加上呼叫 `DecreaseHP()` 的部分，角色被箭頭刺到時，生命值就會減少。

請雙擊專案視窗的 ArrowController 腳本，開啟後依照 List 5-6 加入程式碼。

List5-6 List5-6 新增呼叫 DecreaseHp() 的程式碼

```
1   using System.Collections;
2   using System.Collections.Generic;
3   using UnityEngine;
4

...中間省略...

14      void Update()
15      {
16          // 每個影格等速落下
17          transform.Translate(0, -0.1f, 0);
18
19          // 當物件跑出畫面就刪除
20          if (transform.position.y < -5.0f)
21          {
22              Destroy(gameObject);
23          }
24
25          // 碰撞偵測
26          Vector2 p1 = transform.position;                // 箭頭的圓心座標
27          Vector2 p2 = this.player.transform.position;  // 角色的圓心座標
28          Vector2 dir = p1 - p2;
29          float d = dir.magnitude;
30          float r1 = 0.5f;  // 箭頭的半徑
31          float r2 = 1.0f;  // 角色的半徑
32
33          if (d < r1 + r2)
34          {
35              // 刺到角色時通知導演
36              GameObject director = GameObject.Find("GameDirector");
37              director.GetComponent<GameDirector>().DecreaseHp();
38
39              // 發生碰撞就刪除箭頭
40              Destroy(gameObject);
41          }
42      }
43  }
```

　　要從 ArrowController 物件呼叫 GameDirector 物件的 DecreaseHp() 之前，必須先用 Find() 找出 GameDirector 物件（第 36 行）。

　　然後使用 GetComponent<>()，存取 GameDirector 物件上面附加的 GameDirector 腳本元件（在 4-6 的結尾有提到，腳本是一種元件），用這個腳本呼叫 DecreaseHp()（第 37 行）。

Fig.5-64 呼叫 DecreaseHp()

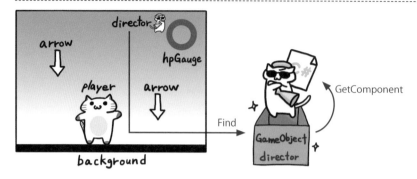

如 Fig 5-63 所示，要先從箭頭控制器存取導演腳本，再從導演腳本存取生命值 UI，才能順利更新 UI。存取其他物件的元件時，必須組合使用 Find() 和 GetComponent()。再次整理步驟如下：

🐾 **在其他物件存取元件的步驟** 重要！

❶ 用 Find() 找出物件

❷ 用 GetComponent<>() 取得物件的元件

❸ 存取元件裡的資料

執行遊戲後，箭頭刺到角色時，生命值就真的變少了！

Fig.5-65 試玩遊戲

確認箭頭刺到角色後，
生命值是否減少

接著在 5-10 節，會告訴大家如何輸出手機的執行檔。為了配合手機的操作模式，我們還得設置方向按鈕，用按鈕控制角色移動。

此外，這章的遊戲還有個問題：就算生命值減少到 0 也不會結束。有關遊戲結束和破關畫面的切換方法，會在下一章再說明。

5-10 在智慧型手機上執行

遊戲已經能順利在電腦上執行了,在最後階段移到手機上跑跑看吧。這次電腦的鍵盤操作無法直接對應到手機,所以我們必須先修改遊戲才行。

5-10-1 電腦與手機的差異

在這章做的遊戲,是透過鍵盤方向鍵控制角色左右移動,但智慧型手機並沒有方向鍵,因此就無法控制。我們必須在畫面上新增方向按鈕,才能在手機上玩這個遊戲。

Unity 內建按鈕 UI 物件,很方便就能做出按鈕。製作按鈕的流程如下:

❶ 使用 UI 物件做出右按鈕(5-10-2)。

❷ 複製右按鈕,做出左按鈕(5-10-3)。

❸ 修改腳本,讓角色移動受按鈕控制。

5-10-2 製作右按鈕

移動角色的按鈕可以用 UI 物件的 Button 來製作,設置在畫面右下角和左下角。我們從右按鈕開始吧。

在階層視窗點選 + → UI → Button-TextMeshPro,跳出 TMP Importer 視窗後,請點擊 Import TMP Essentials,匯入完成後關閉視窗。接著把新建好的 Button 更名成 RButton。

Fig.5-66 製作按鈕

④ 將新建好的 Button 更名成 RButton

改好名稱後，在階層視窗點選 RButton，到檢視視窗設定錨點為右下，然後在 Rect Transform 的 Pos 欄位設定 -200, 200, 0，Width、Height 設成 250、250，最後把專案視窗的右按鈕圖片 RButton，拖放到 Image 的 Source Image 欄位。

Fig.5-67 設定右按鈕

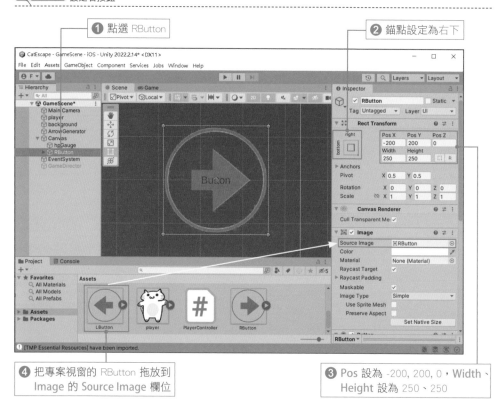

① 點選 RButton

② 錨點設定為右下

④ 把專案視窗的 RButton 拖放到 Image 的 Source Image 欄位

③ Pos 設為 -200, 200, 0，Width、Height 設為 250、250

刪除按鈕上的文字

按鈕圖片上應該顯示著「Button」字樣。這個文字是來自 Button 底下的 Text (TMP)，在這次的遊戲派不上用場，可以直接刪除。

請在階層視窗點擊 ▶ RButton 的 ▶，找到 Text (TMP)，再按滑鼠右鍵 → Delete 刪除。

Fig.5-68
刪除按鈕上的文字

❶ 點擊 ▶ RButton 的 ▶ 找到 Text (TMP)

❷ 在 Text (TMP) 上按滑鼠右鍵

❸ 選擇 Delete

5-10-3 複製右按鈕做出左按鈕

左按鈕不需要再從頭開始做，可以**複製右按鈕來修改**就好。請點選階層視窗的 RButton，按滑鼠右鍵 → Duplicate 複製後，會出現一個 RButton(1)，更名為 LButton。

Fig.5-69
複製右按鈕做出左按鈕

❶ 在 RButton 上按滑鼠右鍵，選擇 Duplicate

❷ 複製出另一個按鈕

❸ 更名為 LButton

然後要修改左按鈕的位置與圖片設定。在階層視窗點選 LButton，到檢視視窗設定錨點為左下，接著在 Rect Transform 的 Pos 欄位設定 200, 200, 0（Width、Height 維持 250）。

再把專案視窗的 LButton，拖放到 Image 的 Source Image 欄位（Fig 5-70）。

Fig.5-70 設定左按鈕

❶ 點選 LButton
❷ 錨點設為左下
❹ 把專案視窗的 LButton 拖放到 Image 的 Source Image 欄位
❸ Pos 設為 200, 200, 0

5-10-4 用按鈕控制角色移動

在場景視窗設置好按鈕後，我們可以**指定按下按鈕時呼叫的 method**。在指定之前，必須在檢視視窗先登錄好呼叫的 method。請依照下列步驟設定控制角色的按鈕：

❶ **建立角色左移和右移的 method**（LButtonDown() 和 RButtonDown()）。

❷ **把 method 分別登錄在左右按鈕上**

Fig.5-71 指定按下按鈕時呼叫的 method

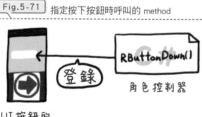

RButtonDown()

登錄

角色控制器

UI 按鈕的
檢視視窗

 製作控制角色移動的 method

接著在 PlayerController 腳本裡實作 LButtonDown() 和 RButtonDown()，控制角色往左、往右移動。

請雙擊專案視窗的 PlayerController，依照 List 5-7 修改程式碼。

List5-7　修改成用按鈕控制角色動作

```
1  using System.Collections;
2  using System.Collections.Generic;
3  using UnityEngine;
4
5  public class PlayerController : MonoBehaviour
6  {
7      void Start()
8      {
9          Application.targetFrameRate = 60;
10     }
11
12     public void LButtonDown()
13     {
14         transform.Translate(-3, 0, 0);
15     }
16
17     public void RButtonDown()
18     {
19         transform.Translate(3, 0, 0);
20     }
21 }
```

LButtonDown() 裡面以 Translate() 讓角色向左移動（在 X 軸位移 -3）；RButtonDown() 則讓角色向右移動（在 X 軸位移 3）。

指定按鈕觸發的 method

完成按鈕要呼叫的 method 後，接著就把 method 登錄到按鈕吧。

請在階層視窗點選 RButton，找到檢視視窗中 Button 的 On Click() 欄位，點擊 +，再把階層視窗的 player 拖放到寫著 None (Object) 的欄位。這樣就能把附加在 player 的腳本（PlayerController）裡面的 method 登錄給按鈕。點一下 No Function 下拉式選單，選擇 PlayerController → RButtonDown()。如果選單裡找不到 RButtonDown()，請回頭確認 List 5-7 的 RButtonDown()（第 17 行）前面，有沒有加上 public。

Fig.5-72 設定右按鈕呼叫的 method

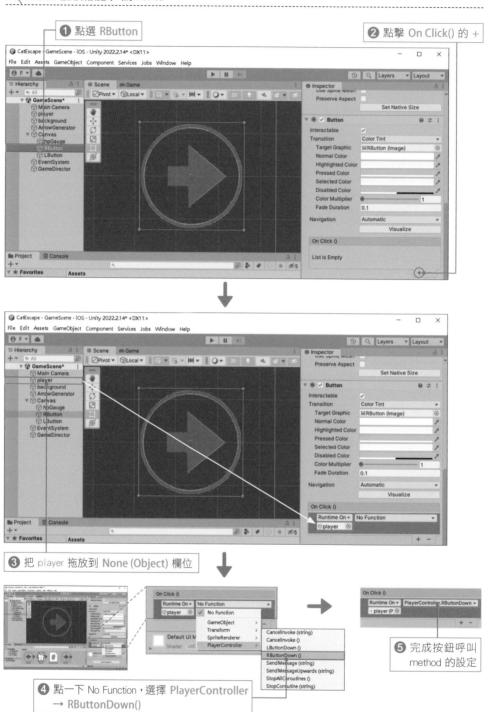

❶ 點選 RButton

❷ 點擊 On Click() 的 +

❸ 把 player 拖放到 None (Object) 欄位

❺ 完成按鈕呼叫 method 的設定

❹ 點一下 No Function，選擇 PlayerController → RButtonDown()

參考 Fig 5-73 以相同步驟設定左按鈕。這樣就完成了針對手機的調整，接下來要把遊戲安裝到手機上了！

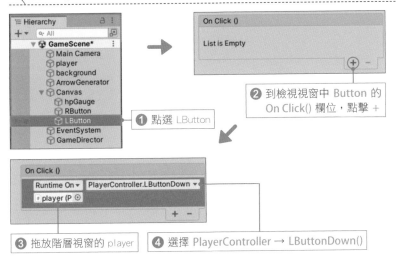

Fig.5-73 設定左按鈕呼叫的 method

完成左右按鈕的設定之後，執行遊戲確認按鈕是否能控制角色左右移動。在電腦上可以用按鈕操作的話，就可以在手機 build 了。詳細的 iPhone build 步驟，請參考 3-7-2；Android build 步驟，請參考 3-7-3。

第 5 章的遊戲到此製作完成。不過以一個遊戲而言，還有很多重要的內容都沒有做，像是角色被刺到的反應、音效、選單畫面、場景切換、難度設計等等。這些都會在第 6 章的動作遊戲裡介紹，敬請期待。

>Tips< **除錯好朋友：Debug.Log()**

在製作遊戲的過程中，常常遇到「跟想像的動作完全不一樣」的狀況。這類錯誤的問題通常不容易一眼看出，發生頻率又很高，十分棘手。像這種時候，就可以利用 Debug.Log() 顯示出變數在遊戲執行過程的變化。

舉例來說，當「角色動作完全不如預期」，就可以試著用 Debug.Log() 顯示遊戲角色的座標（transform.position）。如果還是看不出原因，可以再試試觀察角色的受力數值變化。還是找不出問題的話，再試試……。像這樣一個一個慢慢往回追，最終就能找到問題的源頭。

Memo

Chapter 6

Physics 與動畫

製作遊戲角色的動畫與
物理動作吧！

這一章會做一個「貓咪在雲頂跳躍移動」的遊戲。製作遊戲的
過程中，我們會學到 Unity 特有的 Physics 和 Mecanim 功能。

本章學習重點

- 用 Physics 做出遊戲動作
- 用 Mecanim 做出動畫
- 切換場景

在製作第 5 章遊戲的過程中，我們學到 prefab 的用法、工廠物件的做法、自建碰撞偵測的方法等。而在這一章，我們會更進一步學習運用 Physics 讓物件移動，還有加上動畫、切換場景的方法。

6-1-1 遊戲企劃

這次要做的遊戲內容是「貓咪踩著雲朵，一層一層往上跳，直到抵達頂層的終點旗」。隨著角色跳上更高層的雲朵，畫面會跟著往上捲動。傾斜手機可以控制角色左右移動、點擊畫面可以讓角色跳躍。這次還會加入角色走路的動畫。抵達終點後會切換到過關場景，讓玩家點擊過關場景後回到遊戲場景，重新開始遊戲。

Fig.6-1 本章預計製作的遊戲畫面

遊戲場景　　　　　　過關場景

6-1-2 遊戲的設計步驟

以遊戲畫面示意圖為基礎,依照前幾章的流程規劃遊戲。

Step ❶ 列出遊戲畫面上所有需要的物件

Step ❷ 規劃讓物件動起來的控制器腳本

Step ❸ 規劃自動製造物件的產生器腳本

Step ❹ 規劃更新 UI 的導演腳本

Step ❺ 思考編寫腳本的順序

Step ① 列出遊戲畫面上所有需要的物件

首先列出畫面上所有物件。看著 Fig 6-1 仔細想想吧。

在遊戲場景裡,有遊戲角色、雲朵、背景圖片、終點旗子。而在過關場景看起來需要文字和背景圖片,不過我們把文字也直接放在背景圖片上了,所以過關場景只需要一張背景圖片就好。

> **Fig.6-2** 列出遊戲畫面上的物件

遊戲角色　　旗子　　　雲朵　　　背景圖片　過關圖片

Step ② 規劃讓物件動起來的控制器腳本

接著從 Step 1 列出的物件裡挑出動作物件。遊戲角色會由玩家操控移動,因此歸類在動作物件。這次只有遊戲角色屬於動作物件。

> **Fig.6-3** 找出動作物件

遊戲角色　　旗子　　　雲朵　　　背景圖片　過關圖片

我們必須替動作物件準備控制器腳本,讓它動起來。這次要準備一個遊戲角色的「角色控制器」。

🐟 Step ③ 規劃自動製造物件的產生器腳本

在這個步驟，要找出會在遊戲過程中出現的物件。「雲朵」看起來滿符合這項條件的，但我們這次會在製作遊戲時就手動設置好所有雲朵，所以在遊戲執行時不會有新的雲朵出現。

🐟 Step ④ 規劃更新 UI 的導演腳本

導演負責控制場景、判斷進度並更新 UI。這次的遊戲需要切換場景，因此必須準備導演。

需要的導演腳本

- **切換場景的導演腳本**

🐟 Step ⑤ 思考編寫腳本的順序

在這個步驟多思考一下各個腳本的撰寫順序。原則上還是以**控制器腳本→產生器腳本→導演腳本**的順序製作。如果能夠依照這個步驟順利進行，那當然是最好，但如果遊戲規模越做越大，在這個流程中就難免會出現疏漏，需要回到之前的步驟修正。

假如一開始就抱持著「我一次就要做出完美設計！」的想法，很快就會耗盡心力。所以建議大家「發現有所疏忽時，只要回頭補上就好」，這樣的心態才能長久製作遊戲喔。

Fig.6-4 腳本的編寫順序

　　這次要寫的腳本只有 2 個，分別是「角色控制器腳本」以及「切換場景的導演腳本」。雖然比第 5 章少，不過也是第一次用到 Physics 和 Mecanim 功能。這類功能雖然可以減少需要寫的程式碼，但頂多就是「輔助工具」而已，不會影響製作遊戲的流程。

角色控制器

　　角色要隨手機的傾斜程度左右移動，觸碰螢幕時要跳躍。

切換場景的導演

　　角色抵達終點的時候，要從遊戲場景切換到過關場景。當玩家觸碰過關場景畫面時，再切換回遊戲場景。導演腳本要偵測這些觸發事件，正確切換場景。

　　由於這次會有比較大的篇幅說明 Physics 與動畫，所以會把遊戲製作流程分為前半段和後半段。前半段會建立 Physics 和動畫，後半段製作遊戲內容。

Fig.6-5 遊戲製作流程

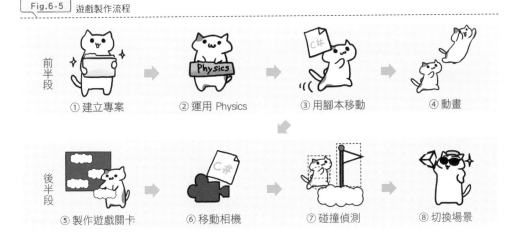

前半段
① 建立專案 ② 運用 Physics ③ 用腳本移動 ④ 動畫

後半段
⑤ 製作遊戲關卡 ⑥ 移動相機 ⑦ 碰撞偵測 ⑧ 切換場景

　　其實，無論遊戲外觀與類型如何變化，設計的本質都大同小異。相信大家在完成這一章的遊戲後，也能體會這個道理。

6-2 建立專案與場景

① 建立專案

② 運用 Physics

③ 用腳本移動

④ 動畫

6-2-1 建立專案

我們從建立專案開始。請開啟 Unity Hub，點選畫面上的新專案，在所有範本選擇 2D，在專案名稱欄位輸入 ClimbCloud，接著按下右下角的建立專案，就能在指定資料夾建好專案，並啟動 Unity 編輯器。

選擇範本 → 2D

建立專案 → ClimbCloud

素材加進專案

開啟 Unity 編輯器後，加入本章會用到的素材。請從下載好的素材中開啟 chapter6 資料夾，把裡面的素材全部拖放到專案視窗（Fig 6-6）。

URL 本書的書附檔案

https://www.flag.com.tw/bk/st/F3589

遊戲用到的各個素材檔案功用如 Table 6-1 所示。這次還會製作走路的動畫，所以也準備了走路動畫的圖片（cat_walk1~3）。

另外也準備了跳躍動畫的圖片（cat_jump1~3），在章節結尾可以加入跳躍動畫。雖說是動畫圖片，其實也只是類似翻頁動畫的圖片檔案，不是影片檔案。

Fig.6-6 加入素材

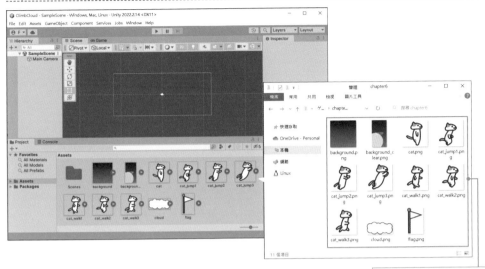

將素材拖放到專案視窗

Table6-1 各個素材檔案的類型與功用

檔案名稱	檔案類型	功用
background.png	png 檔案	遊戲場景的背景圖片
background_clear.png	png 檔案	過關場景的背景圖片
cat_jump1~3.png	png 檔案	跳躍動畫圖片
cat_walk1~3.png	png 檔案	走路動畫圖片
cat.png	png 檔案	角色圖片
cloud.png	png 檔案	雲朵圖片
flag.png	png 檔案	旗子圖片

Fig.6-7 用到的素材

background_clear.
png

background.png

cat_jump1.png

cat_jump2.png

cat_jump3.png

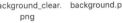

cat_walk1.png

cat_walk2.png

cat_walk3.png

cat.png

cloud.png

flag.png

6-2-2 手機的執行設定

接著調整手機 build 需要的設定。

請在工具列找到 File → Build Settings，點選後會開啟 Build Settings 視窗，在左下方 Platform 欄位選擇 iOS 或 Android，再點擊 Switch Platform 按鈕。詳細步驟請參考 3-2-2。

🐟 設定畫面尺寸

接著設定遊戲畫面尺寸。這次要做的是直式遊戲。請點擊 Game 分頁，打開左上角設定畫面尺寸（aspect）的下拉式選單，依照使用的手機選擇畫面尺寸大小（本書選的是 iPhone 11 Pro 2436×1125 Portrait）。詳細步驟請參考 3-2-2。

6-2-3 儲存場景

然後是建立場景。點選工具列的 File → Save As，把場景名稱儲存成 GameScene。儲存完畢後，Unity 編輯器的專案視窗會出現場景圖示。詳細步驟請參考 3-2-3。

建立場景 → GameScene

Fig.6-8　完成場景建立後的狀態

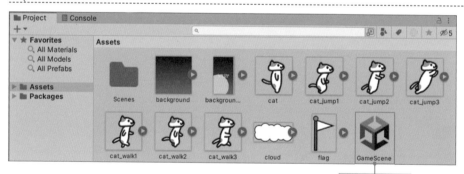

成功儲存場景

6-3 學習 Physics

① 建立專案　　②運用 Physics　　③用腳本移動　　④動畫

6-3-1 Physics 是什麼

在第 5 章的時候，我們是用腳本控制箭頭的動作，第 6 章則是要改用 Physics 讓角色動起來。Physics 是 Unity 內建的物理引擎 ※，能**讓物件做出符合物理特性的動作**。

Fig.6-9 Physics 的功能

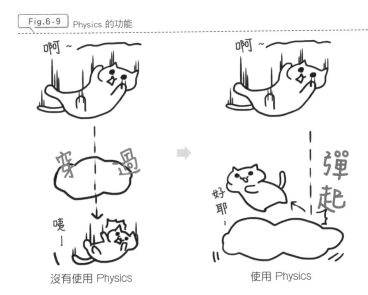

沒有使用 Physics　　　　使用 Physics

※物理引擎
所謂的物理引擎，是指一種特別的函式庫，能模擬物件的物理性質，做出對應的表現（掉落、碰撞、反彈等等）。只要活用物理引擎，就能根據物件的質量和摩擦係數、重力、空氣阻力等變因來計算動作，讓物件動得更逼真。

Physics 由剛體（rigidbody）和碰撞體（collider）2 種元件組成。

剛體元件負責「力的運算（物體受到的重力、摩擦力等等）」，碰撞體元件負責「偵測物體碰撞」。因此，**如果想用 Physics 讓物體動作表現出物理特性，就可以把剛體元件和碰撞體元件附加在物件上。**

Fig.6-10 剛體與碰撞體的功能

剛體元件　　　　　　　碰撞體元件

>Tips< 適合使用 Physics 的情況

只要用了 Physics，很輕鬆就能讓物件的動作符合物理原則，還可以自動偵測碰撞。因此，**Physics 適合用於角色在關卡內自由移動的動作遊戲，或是需要複雜碰撞偵測的射擊遊戲。**

Fig.6-11 適合使用 Physics 的遊戲

在我們之前做的遊戲就能知道，**並不是「只能使用 Physics 做遊戲」，而是「使用 Physics 就能更輕鬆做遊戲」。** 所以不需要堅持「用 Unity 做遊戲就一定要用到 Physics ！」。當製作的遊戲是適合 Physics 的類型時，再考慮要不要使用 Physics 就好。

6-3 到 6-5 節會說明使用 Physics 的物件動作做法，在 6-9 節則會說明使用 Physics 的碰撞偵測。

6-3-2 角色的 Physics 設置

實際操作 Physics 讓角色動起來，應該會更容易理解。先把角色設置於場景視窗，再把剛體的 Rigidbody 2D 元件和碰撞體的 Collider 2D 元件附加上去。

剛體與碰撞體分別都有 2D 和 3D 可供選擇，這次要做的是 2D 遊戲，所以選擇 2D 的元件。

🐟 設置遊戲角色

首先要設置遊戲角色。點擊 Scene 分頁，把 cat 從專案視窗拖放到場景視窗，然後點選階層視窗的 cat，再到檢視視窗把 Transform 的 Position 設為 0, 0, 0。

Fig.6-12 把遊戲角色加進場景

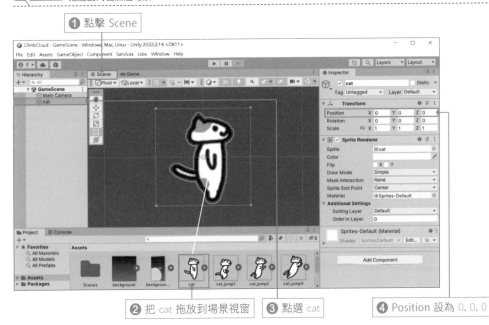

❶ 點擊 Scene

❷ 把 cat 拖放到場景視窗 　❸ 點選 cat 　❹ Position 設為 0, 0, 0

🐟 附加 Rigidbody 2D

剛才設置的角色，在遊戲中應該要**受重力影響、自然掉落**，這就可以藉由附加 Rigidbody 2D 元件來實現。請點選階層視窗中的 cat，點擊檢視視窗最下面的 Add Component 按鈕（Fig 6-13），就會跳出選擇元件的視窗。選擇 Physics 2D → Rigidbody 2D，就會把 Rigidbody 2D 元件附加到角色上。

Fig.6-13 把 Rigidbody 2D 元件附加到角色上

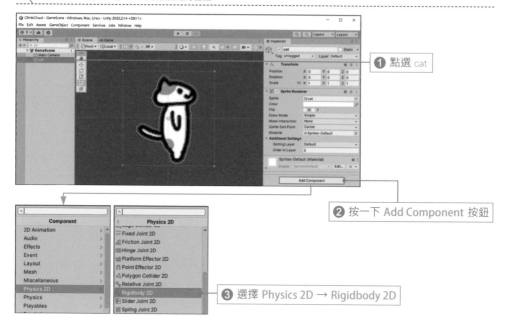

① 點選 cat

② 按一下 Add Component 按鈕

③ 選擇 Physics 2D → Rigidbody 2D

　　Rigidbody 2D 附加完成後，執行遊戲檢查角色會不會自然掉落。角色真的受重力影響往下掉了！明明連一行程式碼都沒有寫，就能讓角色的動作符合物理性質，這就是 Physics 的威力。

Fig.6-14 確認角色會自然掉落

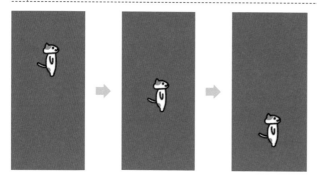

🐟 附加 Collider 2D

　　接著要讓**角色和其他物件有自然的碰撞反應**，這可以用 Collider 2D 元件達成。請點選階層視窗中的 cat，點擊檢視視窗的 Add Component 按鈕，選擇 Physics 2D → Circle Collider 2D。

Fig.6-15 將碰撞體元件附加到角色上

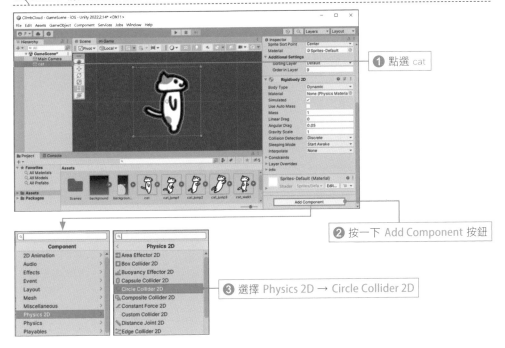

① 點選 cat

② 按一下 Add Component 按鈕

③ 選擇 Physics 2D → Circle Collider 2D

Circle Collider 2D 附加完成後,角色周圍會出現一個圓,這就是用來偵測碰撞的碰撞體。和 5-6-2 用來偵測碰撞的圓一樣,只要碰到這個圓形碰撞體,便視為撞到角色。

Fig.6-16 附加圓形碰撞體

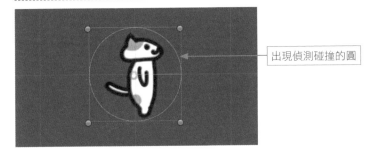

出現偵測碰撞的圓

除了 Circle Collider 2D 之外,內建的碰撞體還有其他形狀,如 Table 6-2 所示,依照物件形狀來挑選合適的碰撞體吧。除了圓形、方形,還有多邊形碰撞體(Polygon Collider),能自行修改成更貼合物件的形狀。

Table6-2 碰撞體的種類

碰撞體名稱	碰撞體形狀
Circle Collider 2D	圓形碰撞體
Box Collider 2D	方形碰撞體
Edge Collider 2D	線形碰撞體，只有一部分物件要偵測碰撞時可使用
Polygon Collider 2D	多邊形碰撞體，想貼合物件形狀偵測碰撞時可使用

完成角色的碰撞體設定後，就會和其他物件發生碰撞，而不會直接穿過去。我們可以在角色的腳邊設置雲朵，看看會不會發生碰撞，接住掉落的角色。

 6-3-3 在腳邊設置雲朵

把 cloud 從專案視窗拖放到場景視窗，再點選階層視窗的 cloud，在檢視視窗把 Transform 的 Position 設為 0, -2, 0，把雲朵設置在角色的腳邊。

Fig.6-17 把雲朵加進場景

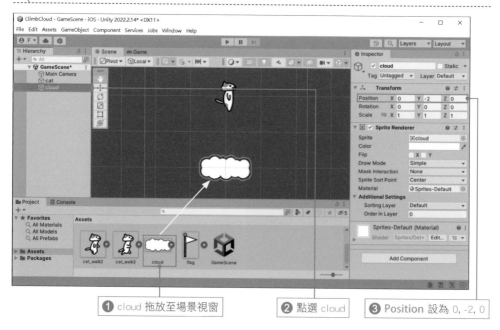

❶ cloud 拖放至場景視窗 ❷ 點選 cloud ❸ Position 設為 0, -2, 0

6-3-4 雲朵的 Physics 設置

雲朵也必須要附加碰撞體才能接住角色。點選階層視窗的 cloud，再點擊檢視視窗的 Add Component 按鈕，選擇 Physics 2D → Box Collider 2D。這次配合雲朵的形狀選擇 Box Collider 2D，所以會出現一個貼合雲朵的方形碰撞體。

Fig.6-18 把 Box Collider 2D 元件附加到雲朵上

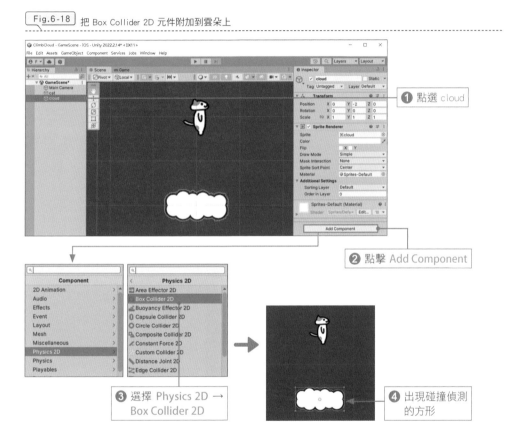

❶ 點選 cloud

❷ 點擊 Add Component

❸ 選擇 Physics 2D → Box Collider 2D

❹ 出現碰撞偵測的方形

再來也把剛體附加上去，順帶瞭解「kinematic」是什麼吧。點選階層視窗的 cloud，再點擊檢視視窗的 Add Component 按鈕，選擇 Physics 2D → Rigidbody 2D（Fig 6-19）。

做到這裡可以先執行一下遊戲確認效果（Fig 6-20）。按下執行鈕後，不僅沒有接住角色，甚至雲朵自己也一起往下掉了。這是因為在雲朵上附加了 Rigidbody 2D，所以雲朵也會受到重力的影響。

Fig.6-19 把 Rigidbody 2D 元件附加到雲朵上

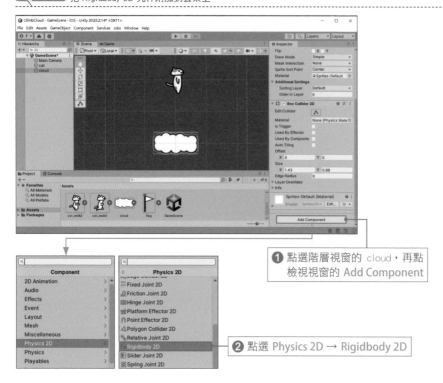

❶ 點選階層視窗的 cloud，再點檢視視窗的 Add Component

❷ 點選 Physics 2D → Rigidbody 2D

Fig.6-20 角色和雲朵一起掉落

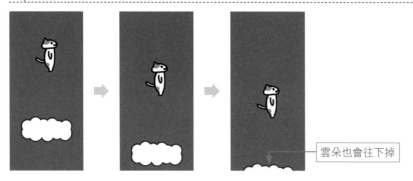

雲朵也會往下掉

6-3-5 設定雲朵不受重力影響

為了讓雲朵不會掉落，我們必須更改設定，讓雲朵不受重力影響。**改變 Rigidbody 2D 的 Body Type，就可以忽略重力等物理性質的影響。**

點選階層視窗的 cloud，到檢視視窗找出 Rigidbody 2D 後，把 **Body Type** 改為 Kinematic。

改成 Kinematic 之後，物件就不會受重力或其他外力影響，也就不會往下掉了。

Fig.6-21 設定雲朵不受重力影響

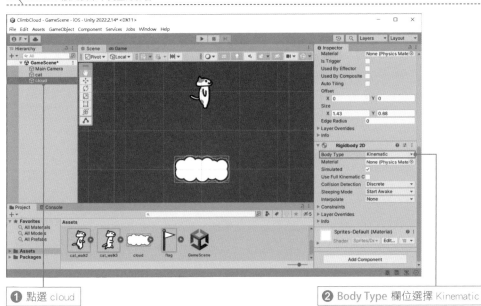

❶ 點選 cloud

❷ **Body Type** 欄位選擇 Kinematic

再次執行遊戲，這次雲朵沒有往下掉了，角色也成功站在雲朵上！但是，角色與雲朵之間卻出現了空隙。這是因為雲朵的碰撞體大小比圖片還大，碰撞體已經碰到了，圖片之間卻還有距離。下一節會調整碰撞體的形狀，讓邊界更貼合物件。

Fig.6-22 確認角色成功降落在雲朵上

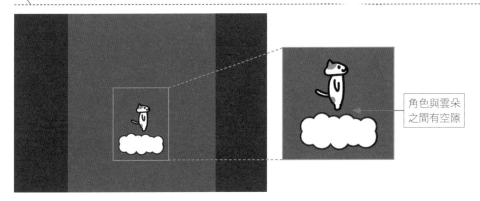

角色與雲朵之間有空隙

6-4 調整碰撞體的形狀

① 建立專案　　② 運用 Physics　　③ 用腳本移動　　④ 動畫

6-4-1 貼合物件形狀的碰撞體

前面的角色設定是用 Circle Collider 2D（圓形碰撞體），但圓形的外框會像 Fig 6-23 那樣無法貼合角色，做出的碰撞偵測會非常粗糙。為了能夠更精確地偵測碰撞，花點心思調整碰撞體的形狀吧。

Fig.6-23 無法正確偵測碰撞

碰撞體

明明還沒碰到障礙物卻無法前進！

如果把碰撞體的形狀設為方形，雖然會比圓形更貼合物件，但在操作上只要遇到一點高低落差就會卡住，也會很難鑽進狹窄縫隙。

針對這次角色的外型，可以改用膠囊形的碰撞體。相對於方形來說，因為接觸地面的部分是圓形，可以減少卡在地面的情況，也能改善角色移動不流暢的問題（Fig 6-24）。

所以這次就決定使用半膠囊形的碰撞體了。雖然 Unity 內建了膠囊形的 Capsule Collider 2D，但這裡想教大家自行組合碰撞體的方法。我們可以像 Fig 6-25 一樣，**用圓形與方形組合出想要的形狀。**

Fig.6-24 方形碰撞體與膠囊形碰撞體的差異

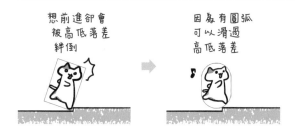

Fig.6-25 用圓形與方形做出半膠囊形碰撞體

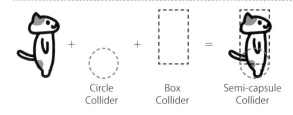

6-4-2 修改角色的碰撞體形狀

接著來製作半膠囊形碰撞體。前面已經設置好的圓形碰撞體不用刪除，縮小再移到腳的位置就好，另外要再加上身體的方形碰撞體。**在檢視視窗可以調整碰撞體的位置與大小。**

先移動並縮小圓形碰撞體。點選階層視窗的 cat，再把檢視視窗 Circle Collider 2D 的 Offset 設定成 0, -0.3、Radius 設定成 0.15。

Offset 是圓心相對於初始位置的距離，Radius 則是圓形碰撞體的半徑。

Fig.6-26 調整角色的碰撞體

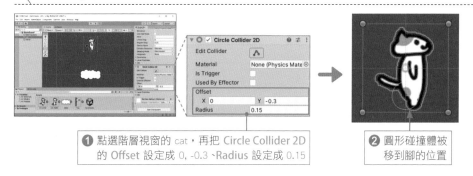

❶ 點選階層視窗的 cat，再把 Circle Collider 2D 的 Offset 設定成 0, -0.3、Radius 設定成 0.15

❷ 圓形碰撞體被移到腳的位置

再來要製作的是身體的方形碰撞體，點選階層視窗的 cat，再按下檢視視窗的 Add Component 按鈕，選擇 Physics 2D → Box Collider 2D。

Fig.6-27 角色加上方形碰撞體

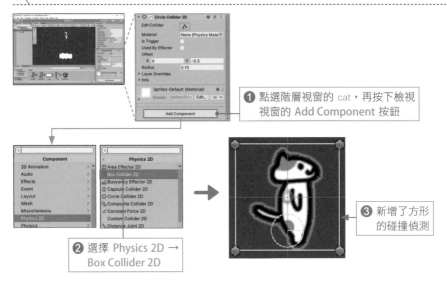

❶ 點選階層視窗的 cat，再按下檢視視窗的 Add Component 按鈕

❷ 選擇 Physics 2D → Box Collider 2D

❸ 新增了方形的碰撞偵測

接著要把方形碰撞體調整成貼合身體，點選階層視窗的 cat，再把檢視視窗中 Box Collider 2D 的 Size 設定成 0.3, 0.6。Size 設定的是方形的長度與寬度。

Fig.6-28 調整方形碰撞體

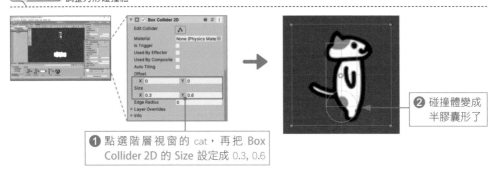

❶ 點選階層視窗的 cat，再把 Box Collider 2D 的 Size 設定成 0.3, 0.6

❷ 碰撞體變成半膠囊形了

防止角色旋轉

由於半膠囊形的碰撞體在腳的部分是圓形，所以只要有很小的外力就會被推倒。不過只要設定 Freeze Rotation 就可以避免這種狀況。

Freeze Rotation 可以**禁止物件以特定軸線為中心旋轉**。因為這次我們想避免角色向畫面的左右傾倒，所以需要防止以 Z 軸（指向畫面內的軸）為中心旋轉。

點選階層視窗的 cat，找到檢視視窗 Rigidbody 2D 的 ▶ Constraints，點一下 ▶ 展開選項，勾選 Freeze Rotation 欄位的 Z。

 **Fig.6-29** 把角色設定成不會旋轉

❶ 點選 cat　　　❷ 點擊 ▶ Constraints 的 ▶　　　❸ 勾選 Freeze Rotation 欄位的 Z

6-4-3 調整雲朵的碰撞體

目前的雲朵碰撞體比雲朵圖片還大，所以角色踩在雲上的時候，會有浮在半空、沒踩到雲的感覺。把雲朵的碰撞體變小一點吧！點選階層視窗的 cloud，再到檢視視窗把 Box Collider 2D 的 Size 設定成 1.4, 0.5。

 **Fig.6-30** 調整雲朵的碰撞體

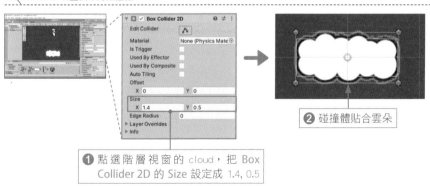

❷ 碰撞體貼合雲朵

❶ 點選階層視窗的 cloud，把 Box Collider 2D 的 Size 設定成 1.4, 0.5

執行遊戲，檢查現在 Physics 表現的動作是否正確。可以看到角色踏實地站在雲朵上了！**每個物件適合的碰撞體形狀不盡相同**，要記得依照物件的性質調整碰撞體形狀喔。

Fig.6-31 確認角色和雲朵貼合

角色確實站在雲朵上

我們已經在 6-3、6-4 節學會 Physics 的使用方法了。再來要有控制器腳本才可以控制角色移動，下一節就來寫角色的控制器腳本吧。

> Tips < 各種 Find()

前面的章節介紹過 Find()，用來找出遊戲場景內的物件。其實類似 Find() 的 method 還有好幾種不同類型（關於標籤請參考 8-5-3）。

Table6-3 各種 Find()

方法	用途
Find(物件名稱)	在場景找出 1 個和指定名稱相同的遊戲物件並回傳
FindWithTag(標籤名稱)	在場景找出 1 個符合指定標籤名稱的遊戲物件並回傳
FindGameObjectsWithTag(標籤名稱)	在場景找出數個符合指定標籤名稱的遊戲物件 回傳值為 GameObject 陣列
FindObjectOfType(型態名稱)	在場景找出 1 個符合指定型態的遊戲物件並回傳
FindObjectsOfType(型態名稱)	在場景找出數個符合指定型態的遊戲物件 回傳值為 Object 陣列

6-5 用輸入控制角色動作

① 建立專案   ② 運用 Physics   ③ 用腳本移動   ④ 動畫

6-5-1 用腳本讓角色跳躍

在 6-5 節，我們要控制角色的左右移動與跳躍。**只附加 Physics，沒辦法讓物件隨玩家的輸入做出動作**，還是必須寫腳本來控制才行。

我們的最終目標，是讓角色隨著手機的傾斜程度左右移動，不過還是要先做出電腦版本，確認其他環節都沒有問題再用手機測試。6-5 節會先用**方向鍵控制左右移動，用空白鍵控制跳躍**。不用急著一次實作所有功能，我們先從跳躍開始吧！

Fig.6-32 編寫角色的腳本

物件加上 Physics 後，想移動物件就**不能直接更改物件座標，而是必須改變「施加在物件上的力」**（若直接更改座標，可能會無法正確偵測物件碰撞，例如碰到後會直接穿透過去）。只要加上對物件的施力，後續動作就全都交給 Physics 來計算。

Fig.6-33 Physics 的移動方式

改變座標
移動物件

施加力量
移動物件

建立動作物件的步驟如下。既然角色已經設置完成,我們就從 ❷ 開始來寫控制器腳本。

🐾 建立動作物件的步驟 重要！
❶ 把物件放進場景視窗
❷ 編寫動作的程式腳本
❸ 把寫好的腳本附加到物件上

在專案視窗按滑鼠右鍵,選擇 Create → C# Script。建立檔案後,檔案名稱改為 PlayerController。

製作腳本 → PlayerController

雙擊專案視窗的 PlayerController 開啟檔案,輸入 List 6-1 的程式碼後存檔。

List6-1 「用按鈕控制角色跳躍」的腳本

```
1  using System.Collections;
2  using System.Collections.Generic;
3  using UnityEngine;
4
5  public class PlayerController : MonoBehaviour
6  {
7      Rigidbody2D rigid2D;
8      float jumpForce = 680.0f;
9
10     void Start()
11     {
12         Application.targetFrameRate = 60;
```

```
13              this.rigid2D = GetComponent<Rigidbody2D>();
14      }
15
16      void Update()
17      {
18          // 跳躍
19          if (Input.GetKeyDown(KeyCode.Space))
20          {
21              this.rigid2D.AddForce(transform.up * this.jumpForce);
22          }
23      }
24  }
```

這裡對角色施力的 method 是 Rigidbody 2D 元件的 AddForce()。因為用到 Rigidbody 2D 元件的 method，所以在 Start() 裡面要先用 GetComponent<>() 取得 Rigidbody 2D 元件，儲存為成員變數 rigid2D。取得元件的方法請參考 4-6 結尾的 Tips。

Fig.6-34　呼叫 AddForce()

在第 19 行用 GetKeyDown() 偵測空白鍵，是要讓角色在按下空白鍵時跳起來。偵測到空白鍵按下之後，會以 AddForce() 對角色施加一個向上的力（第 21 行）；而這個向上力量的值，是長度為 1 的向上向量（transform.up）乘上變數 jumpForce。

Fig.6-35　對物件施加向上的力

transform.up * jumpForce
= (0, jumpForce, 0)

transform.up = (0, 1, 0)

transform.right = (1, 0, 0)

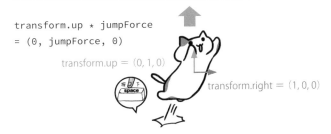

6-5-2 附加角色的腳本

接著把腳本附加到角色上，讓角色依照腳本來行動。選擇專案視窗的 PlayerController，再拖放到階層視窗的 cat 上面。

Fig.6-36 把腳本附加到角色上

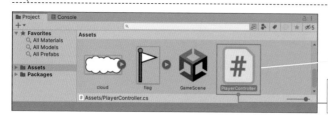

把專案視窗的 PlayerController 拖放到階層視窗的 cat 上面

按下畫面上方的執行鈕，看看效果如何。按下空白鍵的同時，角色真的就跳起來了！只要在按下空白鍵時施加一個向上的力，再來上升、減速、掉落的過程全部都交給 Physics 自動計算。就這樣，我們只用到簡單的程式碼，便實作出符合物理性質的動作了。

試試看！

試試把 PlayerController 腳本第 8 行的 jumpForce 值，改成原來的一半 340.0f。向上的力減半後，跳躍的高度也跟著變低了對吧！測試完畢後，請再改為原本的 680.0f。

Fig.6-37 確認角色的動作

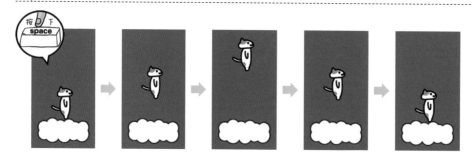

6-5-3 調整角色承受的重力

角色雖然會跳躍了，但動作輕飄飄的很不俐落。我們可以**增加角色身上的重力，讓動作更有份量**。施加在剛體上的重力大小，可以在 Gravity Scale 欄位調整。

請點選階層視窗的 cat，把檢視視窗 Rigidbody 2D 的 Gravity Scale 設為 3，角色身上的重力就會放大 3 倍。

Fig.6-38 調整角色承受的重力

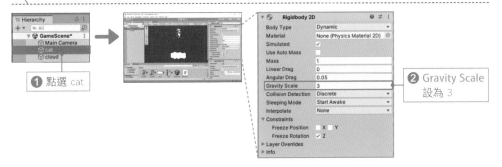

再次執行遊戲，角色的動作是否更有份量了呢？像這樣，**不要都使用 Physics 預設值，而是考量遊玩感受再調整設定**，是使用 Physics 製作遊戲的重點。

6-5-4 左右移動角色

我們已經完成角色的跳躍動作，再來要實作左右移動。請雙擊專案視窗的 PlayerController，開啟檔案後依照 List 6-2 加入程式碼。

List6-2 加入左右移動的程式碼

```
1  using System.Collections;
2  using System.Collections.Generic;
3  using UnityEngine;
4
5  public class PlayerController : MonoBehaviour
6  {
7      Rigidbody2D rigid2D;
8      float jumpForce = 680.0f;
9      float walkForce = 30.0f;
10     float maxWalkSpeed = 2.0f;
11
```

```
12    void Start()
13    {
14        Application.targetFrameRate = 60;
15        this.rigid2D = GetComponent<Rigidbody2D>();
16    }
17
18    void Update()
19    {
20        // 跳躍
21        if (Input.GetKeyDown(KeyCode.Space))
22        {
23            this.rigid2D.AddForce(transform.up * this.jumpForce);
24        }
25
26        // 左右移動
27        int key = 0;
28        if (Input.GetKey(KeyCode.RightArrow)) key = 1;
29        if (Input.GetKey(KeyCode.LeftArrow)) key = -1;
30
31        // 角色的速度
32        float speedx = Mathf.Abs(this.rigid2D.velocity.x);
33
34        // 速度上限
35        if (speedx < this.maxWalkSpeed)
36        {
37            this.rigid2D.AddForce(transform.right * key * this.walkForce);
38        }
39    }
40 }
```

第 27 到 38 行就是讓角色左右移動的程式碼。與跳躍同理，運用 AddForce() 施加向左、向右的力量就可以移動角色（第 37 行）。

如 Fig 6-39 所示，想右移時就施加向右的力（X 的正方向），想左移時就施加向左的力（X 的負方向）。以變數 key 控制正負值，按下右方向鍵時，key 指派為 1；按下左方向鍵時，key 指派為 -1；左右方向鍵都沒被按下時，key 指派為 0，角色就保持不動。

Fig.6-39 隨方向鍵左右移動

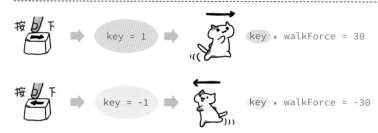

如果在每個影格都以 AddForce() 持續施力，角色的速度會越來越快。就跟「**踩著油門不放，車速會越來越快**」是一樣的道理。所以，必須設定一個角色移動速度的上限（maxWalkSpeed），如果大於這個上限值就停止施力，維持合理的速度（第 35 行）。

`Fig.6-40` 持續施力會讓速度越來越快

請執行遊戲確認動作。按下左右方向鍵後，角色真的也左右移動了！只是往左的時候，身體卻還是面向右邊，像在表演月球漫步一樣……接下來就要修改走路時的身體方向！

`Fig.6-41` 能移動了，但身體的方向不對

> ＞Tips＜ **省略 if 條件式的大括號**
>
> 如果滿足 if 條件式之後，要執行的程式碼只有 1 行，那就可以省略 {}。List 6-2 的第 28、29 行就省略了 {}。

改變角色面對的方向

請參考 List 6-3，在 PlayerController 加入一段程式碼，讓角色能隨著移動轉向。

List6-3 補上改變角色面對方向的程式碼

```
1  using System.Collections;
2  using System.Collections.Generic;
3  using UnityEngine;
4
5  public class PlayerController : MonoBehaviour
6  {
7      Rigidbody2D rigid2D;
8      float jumpForce = 680.0f;
9      float walkForce = 30.0f;
10     float maxWalkSpeed = 2.0f;
11
12     void Start()
13     {
14         Application.targetFrameRate = 60;
15         this.rigid2D = GetComponent<Rigidbody2D>();
16     }
17
18     void Update()
19     {
20         // 跳躍
21         if (Input.GetKeyDown(KeyCode.Space))
22         {
23             this.rigid2D.AddForce(transform.up * this.jumpForce);
24         }
25
26         // 左右移動
27         int key = 0;
28         if (Input.GetKey(KeyCode.RightArrow)) key = 1;
29         if (Input.GetKey(KeyCode.LeftArrow)) key = -1;
30
31         // 角色的速度
32         float speedx = Mathf.Abs(this.rigid2D.velocity.x);
33
34         // 速度上限
35         if(speedx < this.maxWalkSpeed)
36         {
37             this.rigid2D.AddForce(transform.right * key * this.walkForce);
38         }
39
40         // 隨移動轉向
41         if (key != 0)
42         {
43             transform.localScale = new Vector3(key, 1, 1);
44         }
45     }
46 }
```

角色往右走的時候，就顯示面向右方的 sprite；往左走時，就把 sprite 反轉成面向左方。**我們可以把 sprite 的 X 軸縮放比例設為 -1 倍，就能反轉 sprite。**用縮放比例反轉 sprite 有點不直觀，請參考 Fig 6-42 漸漸調整縮放比例的示意圖，會更好理解。

在腳本變更 Transform 元件的 `localScale` 變數，就能調整 sprite 的縮放比例。這裡同樣用到變數 key，按下右方向鍵時在 X 軸方向縮放 1 倍，按下左方向鍵時在 X 軸方向縮放 -1 倍。

Fig.6-42 用縮放比例做出圖片反轉

×1.0　　×0.5　　×0.2　　×-0.2　　×-0.5　　×-1.0

請再次執行遊戲，看看角色會不會隨著移動轉向。

Fig.6-43 角色移動得更自然

現在我們成功使用 Physics 做出跳躍與左右移動了。只要把施力後的物理計算都交給 Unity，就連同時按下方向鍵和空白鍵的斜向跳躍都能辦到。完成角色的動作後，下一節要在角色的動作加入動畫，讓遊戲看起來更精緻！

🐾 **Physics 的注意事項**

- Physics 只是簡化遊戲製作過程的工具，不使用 Physics 還是能做出遊戲
- 適用於「動作需要符合物理法則」的遊戲，以及「想更輕鬆偵測碰撞」的情況
- 玩家的輸入需要額外寫腳本來處理
- 使用 Physics 讓物件移動時，要施「力」在物件上，而非控制座標

製作動畫

① 建立專案　② 運用 Physics　③ 用腳本移動　④ 動畫

6-6-1 Unity 的動畫

　　雖然玩家能操控角色的動作了，但角色移動時圖案都沒有任何變化，總覺得就是少了點什麼。因此，在 6-6 節**要以動畫呈現角色的移動**。

　　Unity 2D 的角色動畫，一般是以翻頁動畫的方式來製作。這在遊戲領域稱為 sprite animation，也就是準備好動作稍有不同的 sprite，快速切換顯示，看起來就像是連貫的動畫。

Fig.6-44　sprite animation（翻頁動畫）

　　想用 Unity 製作這種翻頁動畫的話，可以在遊戲執行時用腳本替換動畫裡的圖片，或是使用內建的 Mecanim 來建立、切換動畫（Fig 6-45）。這一小節要介紹的是運用 Mecanim 製作動畫的方法。

Fig.6-45 製作動畫的方法

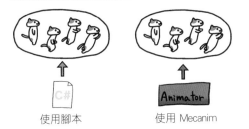

使用腳本　　　　　　使用 Mecanim

6-6-2 Mecanim 是什麼

　　Mecanim 是一個 Unity 的功能，讓開發者從建立動畫到播放動畫都可以統一在 Unity 編輯器上完成。有了 Mecanim，開發者在設計遊戲時就只需要**做好翻頁動畫，並指定切換動畫的時間點**。遊戲執行時，**Mecanim 就會根據物件狀態，自動切換並播放動畫**。

Fig.6-46　使用 Mecanim 製作動畫

　　使用 Mecanim 之前，必須先學會 sprite、Animation Clip、Animator Controller、Animator 元件彼此之間的關係，如 Fig 6-47 所示。先從 sprite 和 Animation Clip 的關係學起吧。

Fig.6-47　Mecanim 的架構

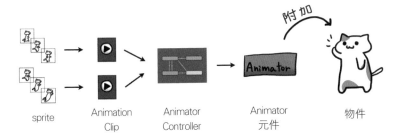

sprite　　Animation　　Animator　　Animator　　物件
　　　　　　Clip　　　　Controller　　元件

 Sprite 與 Animation Clip

把翻頁動畫用到的所有 sprite 整合成一個檔案，就是 Animation Clip。類似於「走路動畫」、「跳躍動畫」這樣的區分，每個動作的動畫都要分別準備一個 Animation Clip。我們可以在上面設定 sprite 資訊、播放速度、播放時間等等細項。

Fig.6-48 製作 Animation Clip

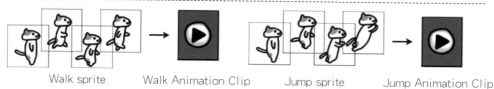

Walk sprite　　Walk Animation Clip　　Jump sprite　　Jump Animation Clip

Animation Clip 與 Animator Controller

Animator Controller 的功能，就是整理、安排前面提到的 Animation Clip。Animator Controller 會指定**哪個 Animation Clip 要在哪些時間播放**。像是可以指定「角色碰到地面時播放走路動畫」、「跳躍時播放跳躍動畫」、「進到水裡播放游泳動畫」這樣的安排。

Fig.6-49 用 Animator Controller 管理 Animation Clip

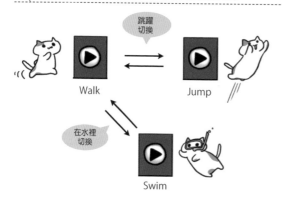

Animator Controller 與 Animator 元件

如果要讓一個物件按照 Animator Controller 的安排來呈現動畫，就要把 Animator Controller 設置在 Animator 元件裡，再把元件附加到物件上，這樣物件就會在設定好的時機播放動畫。

Fig.6-50 | Animator Controller 與 Animator 元件的關係

Animator Controller

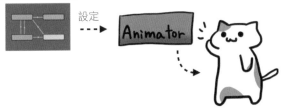

設定

現在我們已經大致理解 sprite、Animation Clip、Animator Controller、Animator 元件彼此的關係了。可能還是有不太理解的地方，但也沒關係，可以先記住 Fig 6-47 的關係，接下來會在實作中逐漸明白。

6-6-3 製作 Animation Clip

接著來實際製作走路的動畫。以 Mecanim 製作 Animation Clip 的時候，會自動完成下列 ❶ 到 ❹ 的步驟。

❶ 產生 Animation Clip 檔案（Walk）

❷ 產生 Animator Controller 檔案（cat）

❸ 把 Animator Controller 檔案（cat）設定到 Animator 元件上

❹ Animator 元件附加到角色上

Fig.6-51 | 自動完成 4 個步驟

那麼就開始製作「Walk」動畫的 Animation Clip 吧。請點選階層視窗的 cat，然後在工具列 Window → Animation → Animation 開啟 Animation 視窗（Fig 6-52）。

Fig.6-52 開啟 Animation 視窗

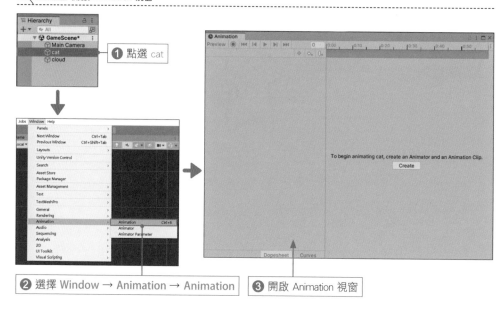

❶ 點選 cat

❷ 選擇 Window → Animation → Animation

❸ 開啟 Animation 視窗

開啟 Animation 視窗後，按一下畫面中間的 **Create** 按鈕（如果找不到 Create 按鈕，可以先把 Animation 視窗最大化），會跳出儲存檔案的視窗，把檔案名稱改為 Walk 並儲存。

Fig.6-53 儲存 Walk 的 Animation Clip

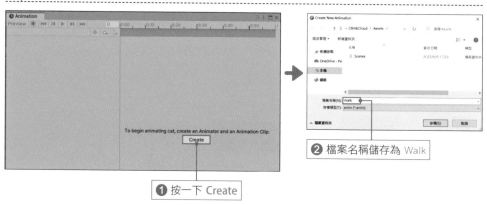

❶ 按一下 Create

❷ 檔案名稱儲存為 Walk

完成前面的操作後，Fig 6-51 的步驟 ❶ 到 ❹ 也自動完成了。可以看到專案視窗中已經出現 Animation Clip（Walk）和 Animator Controller（cat）。再來只需要編輯 Animation Clip 的內容，就能在角色物件加上動畫了。

6-6-4 製作走路動畫

我們要在 Animation Clip 的時間軸上安排 sprite，**設定動畫開始後的第幾秒要顯示哪一張圖**。

這次要做的動畫是像 Fig 6-54 那樣，每隔 0.07 秒切換圖片，總長度 0.28 秒，循環播放。因為最後的 cat_walk3 也需要顯示 0.07 秒，所以 cat_walk3 後面還需要保留 0.07 秒的間隔。

Fig.6-54 預期的走路動畫

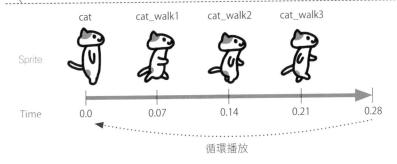

接下來要編輯 Animation Clip 的時間軸，做出 Fig 6-54 的走路動畫。請點擊 Animation 視窗左上角的 **Add Property**，再點擊 ▶ **Sprite Renderer** 的 ▶ → **Sprite** 後面的 + 符號。

角色的圖片目前是放在 0.00 秒和 1.00 秒的位置，所以從 0 到 1 秒都會顯示同一張 sprite。播放到最後就會回到開頭，從 0 秒重新播放。

Fig.6-55 製作 sprite animation

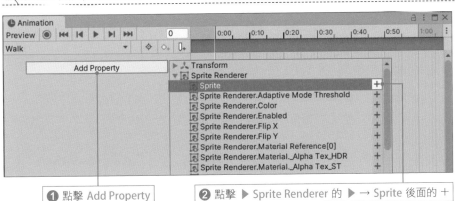

① 點擊 Add Property　② 點擊 ▶ Sprite Renderer 的 ▶ → Sprite 後面的 +

接著設置走路動畫會用到的 sprite。首先在 Animation 視窗的時間軸，點選 1.0 秒後的 sprite，按右鍵 → Delete Key 刪除。

刪除 1.0 秒後的 sprite

❶ 點選 ▶ cat:Sprite 的 ▶

❷ 選擇 1.0 秒的 sprite，按右鍵 → Delete Key 刪除

再來從專案視窗把 cat_walk1、cat_walk2、cat_walk3 拖放到 Animation 視窗。

拖放時，請拖放到 Fig 6-57 標示的範圍內（游標會變成 + 的範圍）。cat_walk1 放在 0.07 秒，cat_walk2 放在 0.14 秒，cat_walk3 放在 0.21 秒。可以用滑鼠滾輪縮放 Animation 視窗，方便調整位置。

設置走路動畫的 sprite

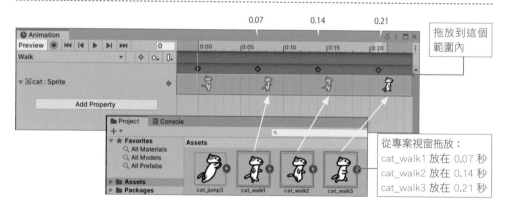

拖放到這個範圍內

從專案視窗拖放：
cat_walk1 放在 0.07 秒
cat_walk2 放在 0.14 秒
cat_walk3 放在 0.21 秒

最後要設定動畫總長度，設定為每 0.28 秒就會播放一次。

點選時間軸上 0.28 秒的位置，再按下畫面左上方的 Add Keyframe 按鈕（Fig 6-58）。這樣一來，就會把最後一張 sprite 複製到 0.28 秒的位置，同時把播放時間設為 0.28 秒。

Fig.6-58 調整播放時間

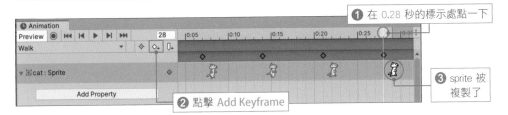

❶ 在 0.28 秒的標示處點一下

❸ sprite 被複製了

❷ 點擊 Add Keyframe

這樣就完成走路動畫的 Animation Clip 了！目前只需要先確認能播放走路動畫，所以還不用在 Animation Controller 設定切換動畫的時間點。我們直接檢查動作是否正確吧。

檢查動畫效果不用執行遊戲，**按下 Animation 視窗的播放鈕就能預覽動畫了**。按下播放鈕後，場景視窗內的角色就會開始動作。如果按了 Animation 視窗的播放鈕，卻無法播放動畫，請先按一次 Animation Record button（位於左側的紅圓點按鈕），再按播放鈕。

Fig.6-59 檢查走路動畫

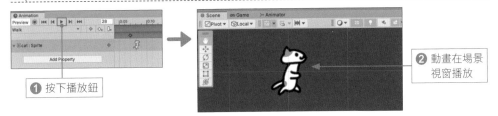

❶ 按下播放鈕

❷ 動畫在場景視窗播放

我們這次製作的動畫很簡單，所以還感覺不到 Mecanim 的優點。就像 Physics 一樣，就算不使用 Mecanim 也能做出動畫，建議大家根據遊戲規模決定是否需要用到 Mecanim。

6-6-5 調整動畫的速度

試著執行遊戲後，就會發現即使角色沒有移動，也還是持續播放著動畫，這畫面實在是很奇怪。我們應該要讓配合角色的移動速度調整動畫播放速度才對。

動畫的播放速度可以在腳本裡調整。請雙擊專案視窗的 PlayerController，開啟檔案後依照 List 6-4 新增程式碼。

```
1   using System.Collections;
2   using System.Collections.Generic;
3   using UnityEngine;
4
5   public class PlayerController : MonoBehaviour
6   {
7       Rigidbody2D rigid2D;
8       Animator animator;
9       float jumpForce = 680.0f;
10      float walkForce = 30.0f;
11      float maxWalkSpeed = 2.0f;
12
13      void Start()
14      {
15          Application.targetFrameRate = 60;
16          this.rigid2D = GetComponent<Rigidbody2D>();
17          this.animator = GetComponent<Animator>();
18      }
19
20      void Update()
21      {
22          // 跳躍
23          if (Input.GetKeyDown(KeyCode.Space))
24          {
25              this.rigid2D.AddForce(transform.up * this.jumpForce);
26          }
27
28          // 左右移動
29          int key = 0;
30          if (Input.GetKey(KeyCode.RightArrow)) key = 1;
31          if (Input.GetKey(KeyCode.LeftArrow)) key = -1;
32
33          // 角色的速度
34          float speedx = Mathf.Abs(this.rigid2D.velocity.x);
35
36          // 速度上限
37          if (speedx < this.maxWalkSpeed)
38          {
39              this.rigid2D.AddForce(transform.right * key * this.walkForce);
40          }
41
42          // 隨移動轉向
43          if (key != 0)
44          {
45              transform.localScale = new Vector3(key, 1, 1);
46          }
47
48          // 根據角色速度調整動畫速度
49          this.animator.speed = speedx / 2.0f;
50      }
51  }
```

　　這段程式碼是讓「動畫的播放速度」和「角色的移動速度」成正比。也就是説，當角色的移動速度為 0，動畫的播放速度也會是 0，停止播放動畫。隨著移動速度增加，動畫的播放速度也會越來越快。

　　在腳本裡改變動畫的播放速度，需要修改 Animator 元件的 speed 變數。在第 17 行先用 GetComponent<>() 取得 Animator 元件，第 49 行再把角色的移動速度指派給 speed 變數。如果把移動速度直接設成動畫播放速度會太快，所以除以 2.0，調整成恰當的比例。

Fig.6-60　取得 Animator 元件

　　執行遊戲，看看是不是變成只在移動時播放動畫。

　　走來走去的樣子很可愛吧！**光是加上動畫，就大幅增加了角色的存在感**。雖然有一點費工，但還是建議多使用動畫。本章最後面介紹了加上跳躍動畫的方法，有興趣的話一定要參考看看喔。

Fig.6-61　移動動畫

6-7 製作遊戲關卡

⑤ 製作遊戲關卡　　　⑥ 移動相機　　　⑦ Physics 碰撞偵測　　　⑧ 切換場景

6-7-1　製作雲朵的 Prefab

6-6 節終於完成了製作流程的前半段，接下來要進入後半段！前半段主要是說明 Unity 特有的 Physics 和 Mecanim 功能，後半段會針對遊戲機制的製作。

首先，**複製目前角色踩著的雲朵，做出遊戲的關卡吧**。在之後的設計過程中，可能會需要更換雲朵圖片、調整碰撞偵測範圍等等，所以可以把雲朵做成 prefab，這樣就能比較輕鬆地一次修改全部的雲朵（見 5-7-3）。

把階層視窗的 cloud 拖放到專案視窗，就能做出雲朵的 prefab。建好 prefab 後，更名為 cloudPrefab。階層視窗的 cloud 已經不會用到，按滑鼠右鍵 → Delete 刪除。

Fig.6-62　建立雲朵的 prefab

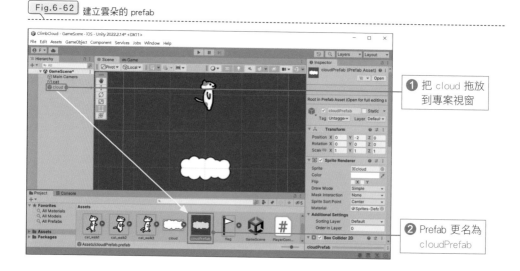

❶ 把 cloud 拖放到專案視窗

❷ Prefab 更名為 cloudPrefab

6-7-2 用雲朵 Prefab 做出物件

接下來要用做好的 cloudPrefab 產出雲朵物件。在第 5 章的時候，我們是用產生器腳本自動複製 prefab，但其實也能在編輯器裡手動複製。只要**從專案視窗把 prefab 拖放到場景視窗**，就能手動做出 prefab 的物件了。

Fig.6-63 複製 prefab 的物件

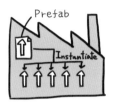

用腳本複製物件

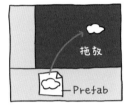

在編輯器複製物件

現在就來製作雲朵物件。把前面做好的 cloudPrefab 從專案視窗拖放到場景視窗吧。

Fig.6-64 手動複製雲朵物件

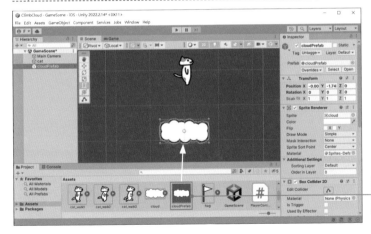

把 cloudPrefab 拖放到場景視窗

重複這個動作就能做出遊戲關卡。設置雲朵的位置時，可以在檢視視窗直接指定座標，也可以用畫面左上方的移動工具。

如果要使用移動工具，請先點一下畫面左上方的移動工具再點選要移動的雲朵，雲朵 Sprite 上會出現箭頭，拖曳箭頭就可以移動。也可以用縮放工具調整雲朵的大小，碰撞體也會同時自動縮放。

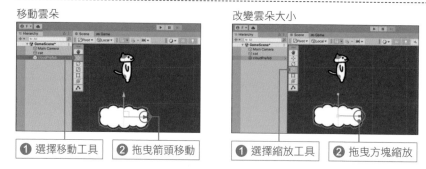

Fig.6-65 設置雲朵

移動雲朵

① 選擇移動工具　② 拖曳箭頭移動

改變雲朵大小

① 選擇縮放工具　② 拖曳方塊縮放

　　我們這次把雲朵設置成越上方的雲朵越小，漸進提升遊戲難度。想要快速設定一個關卡的話，可以參考 Fig 6-66，直接在檢視視窗設定所有雲朵（沒有標示 Scale 的就是使用原本大小）；或是也可以自己設計關卡。

Fig.6-66 設置雲朵 prefab，做出遊戲關卡

| Position | -1.1, | 15.5, | 0 |
| Scale | 0.6, | 1, | 1 |

| Position | 1, | 16.6, | 0 |

| Position | -1.6, | 13, | 0 |
| Scale | 0.7, | 1, | 1 |

| Position | 1.4, | 13.2, | 0 |

| Position | -1, | 11, | 0 |
| Scale | 0.8, | 1, | 1 |

| Position | 1.1, | 9, | 0 |
| Scale | 0.9, | 1, | 1 |

| Position | -1.6, | 7.7, | 0 |

| Position | 1.6, | 6.4, | 0 |

| Position | -0.1, | 4.2, | 0 |

| Position | 1.4, | 2.5, | 0 |

| Position | -1.6, | 1.8, | 0 |

| Position | -0.2, | -0.7, | 0 |

| Position | 1.6, | -2.1, | 0 |

| Position | -1.6, | -2.8, | 0 |

| Position | 0, | -5.1, | 0 |
| Scale | 1.1, | 1, | 1 |

| Position | -1.55, | -5.1, | 0 |
| Scale | 1.1, | 1, | 1 |

| Position | 1.55, | -5.1, | 0 |
| Scale | 1.1, | 1, | 1 |

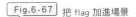 ### 6-7-3 插上終點旗

現在要在最頂端的雲朵插上終點旗。請從專案視窗把 flag 拖放到場景視窗,並把座標調整到最頂端雲朵的位置。在檢視視窗把 Transform 的 Position 設定成 0.9, 17.4, 0。

Fig.6-67 把 flag 加進場景

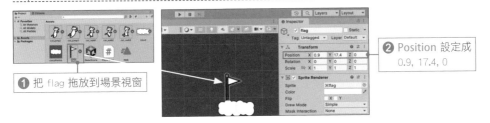

❶ 把 flag 拖放到場景視窗

❷ Position 設定成 0.9, 17.4, 0

6-7-4 設置背景圖片

然後要設置背景圖片。從專案視窗把 background 拖放到場景視窗,把檢視視窗 Transform 的 Position 設定成 0, 11, 0、Scale 設定成 2, 12, 1。指定背景圖片的位置與大小後,再把 Sprite Renderer 的 Order in Layer 設為 -1,把背景圖片放在最後面的圖層。

Fig.6-68 把背景圖片加進場景

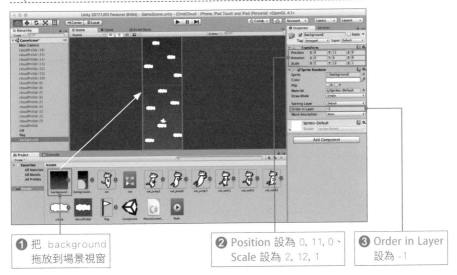

❶ 把 background 拖放到場景視窗

❷ Position 設為 0, 11, 0、Scale 設為 2, 12, 1

❸ Order in Layer 設為 -1

做到這裡，整個遊戲關卡就完成了。按下畫面上方的執行鍵，實際操作角色玩玩看吧。真的可以踩著雲朵向上移動！由於碰撞偵測等等全部交給 Physics 自動處理，調整遊戲關卡也會更輕鬆！

Fig.6-69 操控角色在關卡裡移動

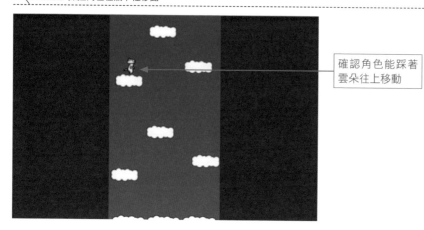

確認角色能踩著
雲朵往上移動

>Tips< 設定支點（pivot）

　Unity 的旋轉與縮放都是以支點的座標為中心。支點通常預設在 sprite 的中心位置，這在大部分的情況下都不會有問題；但是遇到門、擋板這種以其中一側為中心軸旋轉的情況，就必須調整支點的位置。

　在專案視窗點選想改變支點的圖片，到檢視視窗的 Pivot 就能設定支點位置。可選擇的位置有：上、下、左、右、中央，也可以自訂。

6-8 相機位置隨角色移動

⑤ 製作遊戲關卡　　⑥ 移動相機　　⑦ Physics 碰撞偵測　　⑧ 切換場景

6-8-1 用腳本改變相機位置

在 6-7 節，我們成功讓角色踩著雲朵往上跳，但角色跳到超出畫面之後就看不到了。因此需要調整相機設定，讓相機能跟著角色移動，這樣角色就會保持在畫面中。

相機也是一個遊戲物件，就跟普通物件一樣，可以用控制器腳本操縱！ 在 6-1 節規劃的時候漏掉了這個部分，現在就來寫個控制器腳本操縱相機的動作吧。

6-8-2 製作相機控制器

來寫相機控制器腳本吧。在專案視窗按滑鼠右鍵，選擇 Create → C# Script，檔案名稱改為 CameraController。

製作腳本 → CameraController

雙擊專案視窗的 CameraController，開啟檔案後，輸入 List 6-5 的程式碼再存檔。

```
1   using System.Collections;
2   using System.Collections.Generic;
3   using UnityEngine;
4
5   public class CameraController : MonoBehaviour
6   {
7       GameObject player;
8
9       void Start()
10      {
11          this.player = GameObject.Find("cat");
12      }
13
14      void Update()
15      {
16          Vector3 playerPos = this.player.transform.position;
17          transform.position = new Vector3(
                transform.position.x, playerPos.y, transform.position.z);
18      }
19  }
```

要讓相機能夠追蹤角色的垂直移動，必須在每個影格都 ① 找出角色的座標（第 16 行），② 依據角色坐標，修改相機的座標（第 17 行）。角色和相機的位置都只需要處理 Y 軸的座標（高度方向）就好，相機的 X 軸和 Z 軸座標就依照原本設定不變。

Fig.6-70 配合角色高度移動相機

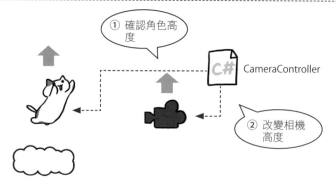

① 確認角色高度

CameraController

② 改變相機高度

6-8-3 附加相機控制器

把相機控制器附加到相機物件上，相機才能按照內容移動。把專案視窗的 CameraController 拖放到階層視窗的 Main Camera 上。

把腳本附加到 Main Camera

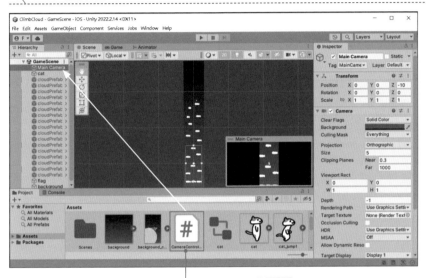

把 CameraController 拖放到 Main Camera 上

執行遊戲，確認相機會跟著角色移動。如果相機能順利跟著角色，就進一步試著爬上最頂端吧！要是過程中遇到不管怎樣都爬不上去的情況，可以再調整一下雲朵的位置。

Fig.6-72 測試抵達終點

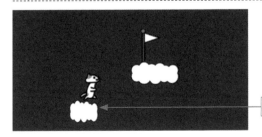

試玩確認可以抵達終點

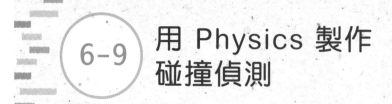

6-9 用 Physics 製作 碰撞偵測

⑤ 製作遊戲關卡　　　⑥ 移動相機　　　⑦ Physics 碰撞偵測　　　⑧ 切換場景

6-9-1 Physics 的碰撞偵測

在這一小節要加上角色與旗子之間的碰撞偵測，這樣才能偵測出角色碰到終點旗，切換到過關場景。在第 5 章的時候，碰撞偵測是用自己寫的腳本來實現，而在這一章要使用的是 Physics 功能的碰撞偵測。

用 Physics 偵測碰撞的話，就不用自己寫偵測演算法，**Physics 會針對有附加碰撞體的物件，自動偵測碰撞**。一旦物件發生碰撞，就會嘗試呼叫物件附加的腳本裡的 OnCollisionEnter2D()。

| Fig.6-73 | 用 Physics 偵測碰撞

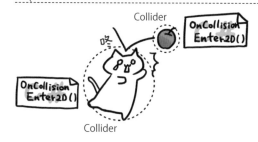

Physics 的碰撞偵測有 2 種：Collision 模式（碰撞模式）和 Trigger 模式（觸發模式）。Collision 模式除了偵測物件的碰撞之外，還會處理撞飛、彈開等碰撞後的反應。而 Trigger 模式只會偵測碰撞，物件會直接穿過碰撞對象。

Collision 模式　　　　　　Trigger 模式

　　物件發生衝突時呼叫的 method，會根據碰撞狀態、碰撞模式決定，詳見 Table 6-4
（3D 遊戲則是呼叫相應的 3D method）。

Table6-4 碰撞偵測模式

狀態	Collision 模式	Trigger 模式
碰撞瞬間	OnCollisionEnter2D()	OnTriggerEnter2D()
碰撞中	OnCollisionStay2D()	OnTriggerStay2D()
碰撞結束瞬間	OnCollisionExit2D()	OnTriggerExit2D()

　　以 Collision 模式為例，物件碰撞瞬間會呼叫一次 OnCollisionEnter2D()（3D
遊戲則會呼叫 OnCollisionEnter()），碰撞期間會持續呼叫 OnCollisionStay2D()，
碰撞結束瞬間會呼叫一次 OnCollisionExit2D()。

Fig.6-75 Collision 模式呼叫的 method 與呼叫時機

OnCollision
Enter

OnCollision
Stay

OnCollision
Stay

OnCollision
Exit

6-9-2 製作角色與旗子的碰撞偵測

接著就來製作角色和旗子的碰撞偵測。如果想讓碰撞物件表現出物理的碰撞反應（例如角色能踩在雲上），那麼物件雙方必須附加碰撞體與剛體。如果只想單純偵測碰撞，那物件雙方還是需要附加碰撞體，但剛體就只需要附加在其中一方。

🐾 **使用 Physics 偵測碰撞**
- 所有需要偵測的物件上，都要附加碰撞體元件。
- 需要偵測碰撞的物件中，至少要有一方附加剛體元件。

碰撞體和剛體都已經附加在角色身上了，就從旗子開始處理碰撞偵測吧。

❶ 把 Collider 2D 元件附加到旗子上，設定成 Trigger 模式（觸發模式）

❷ 把角色撞上旗子時呼叫的 OnTriggerEnter2D() 寫進角色控制器

> Fig.6-76 ┃ 用 Trigger 模式偵測碰撞

❶ 把 OnTriggerEnter2D() 寫進角色控制器

❷ 把 Collider 2D 元件附加到旗子上，設定成 Trigger 模式

🐟 把 Collider 2D 元件附加到旗子上

首先要把 Box Collider 2D 附加到旗子上。點選階層視窗的 flag，再到檢視視窗選擇 Add Component → Physics 2D → Box Collider 2D。

Fig.6-77　把碰撞體附加到 flag

❶ 點選階層視窗的 flag，再按一下 Add Component

❷ 選擇 Physics 2D → Box Collider 2D

在檢視視窗勾選 Box Collider 2D 的 Is Trigger，旗子就會以 Trigger 模式偵測碰撞。

Fig.6-78　設定成 Trigger 模式

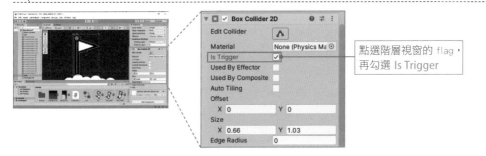

點選階層視窗的 flag，再勾選 Is Trigger

這樣就準備好角色和旗子的碰撞偵測了。接著把角色撞上旗子時呼叫的 method（OnTriggerEnter2D()），寫進角色控制器吧。

雙擊專案視窗的 PlayerController，開啟檔案後照著 List 6-6 新增程式碼（此處僅列出新增的部分）。

List6-6　實作 Physics 的碰撞偵測

```
1  using System.Collections;
2  using System.Collections.Generic;
3  using UnityEngine;
4

...中略...

48        // 根據角色速度調整動畫速度
49        this.animator.speed = speedx / 2.0f;
50    }
51
52  // 抵達終點
53  void OnTriggerEnter2D(Collider2D other)
```

```
54     {
55         Debug.Log("終點");
56     }
57 }
```

OnTriggerEnter2D() 加在 PlayerController 的第 53 到 56 行。

發生碰撞之後，碰到的附加的碰撞體元件會當作引數，傳給 OnTriggerEnter2D()。為了確認角色撞到旗子，我們讓 method 在控制視窗顯示「終點」。

執行遊戲，看看角色和終點旗的碰撞偵測是否如我們預期。真的一碰到終點旗就會顯示「終點」！

Fig.6-79 確認碰撞偵測

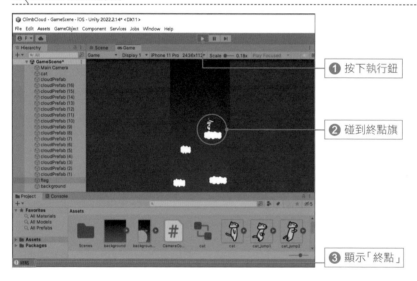

① 按下執行鈕

② 碰到終點旗

③ 顯示「終點」

🐾 OnTriggerEnter2D() 呼叫失敗時的檢查清單

- 要偵測碰撞的物件上都有附加 Collider 2D 元件
- 已經勾選 Collider 2D 元件的 Is Trigger
- 腳本裡有 OnTriggerEnter2D()
- 腳本已經附加在物件上

現在抵達終點還是不會發生任何事，就只有一個 debug 訊息。我們再修改一下，角色抵達終點後就切換到過關場景吧。

6-10 切換場景

⑤ 製作遊戲關卡　　　　⑥ 移動相機　　　　⑦ Physics 碰撞偵測　　　　⑧ 切換場景

6-10-1 切換場景概要

Unity 是以場景做為管理遊戲畫面的單位。一般而言,開啟遊戲後首先看到的是標題畫面,接著會出現選單畫面。在選單畫面選擇「開始遊戲」之後就開始玩遊戲,結束後會顯示「遊戲結束」的畫面。這些遊戲畫面在 Unity 都是當做一個個的「場景」來管理。下面的範例就是由「標題場景」、「選單場景」、「遊戲場景」、「結束場景」這 4 個場景組合而成。

Fig.6-80 遊戲的各個場景

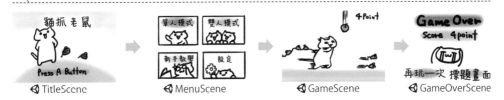

把這些場景串連在一起,就能做出完整的遊戲。只要在想切換場景的時間點,**用場景檔案的名稱呼叫 method**,就可以從一個場景切換到另一個場景。

Fig.6-81 用腳本切換場景

前幾章做的遊戲都只有一個「遊戲場景」（GameScene），這一章要多加入一個「過關場景」。角色碰到終點旗後，就從遊戲場景切換到過關場景；在過關場景的畫面上點一下，就會再回到遊戲場景。

Fig.6-82 切換遊戲場景與過關場景

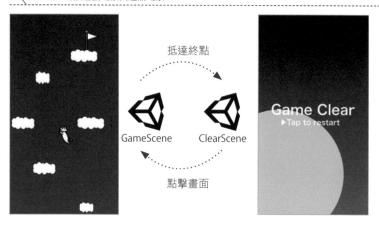

6-10-2 製作過關場景

首先要做出過關場景。先點工具列的 File → Save 儲存目前的場景，再點選 File → New Scene，就會跳出選擇新場景模板的視窗。請選 Basic 2D (Built-in)，再按下右下方的 Create，就能建立新場景。建好新場景後，點選 File → Save As，名稱取為 ClearScene。

Fig.6-83 建立過關畫面的場景

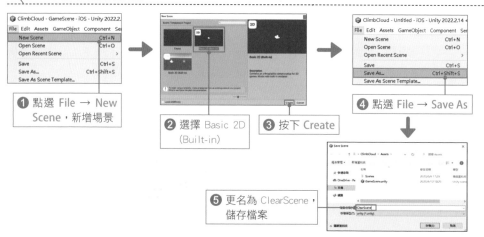

新場景目前還是空無一物的狀態。馬上把過關圖片加進畫面裡吧。

把 background_clear 從專案視窗拖放到場景視窗,然後在檢視視窗把 Transform 的 Position 設為 0, 0, 0,調整過關圖片的位置。

Fig.6-84 設置過關圖片

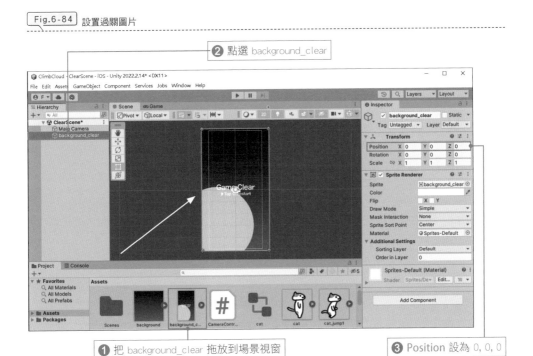

② 點選 background_clear

① 把 background_clear 拖放到場景視窗

③ Position 設為 0, 0, 0

這樣就完成過關畫面了!按下執行鈕會執行目前正在編輯的場景。

Fig.6-85 確認過關場景

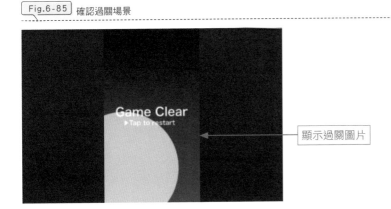

顯示過關圖片

6-10-3 從過關場景切換到遊戲場景

接著要製作的是「點擊過關畫面後切換回遊戲場景」的部分。切換場景是導演物件的工作，這就來建立導演物件吧。

> **🐾 建立導演物件的步驟** 重要！
> ❶ 編寫導演腳本
> ❷ 建立空物件
> ❸ 把寫好的導演腳本附加到空物件上

🐟 編寫導演腳本

首先要寫過關場景的導演腳本。在專案視窗按滑鼠右鍵，選擇 Create → C# Script。建立檔案後，把檔案名稱改為 ClearDirector。

製作腳本 → ClearDirector

接著雙擊 ClearDirector 開啟檔案，依照 List 6-7 輸入程式碼後存檔。

List6-7　切換場景的腳本

```
1  using System.Collections;
2  using System.Collections.Generic;
3  using UnityEngine;
4  using UnityEngine.SceneManagement; // 用到 LoadScene() 時必須加上這行！！
5
6  public class ClearDirector : MonoBehaviour
7  {
8      void Update()
9      {
10         if (Input.GetMouseButtonDown(0))
11         {
12             SceneManager.LoadScene("GameScene");
13         }
14     }
15 }
```

因為要使用 SceneManager 這個 class 的 LoadScene() 來切換場景，所以要加上第 4 行的程式碼。滑鼠點擊的時候，就用 SceneManager.LoadScene() 切換到遊戲場景（第 10 到 13 行）。在 LoadScene() 的引數指定場景名稱的字串，就會載入該場景。因為我們想切換到遊戲場景，所以在引數傳入 "GameScene"。可以在專案視窗的 Unity 圖示確認場景的名稱。

Fig.6-86 確認場景名稱

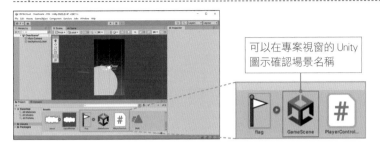

Fig.6-86 確認場景名稱

可以在專案視窗的 Unity
圖示確認場景名稱

建立空物件

接著要建立空物件，附加導演腳本後，就能成為導演物件。點選階層視窗的 + →
Create Empty 建立空物件，然後更名為 ClearDirector。

Fig.6-87 建立空物件

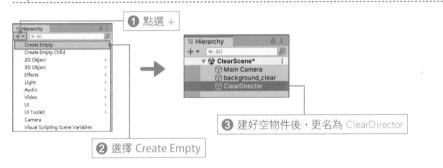

❶ 點選 +

❷ 選擇 Create Empty

❸ 建好空物件後，更名為 ClearDirector

把腳本附加到空物件上

把前面寫好的 ClearDirector 腳本拖放到階層視窗的 ClearDirector 物件上面。

Fig.6-88 把腳本附加到 ClearDirector

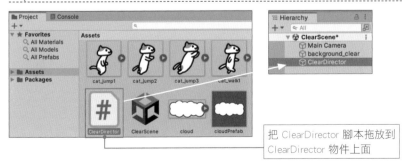

把 ClearDirector 腳本拖放到
ClearDirector 物件上面

如此便完成「過關場景」→「遊戲場景」的切換功能了。執行遊戲看看效果吧。
點擊畫面後,應該要切換到遊戲場景才對,卻出現了錯誤訊息!

Fig.6-89 發生錯誤

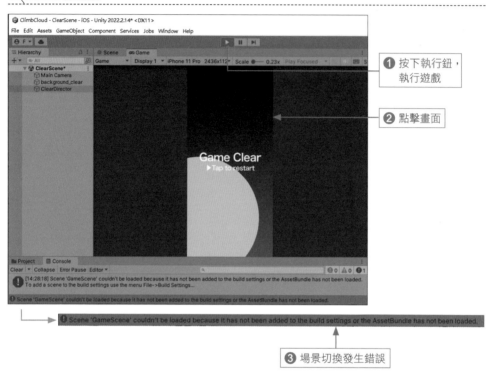

① 按下執行鈕,
　執行遊戲

② 點擊畫面

Game Clear
▶ Tap to restart

❶ [14:28:18] Scene 'GameScene' couldn't be loaded because it has not been added to the build settings or the AssetBundle has not been loaded.
To add a scene to the build settings use the menu File->Build Settings...

❶ Scene 'GameScene' couldn't be loaded because it has not been added to the build settings or the AssetBundle has not been loaded.

❶ Scene 'GameScene' couldn't be loaded because it has not been added to the build settings or the AssetBundle has not been loaded.

③ 場景切換發生錯誤

發生錯誤的原因是場景還沒有登錄到 Unity。必須先在 Unity 登錄「場景的使用順
序」,才可以切換場景。如果沒有登錄,就算在 LoadScene() 指定場景名稱,執行
的時候也會出現「找不到這個場景喔」這樣的錯誤。

6-10-4 登錄場景

在工具列選擇 File → Build Settings,開啟 Build Settings 視窗,然後從專案視窗
把 ClearScene 和 GameScene 拖放到 Scenes In Build 欄位。

Fig.6-90 登錄遊戲場景與過關場景

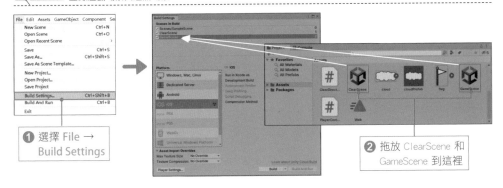

❶ 選擇 File →
　Build Settings

❷ 拖放 ClearScene 和
　GameScene 到這裡

　　加進 Scenes In Build 的場景，會在右側依序標示 0、1 這樣的數字編號。遊戲在手機上執行時，會從 0 號場景開始遊戲。我們可以直接拖曳場景排序，讓 GameScene 排在 0、ClearScene 排在 1。另外，如果出現 Scenes/SampleScene，也要取消勾選。

Fig.6-91 設定場景順序

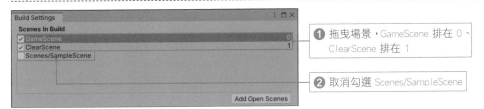

❶ 拖曳場景，GameScene 排在 0、
　ClearScene 排在 1

❷ 取消勾選 Scenes/SampleScene

　　這樣場景就登錄到 Unity 了。再次執行遊戲，看看場景是否切換成功。（雖然剛才把 GameScene 排在 0 號場景，但 Unity 編輯器還是會從目前正在編輯的場景開始執行。）

Fig.6-92 確認場景順利切換

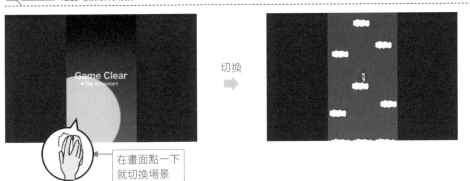

切換

在畫面點一下
就切換場景

6-10-5 從遊戲場景切換到過關場景

我們已經完成過關場景到遊戲場景的切換了，接著來製作遊戲場景到過關場景的切換功能吧。我們要先回到遊戲場景，雙擊專案視窗的場景圖示，就能切換編輯的場景。

請先在工具列 File → Save 儲存目前的場景，再雙擊專案視窗的 GameScene 圖示開啟場景。

Fig.6-93 更換編輯場景

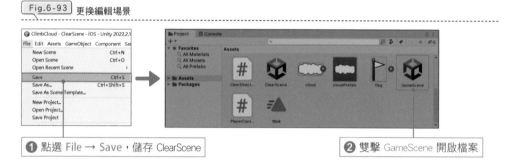

❶ 點選 File → Save，儲存 ClearScene　　　❷ 雙擊 GameScene 開啟檔案

我們想要在**角色碰到終點旗的時候**，從遊戲場景切換到過關場景。這樣應該只需要在碰到旗子的時間點，執行切換場景的腳本就可以了。切換場景原則上是導演的工作，但這次為了保持腳本的簡潔，就不再建立導演，而是把切換場景的程式碼寫在角色控制器裡。

雙擊專案視窗的 PlayerController 開啟檔案，參考 List 6-8 新增程式碼（這裡只列出新增的部分）。

List6-8 切換場景的程式碼

```
1  using System.Collections;
2  using System.Collections.Generic;
3  using UnityEngine;
4  using UnityEngine.SceneManagement;   // 用到 LoadScene() 時必須加上這行！

...中間省略...

53     // 抵達終點
54     void OnTriggerEnter2D(Collider2D other)
55     {
56         Debug.Log("終點");
57         SceneManager.LoadScene("ClearScene");
58     }
59 }
```

PlayerController 腳本裡的 OnTriggerEnter2D() 會偵測角色與旗子的碰撞。在 OnTriggerEnter2D() 裡面放進 LoadScene()，就可以在角色碰到旗子的時候切換成過關場景。因為使用到 LoadScene()，所以要另外加進第 4 行的程式碼。

執行遊戲，確認碰到終點旗之後會切換到過關場景。

Fig.6-94 確認場景切換

- -

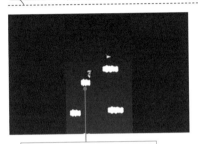

切換

角色一碰到旗子就切換場景

6-10-6 抓出 Bug

現在我們已經完成遊戲需要的所有功能了，認真試玩幾次，**找出製作過程中忽略掉的問題**吧。比較值得注意的有下列 2 點，應該要想想解決的辦法。

- **跳躍後還能繼續往上跳**

- **角色跑出畫面後，會無止盡的掉落**

跳躍時還能繼續往上跳

目前 PlayerController 腳本的設定是「只要按下空白鍵，就對角色施加一個向上的力」，所以就算在空中也能持續跳躍。我們要**偵測角色是否在跳躍，再決定要不要施力**，防止無限跳躍的情況。

檢查角色是否正在跳躍的方法很多，例如「檢查和雲朵是否有接觸」、「檢查 Y 軸方向的速度」、「用狀態機管理角色的狀態」等等。我們採用最簡單的「只有 Y 方向速度為 0（靜止）的時候才能跳躍」，來修正 PlayerController 腳本的跳躍部分（List 6-9）。

```
23   // 跳躍
24   if (Input.GetKeyDown(KeyCode.Space) &&
         this.rigid2D.velocity.y == 0)
25   {
26       this.rigid2D.AddForce(transform.up * this.jumpForce);
27   }
```

在 PlayerController 的跳躍條件式裡加進「角色的 Y 方向速度是 0」的條件。我們可以用 Rigidbody2D class 的 velocity 成員取得角色的速度。這樣一來就修改成「按下空白鍵『且』Y 軸速度為 0 的時候，施予向上的力」。

🐟 角色跑出畫面後，會無止盡的掉落

角色超出畫面範圍的話，會一直持續往下掉。應該把腳本改成「角色的 Y 軸座標掉到 -10 以下的話，就重新開始遊戲關卡」，避免持續往下掉、整個遊戲卡住的情況。在 PlayerController 的 Update() 裡面加入下列程式碼。

List6-10　跑出畫面就重新開始遊戲

```
49       // 根據角色速度調整動畫速度
50       this.animator.speed = speedx / 2.0f;
51
52       // 跑出畫面就重新開始
53       if (transform.position.y < -10)
54       {
55           SceneManager.LoadScene("GameScene");
56       }
57   }
```

這段程式碼會在角色的 Y 軸座標小於 -10 的時候，重新載入場景 GameScene。利用 LoadScene() 重新載入場景，就能重新開始遊戲關卡，要記住這個祕訣喔！

6-11 在智慧型手機上執行

前面都是用左右方向鍵和空白鍵控制角色的移動，但手機上沒有這些按鍵，必須修改操作方式。這次我們修改成用傾斜手機控制左右移動、輕觸畫面讓角色跳躍。

6-11-1 手機上的操作

我們可以透過加速度感測器得知手機的傾斜程度。加速度感測器的數值，可以像 Fig 6-95 這樣拆解成 3 個軸向的 3 個數值。例如手機左右傾斜時，X 軸的值就會在 -1.0 到 1.0 之間變化。

Fig.6-95　手機的加速度感測器

我們要來修改 PlayerController 腳本，**在手機傾斜程度大於某個值的時候，就讓角色左右移動**。雙擊專案視窗的 PlayerController，開啟檔案後，參考 List 6-11 修改程式碼（這裡只列出修改部分）。

List6-11　傾斜手機的感測

```
1  using System.Collections;
2  using System.Collections.Generic;
3  using UnityEngine;
4  using UnityEngine.SceneManagement;
5
6  public class PlayerController : MonoBehaviour
7  {
8      Rigidbody2D rigid2D;
```

```
9        Animator animator;
10       float jumpForce = 680.0f;
11       float walkForce = 30.0f;
12       float maxWalkSpeed = 2.0f;
13       float threshold = 0.2f;
14
15       void Start()
16       {
17           Application.targetFrameRate = 60;
18           this.rigid2D = GetComponent<Rigidbody2D>();
19           this.animator = GetComponent<Animator>();
20       }
21
22       void Update()
23       {
24           // 跳躍
25           if (Input.GetMouseButtonDown(0) &&
                   this.rigid2D.velocity.y == 0)
26           {
27               this.rigid2D.AddForce(transform.up * this.jumpForce);
28           }
29
30           // 左右移動
31           int key = 0;
32           if (Input.acceleration.x > this.threshold) key = 1;
33           if (Input.acceleration.x < -this.threshold) key = -1;
34
35           // 角色的速度
36           float speedx = Mathf.Abs(this.rigid2D.velocity.x);
```

...後面省略...

　　第 25 行改用 GetMouseButtonDown()，就能用點擊畫面來控制角色跳躍。
GetMouseButtonDown() 除了偵測左鍵點擊之外，也可用來偵測螢幕觸控。

　　再來用到 Input class 的成員 acceleration 取得加速度感測器的值。取得的值
大於 0.2（手機向右傾斜）的時候，判定為向右移動，key 值指派為 1；加速度感測
器的值小於 -0.2（手機向左傾斜）的時候，判定為向左移動，key 值指派為 -1（第
32、33 行）。

6-11-2 建立手機的 build

這次用到手機的加速度感測器，所以必須安裝到手機才能測試。遊戲的其他部分都完成了，現在就在手機 build 吧。

詳細的 iPhone build 步驟，請參考 3-7-2；Android build 步驟，請參考 3-7-3。

試試看！

雖然這一章只做了走路動畫，不過我們也準備了跳躍動畫的圖片。來進一步挑戰跳躍動畫，並設定走路動畫與跳躍動畫的切換吧！在本章最後的 Tips 就有介紹跳躍動畫的製作方法。

>Tips< **來做跳躍動畫吧！**

跳躍動畫的設定就如 Fig 6-96 所示，要快速切換預備動作（蹲下）的影格，慢速播放跳起之後的影格，這樣播放時才會符合跳躍的動作。另外，這次要做的跳躍動畫不會像走路動畫那樣循環播放。

Fig.6-96 預期的跳躍動畫

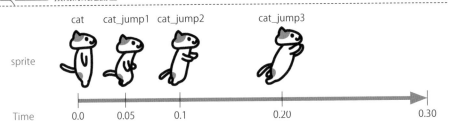

開啟 Animation 視窗，動手製作跳躍的 Animation Clip 吧。點選階層視窗的 cat，然後在工具列選擇 Window → Animation → Animation。

Fig.6-97 開啟 Animation 視窗

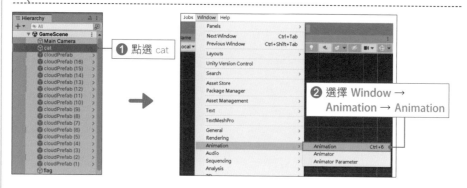

在 Animation 視窗左上方的下拉式選單（目前會顯示為 Walk）裡面，選擇 Create New Clip，命名為 Jump 然後儲存 Animation Clip。

Fig.6-98 儲存 Jump 的 Animation Clip

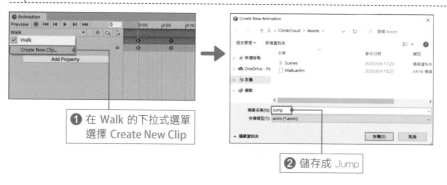

跳躍動畫的 Animation Clip 編輯步驟和走路動畫相同，可以參考下方範例製作。

Fig.6-99 設置跳躍動畫的 sprite

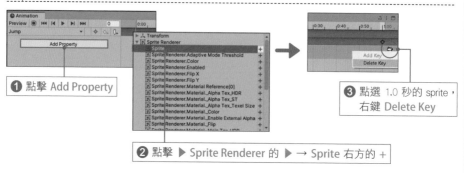

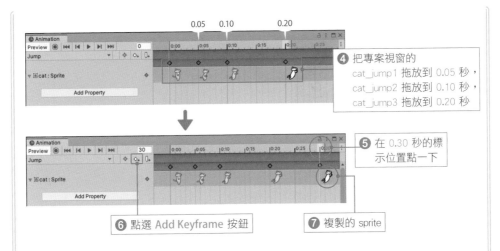

④ 把專案視窗的
cat_jump1 拖放到 0.05 秒，
cat_jump2 拖放到 0.10 秒，
cat_jump3 拖放到 0.20 秒

⑤ 在 0.30 秒的標
示位置點一下

⑥ 點選 Add Keyframe 按鈕

⑦ 複製的 sprite

跳躍動畫不需要像走路動畫一樣循環播放。點選專案視窗裡 Jump 的 Animation Clip，
再到檢視視窗取消勾選 Loop Time，這樣就不會循環播放了。

Fig.6-100 取消循環播放

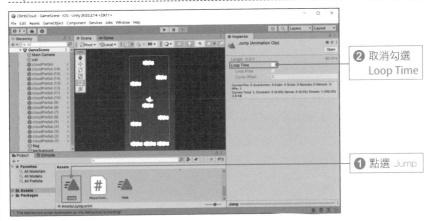

② 取消勾選
Loop Time

① 點選 Jump

現在我們有 Walk 和 Jump 兩個 Animation Clip，就**需要用 Animator Controller 來切換
動畫**。Animator Controller 有下列 2 點要設定：

- 要切換成哪一個 Animation Clip？

- 要在什麼時間點切換 Animation Clip？

先來考慮第 1 點。因為這次只有 2 個 Animation Clip，所以想必是互相切換，沒有其
他選擇。接著思考切換的時間點。按下跳躍鈕時，要切換 Walk → Jump；跳躍動畫播放
完畢時，則是要切換 Jump → Walk。請見 Fig 6-101。

Fig.6-101 「Walk」和「Jump」的關係

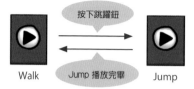

Walk

按下跳躍鈕

Jump 播放完畢

Jump

切換動畫設定

接著依照 Fig 6-101 來設定 Animator Controller。

首先設定「**要切換成哪一個 Animation Clip？**」。也就是在 Animator Controller 設定 Walk 和 Jump 互相切換的關係。雙擊專案視窗的 Animator Controller「cat」，就會在場景視窗開啟 Animator 視窗。

Fig.6-102 開啟 Animator Controller 檔案

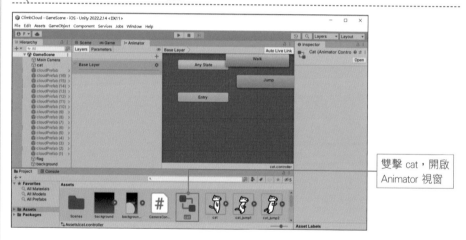

雙擊 cat，開啟 Animator 視窗

在 Animator 視窗中，有 Walk、Jump 2 個動畫節點，以及自動產生的 Entry、Any State、Exit 3 個節點（Exit 節點在畫面外）。這 3 個預設節點的功用整理在 Table 6-5。

Table6-5 節點的功用

節點名稱	功用
Entry	動畫開始的時候，會從 Entry 節點開始切換。
Any State	可以從任何節點切換到指定的節點。
Exit	切換到 Exit 節點就能結束動畫。

目前有一個箭頭從 Entry 節點指向 Walk 節點，但 Walk 沒有和其他節點相連，因此動畫開始後會一直循環播放走路動畫。我們先來設定 Walk 切換到 Jump 的部分。在 Walk 節點上按滑鼠右鍵，選擇 Make Transition，用滑鼠從 Walk 拖曳箭頭，拉到 Jump 上點擊，箭頭就會從 Walk 連結到 Jump，指定好切換順序（Fig 6-103）。

Fig.6-103 建立從「Walk」到「Jump」的連接

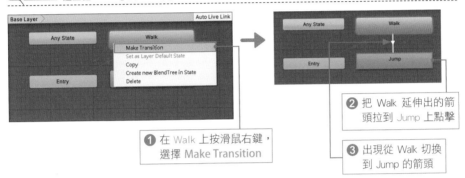

❶ 在 Walk 上按滑鼠右鍵，選擇 Make Transition

❷ 把 Walk 延伸出的箭頭拉到 Jump 上點擊

❸ 出現從 Walk 切換到 Jump 的箭頭

再用相同步驟設定 Jump 切換到 Walk。在 Jump 上按滑鼠右鍵選擇 Make Transition，用滑鼠從 Jump 拖曳箭頭，拉到 Walk 上點擊，這樣 Walk 和 Jump 就設定好互相切換了。

Fig.6-104 設定從 Jump 切換到 Walk

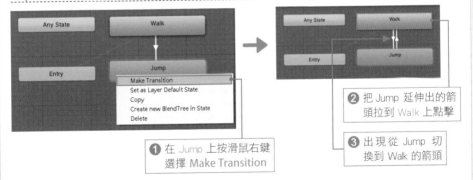

❶ 在 Jump 上按滑鼠右鍵選擇 Make Transition

❷ 把 Jump 延伸出的箭頭拉到 Walk 上點擊

❸ 出現從 Jump 切換到 Walk 的箭頭

設定切換的時間點

接著處理「**要在什麼時間點切換 Animation Clip ？**」也就是依照 Fig 6-101 設定切換動畫的時間點。我們先設定 Jump → Walk 的切換，在 Jump 動畫播放完畢後，自動切換到 Walk。

點選從 Jump 指向 Walk 的切換箭頭，再到檢視視窗勾選 Has Exit Time。接著點開 ▶ Settings，把 Exit Time 設成 1、Transition Duration 和 Transition Offset 都設成 0。

 **Fig.6-105** 設定切換條件

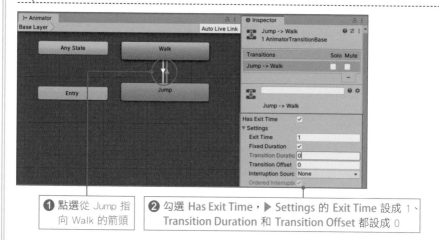

❶ 點選從 Jump 指向 Walk 的箭頭

❷ 勾選 Has Exit Time，▶ Settings 的 Exit Time 設成 1、Transition Duration 和 Transition Offset 都設成 0

各參數代表的意思整理在 Table 6-6。其中「正規化時間」是用動畫的時間比例來計算，範圍在 0.0~1.0 之間。例如 0.5 就相當於動畫時間的一半、0.1 則是十分之一。

Table6-6 切換動畫的參數

參數名稱	功用
Has Exit Time	動畫播放完畢時，是否自動切換到其他動畫
Exit Time	以正規化時間設定動畫結束時間
Transition Duration	以正規化時間設定移往下一個動畫的切換時間
Transition Offset	以正規化時間設定下一個動畫開始播放的時間

接下來要設定 Walk → Jump 的切換時間點，這次會在切換箭頭上設置 Trigger。Trigger 就像 Fig 6-106 的平交道，**按下跳躍鈕就會開啟 Trigger，從 Walk 切換到 Jump。**

Fig.6-106 切換條件的示意圖

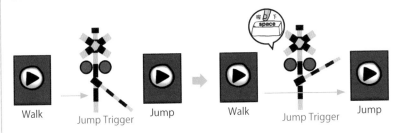

Walk　　Jump Trigger　　Jump　　Walk　　Jump Trigger　　Jump

Trigger 要在 Animator Controller 裡建立。開啟 Animator 視窗左上方的 **Parameters** 分頁，點擊下面的 + 按鈕選擇 **Trigger**，把建好的 Trigger 更名為 JumpTrigger（Fig 6-107）。

Fig.6-107 設定切換條件的變數

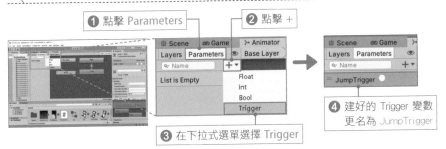

❶ 點擊 Parameters　　❷ 點擊 +

❹ 建好的 Trigger 變數更名為 JumpTrigger

❸ 在下拉式選單選擇 Trigger

　　Trigger 建立完成後，就要設置到切換場景的箭頭上。選擇從 Walk 指向 Jump 的切換箭頭，再到檢視視窗點開 Conditions 的 + 按鈕，從下拉式選單選擇 JumpTrigger。另外也要取消勾選 Has Exit Time，▶ Settings 裡的 Transition Duration 和 Transition Offset 都設成 0。

Fig.6-108 設定從 Walk 切換到 Jump 的條件

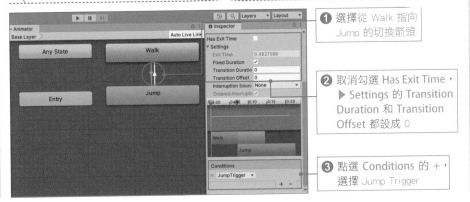

❶ 選擇從 Walk 指向 Jump 的切換箭頭

❷ 取消勾選 Has Exit Time，▶ Settings 的 Transition Duration 和 Transition Offset 都設成 0

❸ 點選 Conditions 的 +，選擇 Jump Trigger

最後在 PlayerController 裡面，要加進「按下跳躍鈕同時觸發 JumpTrigger」（切換成跳躍動畫）的程式碼。下方範例是手機操作的程式碼。PC 版本的程式碼在書附檔案的 Samples_PC / chapter6 資料夾裡，檔名為 PlayerController.cs。

List6-12　跳躍時播放動畫

```
1  using System.Collections;
2  using System.Collections.Generic;
3  using UnityEngine;
4  using UnityEngine.SceneManagement;
5
6  public class PlayerController : MonoBehaviour
7  {
8      Rigidbody2D rigid2D;
9      Animator animator;
10     float jumpForce = 680.0f;
11     float walkForce = 30.0f;
12     float maxWalkSpeed = 2.0f;
13     float threshold = 0.2f;
14
15     void Start()
16     {
17         Application.targetFrameRate = 60;
18         this.rigid2D = GetComponent<Rigidbody2D>();
19         this.animator = GetComponent<Animator>();
20     }
21
22     void Update()
23     {
24         // 跳躍
25         if (Input.GetMouseButtonDown(0) &&
               this.rigid2D.velocity.y == 0)
26         {
27             this.animator.SetTrigger("JumpTrigger");
28             this.rigid2D.AddForce(transform.up * this.jumpForce);
29         }
30
31         // 左右移動
32         int key = 0;
33         if (Input.acceleration.x > this.threshold) key = 1;
34         if (Input.acceleration.x < -this.threshold) key = -1;
35
36         // 角色的速度
37         float speedx = Mathf.Abs(this.rigid2D.velocity.x);
38
39         // 速度上限
40         if (speedx < this.maxWalkSpeed)
41         {
42             this.rigid2D.AddForce(
```

```
                    transform.right * key * this.walkForce);
43          }
44
45          // 隨移動轉向
46          if (key != 0)
47          {
48              transform.localScale = new Vector3(key, 1, 1);
49          }
50
51          // 根據角色速度調整動畫速度
52          if (this.rigid2D.velocity.y == 0)
53          {
54              this.animator.speed = speedx / 2.0f;
55          }
56          else
57          {
58              this.animator.speed = 1.0f;
59          }
60
61          // 跑出畫面就重新開始
62          if (transform.position.y < -10)
63          {
64              SceneManager.LoadScene("GameScene");
65          }
66      }
67
68      // 抵達終點
69      void OnTriggerEnter2D(Collider2D other)
70      {
71          Debug.Log("終點");
72          SceneManager.LoadScene("ClearScene");
73      }
74 }
```

　　使用 Animator 元件的 `SetTrigger()`，就能在腳本裡開啟設置於 Animator Controller 的 Jump Trigger。在引數傳入想要開啟的 Trigger 名稱字串，`SetTrigger()` 就會啟動 Trigger、切換動畫。這裡傳入了前面建好的 JumpTrigger，就能從 Walk 動畫切換成 Jump 動畫。

　　再來，本來的程式是設計成「角色沒有左右移動的時候就不播放動畫」（見 6-6-5），可是這樣角色向正上方跳躍的時候就不會有跳躍動畫了，要修改一下。第 52 到 59 行把程式碼改為先判斷角色的 Y 軸移動速度，如果速度不是 0（正在跳躍中），就設定動畫播放速度為 1.0；如果速度是 0，就不是在跳躍中，可以隨移動速度調整動畫速度。

　　Jump 動畫已經設定完成。執行遊戲，確認動畫的效果吧。

Memo

Chapter 7

3D 遊戲

來製作 3D 的遊戲空間和特效吧！

在前面的章節都是製作 2D 遊戲，第 7 章要開始介紹 3D 遊戲的製作。在過程中，也會同時學習 Unity 內建的地形產生工具「Terrain」，以及粒子（particle）特效。

本章學習重點

- 製作 3D 遊戲
- 建立 3D 地形
- 建立粒子（particle）特效

7-1 遊戲設計

前面的章節都是製作 2D 遊戲，第 7 章與第 8 章要開始挑戰 3D 遊戲了。一般而言，製作 3D 遊戲會比製作 2D 遊戲難上許多，但 Unity 會替我們處理好最困難的計算，簡化 3D 遊戲的製作流程，感覺和製作 2D 遊戲不會有太大的差別。一起在這一章實際體會吧。

7-1-1 遊戲企劃

由於這是首次製作 3D 遊戲，比起把遊戲做得有趣好玩，我們選擇先製作一個用來熟悉 3D 功能的範例遊戲。遊戲的示意圖如 Fig 7-1 所示，觸碰畫面後，栗子就會朝觸碰的地方飛出去，栗子碰到標靶的時候就會出現特效，然後黏在標靶上。

`Fig.7-1` 本章預計製作的遊戲畫面

7-1-2 遊戲的設計步驟

我們依照之前的流程，根據 Fig 7-1 的示意圖來設計遊戲。

Step ❶ 列出遊戲畫面上所有需要的物件

Step ❷ 規劃讓物件動起來的控制器腳本

Step ❸ 規劃自動製造物件的產生器腳本

Step ❹ 規劃更新 UI 的導演腳本

Step ❺ 思考編寫腳本的順序

Step ① 列出遊戲畫面上所有需要的物件

根據遊戲示意圖，列出畫面中的物件吧。不像之前只用一張圖片作為背景，這次 3D 遊戲的背景是由樹木、地面等不同物件組合而成的。除了這些背景物件，還有標靶與栗子。

Fig.7-2　列出遊戲畫面上的物件

栗子　　　樹木　　　標靶　　　地面

Step ② 規劃讓物件動起來的控制器腳本

再來要找出動作物件。朝觸碰點飛去的栗子就屬於動作物件。

Fig.7-3　找出動作物件

栗子　　　樹木　　　標靶　　　地面

動作物件需要有控制器腳本。看來這次需要的控制器腳本就是「栗子控制器」了。

Step ③ 規劃自動製造物件的產生器腳本

這個步驟要尋找會在遊戲過程中出現的物件。這次的遊戲在觸碰畫面時就會丟出栗子，因此栗子屬於會在遊戲執行時出現的物件。

Fig.7-4 列出遊戲過程中出現的物件

栗子　　　樹木　　　標靶　　　地面

我們需要工廠物件，在遊戲執行過程自動製造新物件。因為要建立栗子工廠，所以需要準備栗子產生器腳本。

Step ④ 規劃更新 UI 的導演腳本

導演物件負責在每個場景管理 UI 與遊戲進度。但這次要做的遊戲並沒有 UI 或是場景切換，所以不需要導演。

Step ⑤ 思考編寫腳本的順序

前面已經列出製作遊戲需要的腳本，在 Step 5 要進一步思考這些腳本的製作順序。3D 遊戲跟 2D 遊戲一樣，可以依照**控制器腳本 → 產生器腳本 → 導演腳本**的順序製作。我們也先在這個步驟大概思考一下栗子控制器與栗子產生器需要有哪些功能吧。

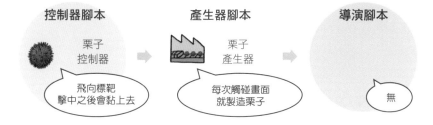

Fig.7-5　腳本的編寫順序

控制器腳本　　　　　產生器腳本　　　　　導演腳本

栗子
控制器　　　　　　　栗子
　　　　　　　　　　產生器

飛向標靶
擊中之後會黏上去　　每次觸碰畫面
　　　　　　　　　　就製造栗子　　　　　無

栗子控制器

在玩家觸碰畫面的同時，從相機前方把栗子丟向觸碰的位置；如果丟中標靶，就停在標靶上。此外，在丟中標靶的瞬間會出現擊中的特效。

栗子產生器

每次觸碰畫面就製造出一顆栗子。

雖然這次做的是 3D 遊戲，但**製作遊戲的流程與 2D 遊戲大同小異**。本書所介紹的遊戲製作流程，同時適合於 2D 與 3D 遊戲，非常實用吧！本次遊戲的製作流程統整在 Fig 7-6。

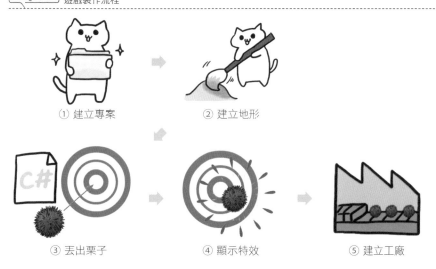

Fig.7-6　遊戲製作流程

① 建立專案　　　② 建立地形

③ 丟出栗子　　　④ 顯示特效　　　⑤ 建立工廠

7-2 建立專案與場景

① 建立專案　　② 建立地形　　③ 丟出栗子　　④ 顯示特效　　⑤ 建立工廠

7-2-1 建立專案

從建立專案開始吧。請在開啟 Unity Hub 後，點選畫面上的新專案，再從所有範本裡選擇 3D，在專案名稱欄位輸入 Igaguri。**第 7 章要製作的是 3D 遊戲，這次不能再選 2D 了喔。**

再按下畫面右下角藍色的建立專案按鈕，就能在指定資料夾建好專案，並啟動 Unity 編輯器。

選擇範本 → 3D

建立專案 → Igaguri

把素材加進專案

開啟 Unity 編輯器後，先加入本章遊戲會用到的素材。在書附檔案開啟 chapter7 資料夾，將裡面的素材都拖放到專案視窗。

URL 本書的書附檔案

https://www.flag.com.tw/bk/st/F3589

這次用到的素材檔案功用如 Table 7-1 所示，表內的 fbx 檔案是一種廣泛使用的 3D 模型格式。

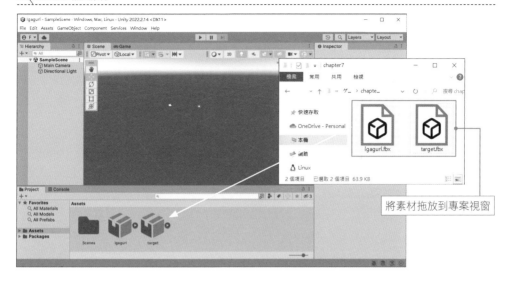

Fig.7-7 加入素材

將素材拖放到專案視窗

Table7-1 各個素材檔案的類型與功用

檔案名稱	檔案類型	功用
igaguri.fbx	fbx 檔案	栗子的 3D 模型
target.fbs	fbx 檔案	標靶的 3D 模型

Fig.7-8 用到的素材

igaguri.fbx　　　target.fbx

>Tips< **適用於 Unity 的 3D 模型檔案格式**

除了常見的 fbx、obj，Unity 也可以直接處理 Maya、Max、Blender、Modo 等 3DCG
軟體的檔案（只是電腦必須先安裝這些 3DCG 軟體，才能把檔案匯入 Unity）。

7-2-2 手機的執行設定

接著調整手機的 build 設定。在工具列點選 File → Build Settings，開啟 Build Settings 視窗後，在 Platform 欄位選擇 iOS 或 Android，再點擊 Switch Platform 按鈕。詳細步驟請參考 3-2-2。

設定畫面尺寸

再來設定遊戲畫面尺寸，我們這次要做的是橫式遊戲。請點擊 Game 分頁切換到遊戲視窗，打開遊戲視窗左上角設定畫面尺寸的下拉式選單（aspect），依照使用的手機選擇。本書所選的是 iPhone 11 Pro 2436×1125 Landscape。詳細步驟請參考 3-2-2。

7-2-3 儲存場景

接著建立場景。點選工具列的 File → Save As，把場景名稱儲存成 GameScene。儲存完畢後，在 Unity 編輯器的專案視窗會出現場景的小圖示。詳細步驟請參考 3-2-3。

建立場景 → GameScene

Fig.7-9 完成場景建立後的狀態

成功儲存場景

在階層視窗會看到多了一個 Directional Light。這就是照亮遊戲世界的光源，一般當成太陽或是燈光來使用，也可以用於製造陰影。

7-3 用 Terrain 製作地形

① 建立專案 → ② 建立地形 → ③ 丟出栗子 → ④ 顯示特效 → ⑤ 建立工廠

7-3-1 3D 遊戲的座標方向

　　我們在這一節會完成遊戲空間的設置。建好專案後，會看到 Main Camera 設置成朝向遊戲空間的原點，如 Fig 7-10 所示。這部分在 1-5-2 有相關說明。從相機視角看出去，X 軸的方向是左右、Y 軸的方向是上下，Z 軸則指向畫面內側。

Fig.7-10 從相機角度看到的遊戲空間

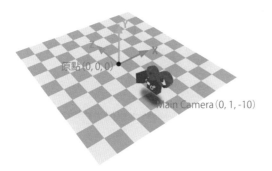

原點(0, 0, 0)

Main Camera (0, 1, -10)

　　設置 3D 物件時，經常需要旋轉遊戲空間，很容易就會發生空間迷向 ※，分不清方向。**此時仰賴的羅盤，就是場景視窗右上方的 Gizmo**（Fig 7-11）。在製作過程要隨時注意 Gizmo，確認自身方向。

※ 空間迷向（spatial disorientation）
飛機在雲層裡，飛行員無法分辨上下方向，搞不清楚飛機正往何方飛行的現象。製作 3D 遊戲時也很容易發生。

Fig.7-11　用 Gizmo 確認方向

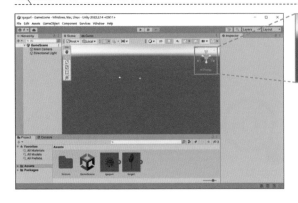

Gizmo 是辨識 3D 空間的羅盤。建立 3D 空間時，請隨時透過 Gizmo 確認畫面方向

7-3-2 Terrain 是什麼

接著從設置場景的地形開始。本章使用的 Terrain 是 Unity 內建的地形物件，**可以直接「畫」出山脈、河流等地勢**，而草地、沙地等紋理也能像顏料上色一樣製作，只要在地面塗一下，就會長出 3D 的樹木和草原。

Fig.7-12　Terrain 是什麼

7-3-3 設置 Terrain

　　來看看該如何在場景設置 Terrain。點擊 Scene 分頁後，在階層視窗選擇 + → 3D Object → Terrain，場景視窗就會出現一個巨大正方形，這樣就成功把 Terrain 設置到場景視窗裡了。接著只要調整 Terrain 的形狀、貼上紋理，就能做出地面。

Fig.7-13 在場景設置 Terrain

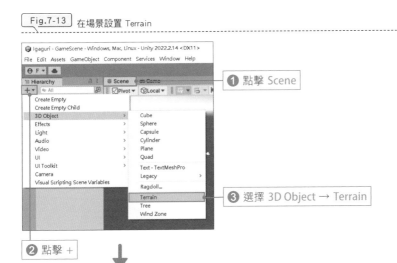

① 點擊 Scene

③ 選擇 3D Object → Terrain

② 點擊 +

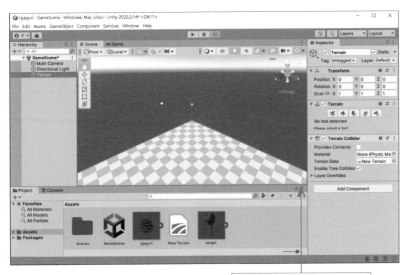

④ 在場景視窗設置了 Terrain

🐟 開啟箭頭標記

現在很難分辨 Terrain 的方向，加上方向標記之後就會比較方便判斷。請點選場景視窗左上方的**移動工具**，再點選階層視窗的 Terrain，接著點擊 Scene 分頁下方的 **Center**，改成 Pivot，在 Terrain 的角落就會出現 3 色箭頭。

Fig.7-14 顯示 3 色箭頭標記

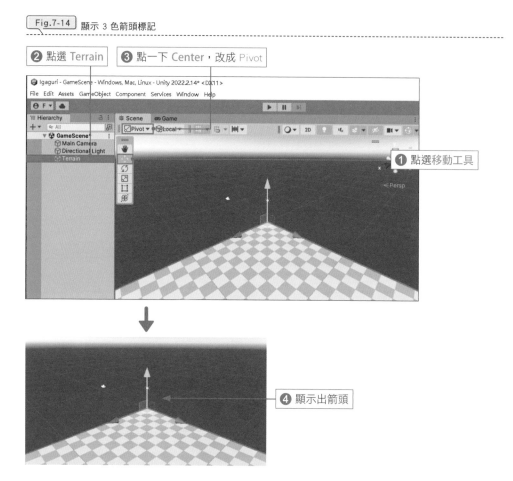

❷ 點選 Terrain ❸ 點一下 Center，改成 Pivot

❶ 點選移動工具

❹ 顯示出箭頭

🐟 旋轉視點

成功顯示出移動工具的箭頭（就像 Fig 7-14）後，為了之後方便製作，我們要把移動工具的箭頭轉到靠近畫面的這一側（Fig 7-15）。請先按著 alt 或 option，再拖曳場景視窗，就可以旋轉畫面（1-5-5）；平行移動畫面請使用手部工具（或按著滑鼠滾輪拖曳）；放大、縮小畫面請用滑鼠滾輪。

Fig.7-15 旋轉視點

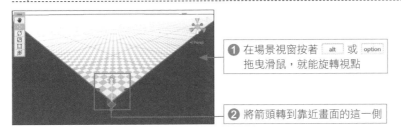

❶ 在場景視窗按著 alt 或 option
拖曳滑鼠，就能旋轉視點

❷ 將箭頭轉到靠近畫面的這一側

調整 Terrain 的位置

調整好視點後，接著調整 Terrain 的位置。如 Fig 7-16 所示，目前的原點 (0, 0, 0) 位於 Terrain 的左下角，這樣相機只能拍到 Terrain 的一小角，因此要把 Terrain 的中心點調整到原點的位置。

Fig.7-16 修改 Terrain 的位置

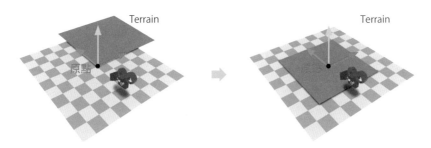

點選階層視窗的 Terrain，再把檢視視窗 Transform 的 Position 改成 -500, 0, -500。

Fig.7-17 調整 Terrain 的位置

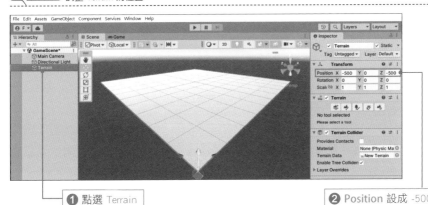

❶ 點選 Terrain

❷ Position 設成 -500, 0, -500

加上地勢起伏

接下來在 Terrain 加上地勢的起伏。點選階層視窗的 Terrain，再按下檢視視窗 Terrain 的 Paint Terrain 按鈕，在下拉式選單選擇 Raise or Lower Terrain。

把滑鼠游標移到場景視窗的 Terrain 上，會出現藍色圓形，這個圓形就是地面隆起的範圍。

Fig.7-18 設定地面起伏

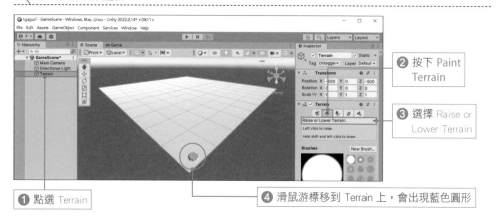

② 按下 Paint Terrain

③ 選擇 Raise or Lower Terrain

① 點選 Terrain

④ 滑鼠游標移到 Terrain 上，會出現藍色圓形

以這個狀態在 Terrain 上拖曳，經過的地方就會隆起。使用 Terrain 就能像這樣「畫」出 3D 地形，是不是很方便呀！

Fig.7-19 畫出山丘

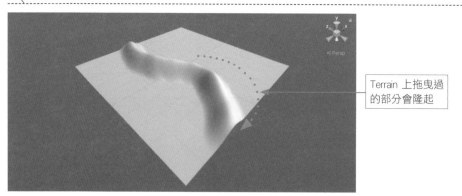

Terrain 上拖曳過的部分會隆起

筆刷的種類、粗細、效果強弱等等設定，都能在檢視視窗調整。各工具的功能如 Fig 7-20 所示，請大家都試試看吧。

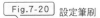
Fig.7-20 設定筆刷

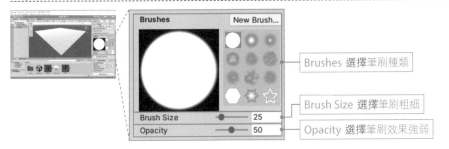

Brushes 選擇筆刷種類

Brush Size 選擇筆刷粗細

Opacity 選擇筆刷效果強弱

把剛剛試做的山脈變回平地吧。按著 Shift 同時在 Terrain 上拖曳,就能移除突起的地形,但最多只能削回平地。如果想做出河川或溪谷,必須先墊高周圍的地形才行。

Fig.7-21 削除山丘

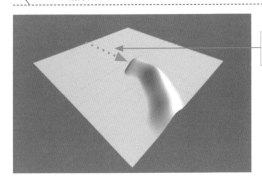

按下 Shift 鍵同時拖曳,
可以降低地勢高度

請參考 Fig 7-22 的示意圖,製作相機視角的遠方(+ Z 軸方向)的山脈。接下來各個步驟的座標都很重要,請隨時注意 Gizmo 確認方向。

Fig.7-22 山脈的設置方向

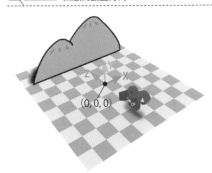

(0, 0, 0)

請參考 Fig 7-23 在 +Z 軸方向製作山脈（注意 Gizmo 的方向）。範例中是用 builtin_brush_2、**Brush Size** 設為 150、**Opacity** 設為 50。山脈在這次的遊戲裡只是背景，不會影響遊戲內容，不需要做得跟圖片一模一樣。

Fig.7-23 製作山脈

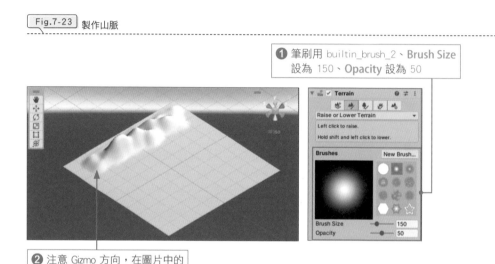

❶ 筆刷用 builtin_brush_2、**Brush Size** 設為 150、**Opacity** 設為 50

❷ 注意 Gizmo 方向，在圖片中的位置（+Z 軸方向）製作山脈

完成後，請執行遊戲，檢查剛才製作的山脈外觀。相機原本就是朝向 +Z 軸，所以我們會看到整片的山脈在畫面遠方。

Fig.7-24 執行遊戲檢查地形外觀

山脈的外觀

7-3-4 在 Terrain 塗上紋理

雖然做出地形起伏了，但外觀看起來是一片全白，好像一排雪山一樣。我們可以再貼上草木砂石等紋理，讓山脈更顯生機。前面提過，Terrain 可以「畫」出地形上的紋理，概念就像 Fig 7-25，**先建立紋理筆刷，然後塗在地形上**就可以了。

Fig.7-25 使用紋理筆刷

草地紋理　沙地紋理　水面紋理

我們要先有草地、沙地的紋理才能做出這些筆刷，這些**草、樹、水等紋理，以及樹木的 3D 模型，都可以在 Asset Store 下載**，但是必須先登入 Unity 帳號。

打開網頁瀏覽器，輸入下列網址連到 Asset Store 網站。

URL Unity Asset Store

https://assetstore.unity.com/

這次我們打算在山脈畫上紋理，還要放置一些樹木的 3D 模型，所以會下載兩個 asset。在 Asset Store 上方的搜尋欄位中輸入 free fantasy terrain textures，選擇搜尋結果中的「FREE Fantasy Terrain Textures」。

Fig.7-26 選擇 Assets

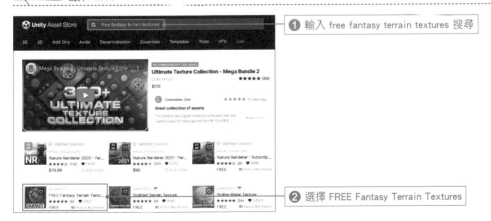

❶ 輸入 free fantasy terrain textures 搜尋

❷ 選擇 FREE Fantasy Terrain Textures

點一下 Standard Assets 的 **Add to My Assets** 按鈕，如果跳出登入請求就先登入 Unity 帳號，然後按下使用條款的 **Accept** 按鈕。畫面上出現 Added to My Assets 後，點擊 **Open in Unity**，並允許在 Unity 開啟。回到 Unity 編輯器，在 Package Manager 畫面的 Package 下拉式選單點選 **My Asset**，選擇下載好的 FREE Fantasy Terrain Textures，再依序按下 **Download** → **Import**。

Fig.7-27 匯入 asset

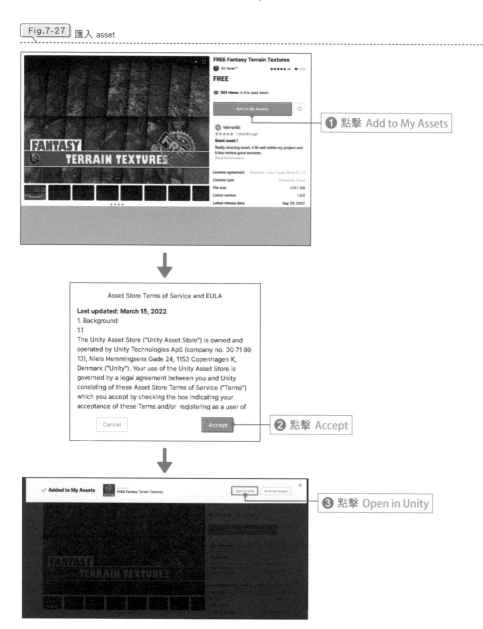

❶ 點擊 Add to My Assets

❷ 點擊 Accept

❸ 點擊 Open in Unity

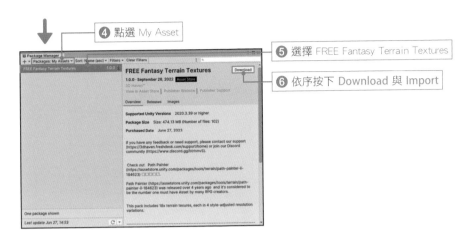

④ 點選 My Asset

⑤ 選擇 FREE Fantasy Terrain Textures

⑥ 依序按下 Download 與 Import

跳出 Import Unity Package 視窗後請選取 FREE Fantasy Terrain Textures →
Textures → 512 Resolution → 3DH FTT Grass_002 Grass_001a 512.png 和 3DH
FTT Rocks_001 512.png，然後按下 Import 鈕開始匯入資源。

Fig.7-28　匯入 3D 模型與紋理

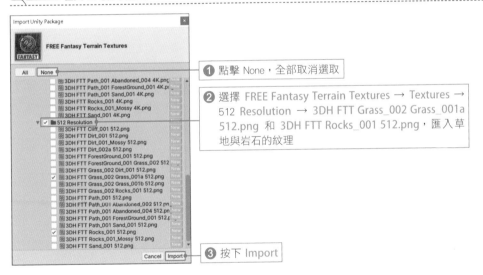

❶ 點擊 None，全部取消選取

❷ 選擇 FREE Fantasy Terrain Textures → Textures →
512 Resolution → 3DH FTT Grass_002 Grass_001a
512.png 和 3DH FTT Rocks_001 512.png，匯入草
地與岩石的紋理

❸ 按下 Import

草地紋理

點選 Scene 分頁回到場景視窗，製作草地與岩石的紋理筆刷。先從草地紋理筆刷
開始。製作紋理筆刷時，請先點選階層視窗裡的 Terrain，再點擊檢視視窗的 Paint
Terrain 按鈕，選取下拉式選單的 Paint Texture，然後選擇 Terrain Layers 元件的
Edit Terrain Layers → Create Layer（Fig 7-29）。

Fig.7-29 建立紋理

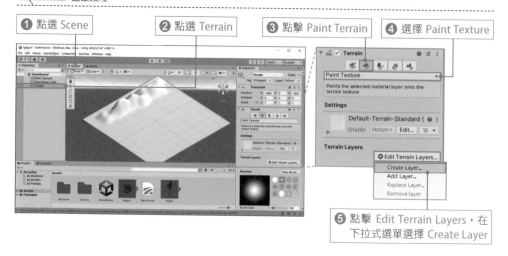

❶ 點選 Scene　　❷ 點選 Terrain　　❸ 點擊 Paint Terrain　　❹ 選擇 Paint Texture

❺ 點擊 Edit Terrain Layers，在下拉式選單選擇 Create Layer

跳出 Select Texture2D 視窗後，請雙擊 3DH FTT Grass_002 Grass_001a 512.png。

Fig.7-30 選擇紋理

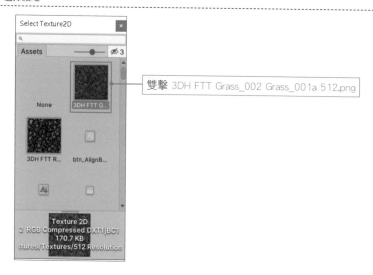

雙擊 3DH FTT Grass_002 Grass_001a 512.png

　　這樣就完成草地紋理筆刷了。請像 Fig 7-31 那樣，用現在所選的紋理塗滿 Terrain（在某些 Unity 版本會發生無法塗滿的情況，此時請到 **Terrain Layer** 點選新增的紋理再繼續進行）。

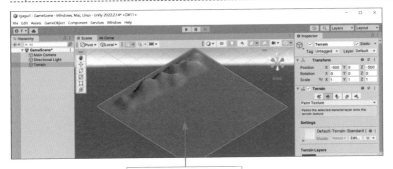

Fig.7-31 確認紋理

用所選的紋理填滿地形

岩石紋理

接著製作岩石紋理筆刷，用來塗出山頂。步驟與前面相同，點擊檢視視窗中 Terrain 的 Paint Terrain 按鈕，在下拉式選單裡選擇 Paint Texture，再選擇 Terrain Layers 元件的 Edit Terrain Layers → Create Layer。

跳出 Select Texture2D 視窗後，雙擊 3DH FTT Rocks_001 512.png（第 2 個紋理開始就不會塗滿整個地形）。

Fig.7-32 選擇紋理

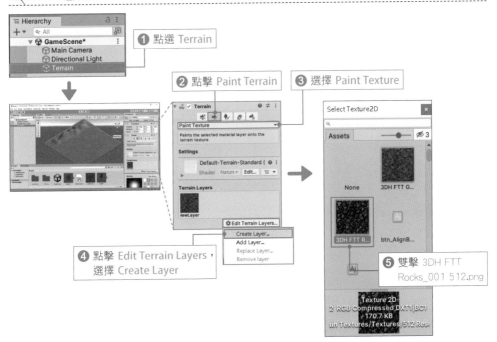

❶ 點選 Terrain

❷ 點擊 Paint Terrain

❸ 選擇 Paint Texture

❹ 點擊 Edit Terrain Layers，選擇 Create Layer

❺ 雙擊 3DH FTT Rocks_001 512.png

回到檢視視窗，到 Terrain Layer 欄位選擇剛剛新增的岩石紋理，選好後，再設定 Brushes 的 Brush Size 為 60，然後在山頂附近開始拖曳。使用方式與前面加上山脈時類似，拖曳過的地方就會貼上岩石紋理。

Fig.7-33 塗上紋理

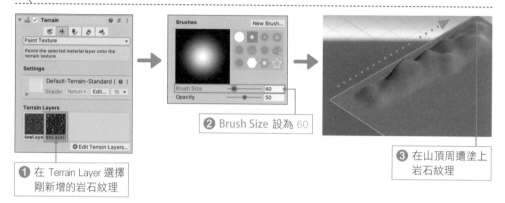

❷ Brush Size 設為 60

❸ 在山頂周遭塗上岩石紋理

❶ 在 Terrain Layer 選擇剛新增的岩石紋理

請再次執行遊戲確認外觀。可以看到輕輕鬆鬆就建好山脈了！

但目前的視角有點過低（太接近地面），因此需要再調整一下相機的位置。

Fig.7-34 確認外觀

⌒Tips⌒ 消除 Terrain 上的白色反光

某些 Unity 版本的 Terrain 地面會像下圖一樣出現白色反光，下列步驟可以消除反光。

Fig.7-35 白色反光

在專案視窗開啟 Assets/3D Haven/FREE Fantasy Terrain Textures/Textures/512 Resolution 資料夾，選擇 3DH FTT Grass_002 Grass_001a 512.png 後，再看到檢視視窗。

Fig.7-36 在專案視窗選擇紋理檔案

① 在專案視窗的資料夾找到檔案　② 選擇 3DH FTT Grass_002 Grass_001a 512.png

在檢視視窗把 Alpha Source 欄位改成 From Gray Scale，再點擊畫面下方的 Apply 按鈕。

Fig.7-37 設定草地紋理的 Alpha Source

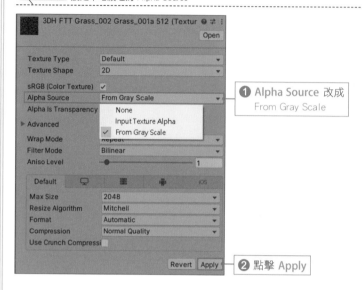

同樣的，專案視窗裡的 3DH FTT Rocks_001 512.png 也要修改。把檢視視窗的 Alpha Source 欄位改成 From Gray Scale，再點擊畫面下方的 Apply 按鈕。

Fig.7-38 設定岩石紋理的 Alpha Source

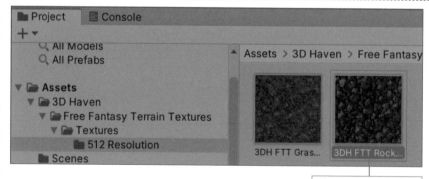

設定完成後，Terrain 的白色反光部分就消失了。結束上述步驟後，記得點回專案視窗的 Assets 資料夾。

▤▤ 7-3-5 調整相機位置

預設的相機位置太低了，應該要稍微提高視線的位置。請點選階層視窗的 Main
Camera，把檢視視窗 Transform 的 Position 設為 0, 5, -10。

Fig.7-39 調整相機位置

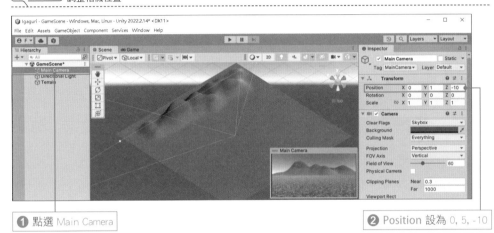

❶ 點選 Main Camera

❷ Position 設為 0, 5, -10

再次執行遊戲，確認調整視線高度的效果。請特別留意地面紋理的呈現，是不是
跟之前不一樣了呢？

Fig.7-40 以相機視角確認畫面

相機高度為 1   相機高度為 5

7-3-6 在地面種樹

Fig 7-40 的遊戲空間看起來依然十分單調。我們在山腳處加上樹木吧。前面在設置紋理的時候使用了紋理筆刷，同樣的，我們也可以下載 3D 模型樹木的 asset，製作 3D 樹木筆刷，在山腳「畫」出樹木。

Fig.7-41　用筆刷塗出樹木

請比照 Fig 7-26 到 Fig 7-28 的說明，到 Asset Store 搜尋 Mobile Tree Package，點擊 Add to My Assets 之後，在 Unity 編輯器的 Package Manager 裡面找到 Mobile Tree Package，點擊 Download、再點擊 Import。由於這個 asset 佔用的體積非常小，直接全選再點 Import 即可。

樹木筆刷的製作方法如 Fig 7-42 所示。先點選階層視窗的 Terrain，再到 Terrain 的檢視視窗，按下 Paint Trees 按鈕，在 Trees 元件選擇 Edit Trees → Add Tree。跳出 Add Tree 視窗後，請點擊 Tree Prefab 欄位右邊的 ⊙，選擇 baum hd pine fbx，然後按下 Add 按鈕。

Fig.7-42　建立樹木筆刷

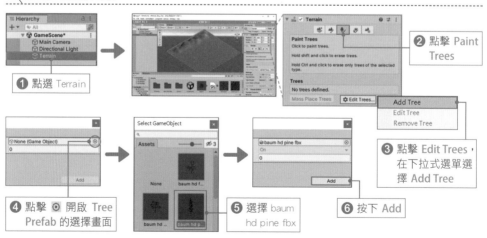

做出筆刷後，請照著 Fig 7-43 調整**筆刷粗細、樹木密度、樹木高度**。各個設定項目的功用請見 Table 7-2。針對我們這次製作的遊戲，請把 Brush Size 設成 60、Tree Density 設成 30、取消勾選 Tree Height 的 Random? 並設成 1.8。設定完成後請在山腳的位置拖曳，把樹種在想種的位置。

Fig.7-43　設定筆刷

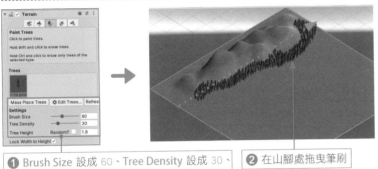

❶ Brush Size 設成 60、Tree Density 設成 30、Tree Height 取消勾選 Random? 並設成 1.8

❷ 在山腳處拖曳筆刷

Table7-2　筆刷的設定項目

設定項目	功用
Brush Size	筆刷粗細
Tree Density	樹木密度
Tree Height	樹木高度
Lock Width to Height	固定寬度與高度的比例
Random Tree Rotation	隨機旋轉樹木

執行遊戲，確認目前的景色。相機是朝著 +Z 軸方向，請留意樹木是否設置在山脈的前面。

Fig.7-44　確認景色外觀

在山腳種好樹了

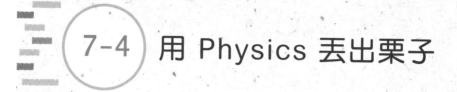

7-4 用 Physics 丟出栗子

① 建立專案　②建立地形　③丟出栗子　④顯示特效　⑤建立工廠

7-4-1 設置標靶

　　我們已經在 7-3 節完成遊戲空間了，7-4 節則是要在空間內設置標靶，並完成向標靶丟出栗子的功能。因為栗子的動作需要符合物理特性，這裡就跟第 6 章一樣，可以運用 Physics 來完成。

　　第一步是設置標靶的 3D 物件。物件的設置方法不分 2D、3D，都是**把素材從專案視窗拖放至場景視窗，再到檢視視窗調整座標**。事先想好要設置在 3D 空間的哪個位置是很重要的事，這次我們要把標靶放在「從相機視角看過去的樹木前方」。

Fig.7-45　標靶位置示意圖

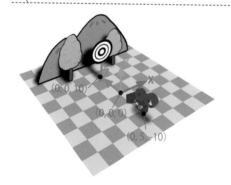

　　請選取專案視窗的 3D 模型 target，拖放到場景視窗，再到檢視視窗把 Transform 的 Position 設成 0, 0, 10，讓標靶設置在樹木與相機之間。在微調位置的時候可以稍微縮放、旋轉視點，操作會更加順手。

Fig.7-46 在場景視窗設置標靶

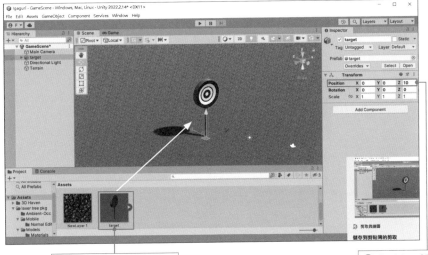

1 target 拖放到場景視窗

2 Position 設成 0, 0, 10

　　我們想知道栗子是否擊中標靶,所以需要在標靶附加碰撞體。不過,Unity 沒有內建適合標靶的圓筒形碰撞體,只能用方塊形的碰撞體替代。

　　選取階層視窗的 target,再按下檢視窗的 **Add Component** 按鈕,選擇 **Physics → Box Collider**。前面製作 2D 遊戲的時候,用的都是名稱裡有「2D」的碰撞體,而在 3D 遊戲所用的是名稱裡面沒有「2D」的碰撞體。

Fig.7-47 在標靶附加碰撞體

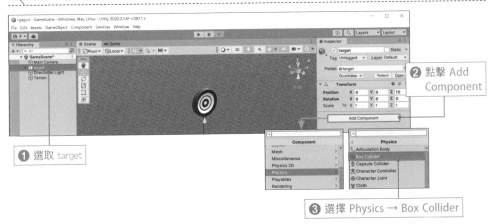

2 點擊 Add Component

1 選取 target

3 選擇 Physics → Box Collider

　　再來要調整參數,讓整個靶面都在碰撞體的範圍內。選取階層視窗的 target,把檢視窗 Box Collider 的 Center 設成 0, 6.5, 0、Size 設成 3.8, 3.8, 1(Fig 7-48)。

Fig.7-48　調整碰撞體的位置

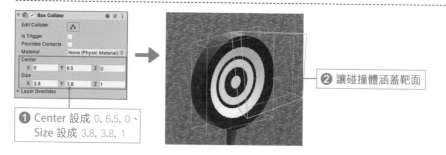

❷ 讓碰撞體涵蓋靶面

❶ Center 設成 0, 6.5, 0、
Size 設成 3.8, 3.8, 1

　　標靶設置完成後，接著就是丟出栗子。請依照建立動作物件的步驟：**在場景設置物件 → 寫腳本 → 附加**，完成丟出栗子的功能。

> 🐾 **建立動作物件的步驟** 重要！
> ❶ 把物件放進場景視窗
> ❷ 編寫動作的腳本
> ❸ 把寫好的腳本附加到物件上

7-4-2　在場景設置栗子

　　來設置栗子吧。因為栗子必須從相機前飛向標靶，所以需要像 Fig 7-49 將栗子設置在相機前方。

　　在專案視窗選取 igaguri，拖放到場景視窗，再到檢視視窗把 Transform 的 Position 設成 0, 5, -9（Fig 7-50）。

Fig.7-49　設置栗子的示意圖

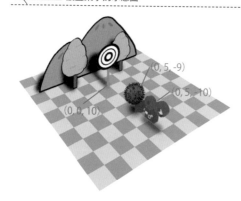

(0, 5, -9)

(0, 5, -10)

(0, 0, 10)

Fig.7-50 在場景視窗設置栗子

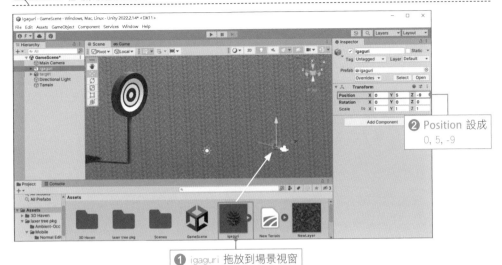

① igaguri 拖放到場景視窗

② Position 設成 0, 5, -9

7-4-3 在栗子附加 Physics

栗子的動作需要符合物理性質,所以在寫程式前,要先把剛體元件附加到栗子上 (在第 6 章提過,Physics 只是輔助工具,如果覺得這些自動功能太多餘,或是想要 自製腳本控制動作,也可以不使用 Physics)。

請選取階層視窗的 igaguri,按一下檢視視窗的 Add Component 鈕,選擇 Physics → Rigidbody。

Fig.7-51 在栗子物件附加剛體

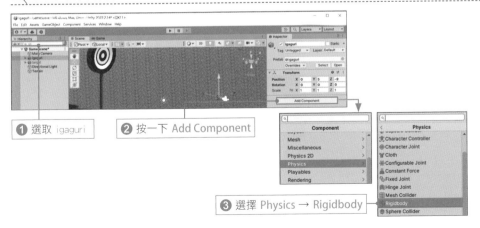

① 選取 igaguri

② 按一下 Add Component

③ 選擇 Physics → Rigidbody

為了偵測到栗子擊中標靶，栗子也需要附加碰撞體元件。請到檢視視窗選擇 Add Component → Physics → Sphere Collider。

Fig.7-52 在栗子物件附加碰撞體

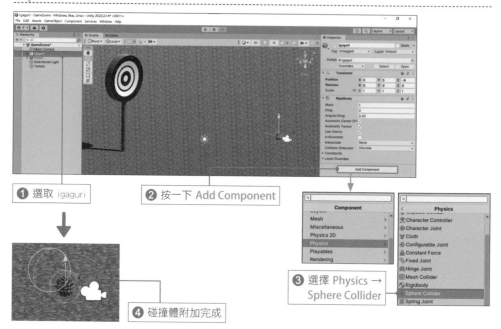

① 選取 igaguri

② 按一下 Add Component

③ 選擇 Physics →
Sphere Collider

④ 碰撞體附加完成

碰撞體比栗子大太多了，應該要縮小一點，貼合栗子的表面。選取階層視窗的 igaguri，把檢視視窗 Sphere Collider 的 Radius 設成 0.35。

Fig.7-53 調整栗子的碰撞體

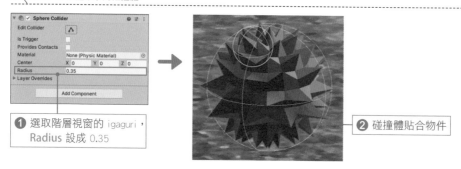

① 選取階層視窗的 igaguri，
Radius 設成 0.35

② 碰撞體貼合物件

附加上剛體與碰撞體之後，栗子的動作就會符合物理性質。請執行遊戲，確認栗子會受重力影響而掉落。

Fig.7-54 確認栗子會掉落

栗子受重力影響而掉落

7-4-4 編寫丟出栗子的腳本

要對標靶丟出栗子，就要在腳本對栗子施力（在 Physics 移動物件必須對物件施力，而不是控制座標，請見 6-5-1）。我們需要寫一個對栗子施力的栗子控制器。

在專案視窗按滑鼠右鍵，選擇 Create → C# Script，把檔名改為 IgaguriController。

製作腳本 → IgaguriController

雙擊專案視窗的 IgaguriController 開啟檔案，輸入 List 7-1 的程式碼後存檔。

List7-1 丟出栗子的腳本

```
1  using System.Collections;
2  using System.Collections.Generic;
3  using UnityEngine;
4
5  public class IgaguriController : MonoBehaviour
6  {
7      public void Shoot(Vector3 dir)
8      {
9          GetComponent<Rigidbody>().AddForce(dir);
10     }
11
12     void Start()
13     {
14         Application.targetFrameRate = 60;
15         Shoot(new Vector3(0, 200, 2000));
16     }
17 }
```

這個腳本裡寫了 Shoot() 這樣的 method，功用是朝向引數指定的方向，用 AddForce() 對物件施力（第 7 到 10 行）。設計這個 method 是為了之後實作遊戲功能的準備：可以預想，遊戲的玩法是在點擊畫面的時候丟出栗子，所以之後應該會在點擊畫面的時候呼叫「丟出栗子的 method」，也就這個 Shoot()。

第 15 行呼叫 Shoot() 的時候，傳入的引數是一個 +Z 軸方向的向量，也就是讓栗子朝遊戲的畫面內飛去。為了避免栗子在抵達標靶位置之前，就受到重力影響先掉落地面，所以在 Y 軸方向也施加了 200 單位的力。

這個腳本是在 Start() 裡面呼叫 Shoot()，所以遊戲開始的時候就會立刻發射栗子。這個設計是為了先測試「丟出栗子之後的效果」符合預期；如果一開始就想一口氣完成「點擊後丟出栗子」的功能，出錯時就會很難判斷是點擊的問題還是丟出之後的問題。

7-4-5 附加栗子的腳本

栗子控制器的腳本寫好了，接著就附加到栗子上面吧。把專案視窗的 IgaguriController 拖放到階層視窗的 igaguri 上面。

Fig.7-55 在栗子物件附加腳本

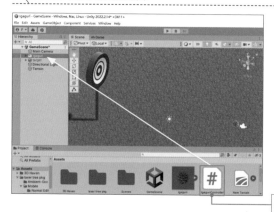

IgaguriController 拖放到 igaguri 上

檢查一下，附加腳本之後栗子會不會如預期的往畫面內飛去。請執行遊戲，應該可以看到在遊戲開始同時，栗子真的朝標靶飛出去了。

Fig.7-56 確認是否會丟出栗子

遊戲一開始栗子就朝標靶飛去

7-4-6 栗子黏在標靶上

目前栗子打中標靶後，會直接掉到地上。接著就要修改成讓打中標靶的栗子能黏在上面。其實，「黏上去」這個動作並不需要額外做黏性、物件連接之類的運算，我們只需要**在栗子打中標靶的瞬間，移除施加在栗子上的所有力（重力與丟出去的力）**就好。

由於這次的遊戲用了 Physics 的碰撞體，所以當標靶與栗子發生碰撞時，附加在物件上的腳本就會呼叫 OnCollisionEnter()（6-9-1）。就在這個 method 裡面，把施加在栗子上的力移除掉吧。

Fig.7-57 碰撞時停止栗子的動作

IgaguriController

onCollisionEnter

雙擊專案視窗的 IgaguriController 開啟檔案，參考 List 7-2 新增程式碼。

List7-2 讓栗子黏在標靶上

```
1  using System.Collections;
2  using System.Collections.Generic;
3  using UnityEngine;
4
5  public class IgaguriController : MonoBehaviour
6  {
7      public void Shoot(Vector3 dir)
8      {
9          GetComponent<Rigidbody>().AddForce(dir);
10     }
11
12     void OnCollisionEnter(Collision other)
13     {
14         GetComponent<Rigidbody>().isKinematic = true;
15     }
```

```
16
17      void Start()
18      {
19          Application.targetFrameRate = 60;
20          Shoot(new Vector3(0, 200, 2000));
21      }
22  }
```

第 12 到 15 行加入 OnCollisionEnter()，標靶與栗子發生碰撞時，就會執行這個 method。在 method 裡面把 Rigidbody 元件的 isKinematic 成員變數設為 true，這樣碰撞時就會停下栗子的動作。因為 isKinematic 設成 true，會讓物件不受所有外力影響，栗子就會停止在靶面上了（在 6-3-5 也是用這個方法防止雲朵掉落）。

請執行遊戲，確認栗子打中標靶後會黏在上面。

Fig.7-58 確認栗子黏在標靶上

栗子黏在標靶上

>Tips< 選擇專案後 Unity 就當掉了

使用某些 asset 的時候，可能會遇到開啟 Unity 就立刻當掉的情況。請先關閉 Unity，再刪除專案資料夾的裡的 Temp 與 Library 資料夾，然後再次啟動 Unity。

>Tips< 栗子的速度好快！

如果不小心寫成在 Update() 裡面呼叫 Shoot()，栗子就會以超高速飛出。注意不要寫錯了喔。

7-5 用粒子做出特效

① 建立專案　② 建立地形　③ 丟出栗子　④ 顯示特效　⑤ 建立工廠

7-5-1 粒子是什麼

我們已經成功讓栗子打中標靶並黏在上面，但栗子打中標靶時卻沒什麼反應，**應該再增加一些視覺效果，玩起來才會更有趣**。我們在這一節就替遊戲加上粒子（Particle）特效吧。

光是聽到「粒子」可能還不太了解它的功用，也可能無法想像粒子能帶來什麼效果。其實，粒子的應用範圍相當廣，只要**顯示大量粒子，並控制每顆粒子的移動、顏色、大小**，就能呈現出流水、煙霧、火焰等效果，製作遊戲特效時可少不了粒子呢。

Fig.7-59 粒子的效果

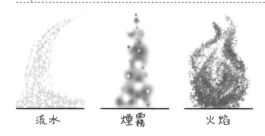

流水　　煙霧　　火焰

例如，讓很多細小的粒子各自受重力影響，就能呈現出流水的效果；讓粒子往上移動，同時調整透明度與大小，就能呈現煙霧或火焰的效果。由此可知，**用粒子製作的特效，最關鍵的地方就是微調每顆粒子的顏色、大小、速度**。

Unity 有內建的粒子元件，透過編輯器就能輕鬆調整這些參數。Fig 7-60 整理了粒子特效的常用參數。

Fig.7-60 粒子的主要參數

Duration
粒子釋出時間

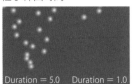

Duration = 5.0　Duration = 1.0

Looping
持續釋出粒子

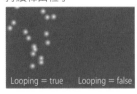

Looping = true　Looping = false

Start Delay
粒子釋出延遲時間

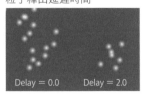

Delay = 0.0　Delay = 2.0

Start Lifetime
粒子的壽命

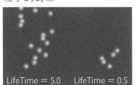

LifeTime = 5.0　LifeTime = 0.5

Start Speed
粒子的速度

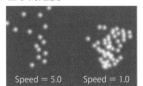

Speed = 5.0　Speed = 1.0

Start Size
粒子釋出的大小

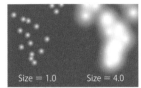

Size = 1.0　Size = 4.0

Start Color
粒子初始顏色

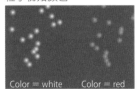

Color = white　Color = red

Gravity Modifier
粒子承受的重力

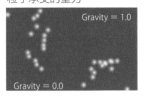

Gravity = 1.0

Gravity = 0.0

Max Particles
粒子數上限

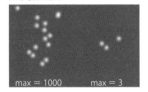

max = 1000　max = 3

Rate over Time
每秒粒子數

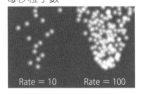

Rate = 10　Rate = 100

Bursts
指定時間粒子數

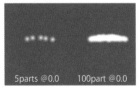

5parts @0.0　100part @0.0

Shape
粒子的釋出形狀

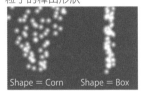

Shape = Corn　Shape = Box

加入栗子打中標靶時的粒子特效吧。如 Fig 7-61 所示，打中標靶同時要顯示飛濺的特效。

Fig.7-61 碰撞特效示意圖

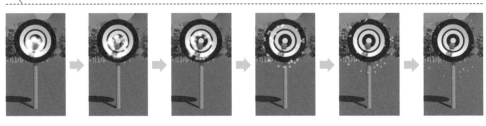

7-5-2 顯示飛濺特效

加入粒子特效的步驟如下，一共有 3 個步驟：

> **加入粒子特效的步驟** 重要！
> ❶ 將 ParticleSystem 元件附加到物件上
> ❷ 調整 ParticleSystem 元件的參數，建立特效
> ❸ 用腳本播放粒子特效

將 ParticleSystem 元件附加到栗子上

首先，點選階層視窗的 igaguri，再按下檢視視窗的 Add Component 鈕，選擇 Effects → ParticleSystem。

Fig.7-62 附加 ParticleSystem 元件

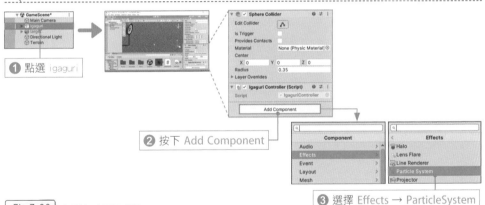

❶ 點選 igaguri

❷ 按下 Add Component

❸ 選擇 Effects → ParticleSystem

Fig.7-63 確認粒子的顯示效果

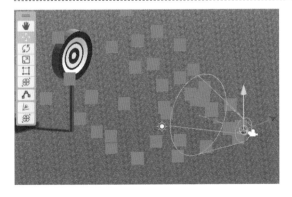

可以在場景視窗看到，從栗子釋出了很多粉紅色的方形，這個就是粒子（Fig 7-63）。但是目前的狀態，跟我們想呈現的飛濺效果還差了十萬八千里。所以接下來就要逐步調整 ParticleSystem 的參數。

🐟 設定粒子的材質

粉紅方形是粒子尚未設定材質（material）的狀態。我們先把釋出的粒子設定成目標的白色顆粒。

請點選階層視窗的 igaguri，再找到檢視視窗的 ParticleSystem 元件，點擊最底下的 Renderer，開啟後點一下 Material 的 ⊙。

Fig.7-64 設定材質 ①

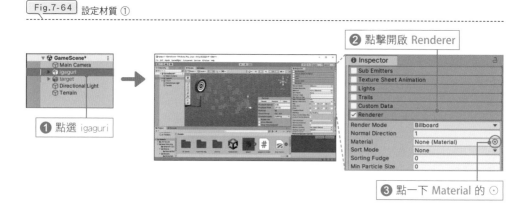

❷ 點擊開啟 Renderer

❶ 點選 igaguri

❸ 點一下 Material 的 ⊙

跳出 Select Material 視窗後，選擇 Default-Particle。回到場景視窗，剛剛的粉紅方形應該變成白色顆粒了。

Fig.7-65 設定材質 ②

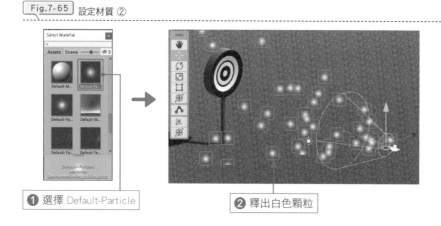

❶ 選擇 Default-Particle

❷ 釋出白色顆粒

接著調整粒子的釋出形狀。目前的釋出形狀是像仙女棒的圓錐狀，我們要改成像夜空煙火的球狀。

選取階層視窗的 igaguri，再點擊檢視視窗 ParticleSystem 的 Shape，開啟後把 Shape 更改成 Sphere，並將 Radius 設成 0.01，調小釋出半徑。

完成修正後，再回到場景視窗確認效果。

Fig.7-66 調整粒子釋出的形狀

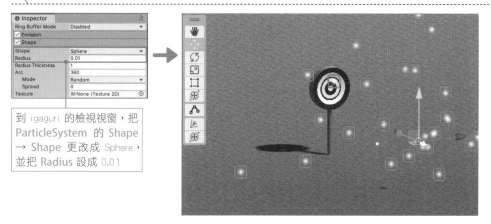

到 igaguri 的檢視視窗，把 ParticleSystem 的 Shape → Shape 更改成 Sphere，並把 Radius 設成 0.01

看起來比剛才更接近飛濺效果了。接著再調整粒子的釋出模式。目前的粒子特效是設定成持續釋出，我們要先改成間歇釋出，之後才能改成在指定時機（命中標靶）釋出。

只要設定 Particle System 的 Emission 參數，就能改變粒子的釋出模式。其中的 Rate 數值是設定每秒出現的粒子數量，Bursts 數值則是設定在特定的時間點釋出的粒子數量。

Fig.7-67 調整粒子的釋出量

這次製作的遊戲不需要持續出現粒子，請到檢視視窗的 Particle System 元件，點擊 Emission 開啟後，把 Rate over Time 設成 0。接著點擊 Bursts 右下方的 +，把 Time 設成 0、Count 設成 50，做出栗子在碰撞瞬間釋出粒子的效果。

Fig.7-68 設定粒子的參數

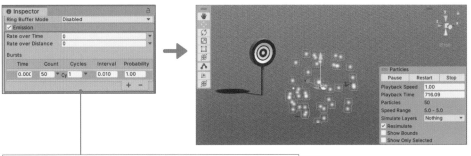

Particle System 元件的 Emission → Rate over Time 設成 0；
點擊 Bursts 右下方的 + 後，把 Time 設成 0、Count 設成 50

　　越來越有飛濺特效的樣子了！接下來調整粒子在空中停留太久才消失的部分。請把 Duration 與 Start Lifetime 設為 1（1 秒），縮短粒子特效的播放時間。Duration 代表特效的播放時間，Start Lifetime 代表粒子的顯示時間。

Fig.7-69 調整粒子的顯示時間

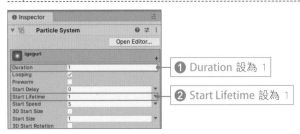

❶ Duration 設為 1

❷ Start Lifetime 設為 1

　　把粒子設定成更自然地消失（淡出）吧。要讓粒子自然、流暢地消失，主要有兩種做法。一種是漸漸提高粒子透明度，讓粒子變得看不見；另一種是是慢慢縮小粒子尺寸直到消失。這次選擇第二種來實作。

讓粒子大小隨時間變化的參數是 Size over Lifetime，勾選並點擊 Size 右側的灰色區域。檢視視窗最底下的 Particle System Curves 視窗（找不到的話，請把寫著 Particle System Curves 的橫條往上拖曳）可以設定粒子大小的變化。因為要讓粒子慢慢變小，所以選擇衰減曲線。設定完成後，粒子就會隨時間慢慢變小了。

Fig.7-70 調整粒子的消失方式

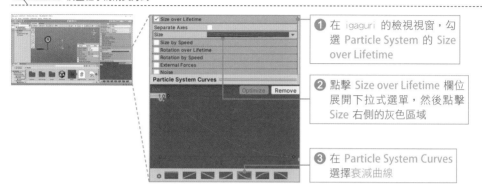

❶ 在 igaguri 的檢視視窗，勾選 Particle System 的 Size over Lifetime

❷ 點擊 Size over Lifetime 欄位展開下拉式選單，然後點擊 Size 右側的灰色區域

❸ 在 Particle System Curves 選擇衰減曲線

最後是設定播放特效的時間點。這次不用循環播放特效，所以取消勾選 Looping。此外，如果勾選 Play On Awake，在粒子所附加的物件變成 Active 狀態的同時（也就是丟出去的瞬間）就會出現特效，但我們希望栗子打到標靶後才出現，因此也要取消勾選 Play On Awake。

Fig.7-71 設定不循環播放

❶ 取消勾選 Looping

❷ 取消勾選 Play On Awake

偵測與標靶的碰撞並播放粒子特效

修改腳本，在栗子打中標靶的瞬間播放粒子特效。雙擊專案視窗的 IgaguriController 開啟檔案，參考 List 7-3 新增程式碼。

List7-3　在打中標靶瞬間播放特效

```
1  using System.Collections;
2  using System.Collections.Generic;
3  using UnityEngine;
4
5  public class IgaguriController : MonoBehaviour
6  {
7      public void Shoot(Vector3 dir)
8      {
9          GetComponent<Rigidbody>().AddForce(dir);
10     }
11
12     void OnCollisionEnter(Collision other)
13     {
14         GetComponent<Rigidbody>().isKinematic = true;
15         GetComponent<ParticleSystem>().Play();
16     }
17
18     void Start()
19     {
20         Application.targetFrameRate = 60;
21         Shoot(new Vector3(0, 200, 2000));
22     }
23  }
```

栗子打中標靶時會呼叫 OnCollisionEnter()，而 OnCollisionEnter() 裡面用 GetComponent<>() 取得 ParticleSystem 元件，並呼叫 ParticleSystem 元件的 Play() 來播放特效（第 15 行）。

請執行遊戲，確認粒子的顯示效果。

Fig.7-72　確認粒子的顯示效果

打中標靶瞬間
播放粒子特效

7-6 建立產出栗子的工廠

① 建立專案　② 建立地形　③ 丟出栗子　④ 顯示特效　⑤ 建立工廠

7-6-1 建立栗子的 Prefab

我們需要一個生產栗子的工廠，才能在每次觸碰畫面時都製造一顆栗子。建立工廠的方法與第 5 章相同，依照下列步驟進行：

> 🐾 **建立工廠的步驟** 重要！
> ❶ 用現有的物件建立 prefab
> ❷ 編寫產生器腳本
> ❸ 把產生器腳本附加到空物件上
> ❹ 把 prefab 傳進產生器腳本

首先製作栗子的 prefab。把階層視窗的 igaguri 拖放到專案視窗，然後按下彈出視窗的 **Create Variant**。新建好的 prefab 請更名為 igaguriPrefab。

> Fig.7-73　建立栗子的 prefab

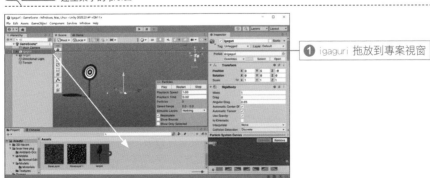

❶ igaguri 拖放到專案視窗

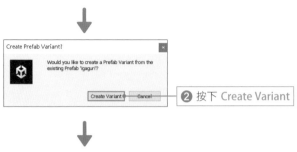

② 按下 Create Variant

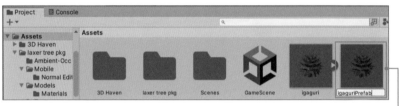

③ 更名為 igaguriPrefab

※ 更改檔案名稱時，如果分不清楚哪個 igaguri 是 prefab，可以先點選專案視窗的 igaguri，再看檢視視窗最上方的名稱，結尾是 (Prefab Asset) 的檔案就是 prefab。

建好 prefab 後，就可以刪除階層視窗的栗子了。在階層視窗的 igaguri 上按滑鼠右鍵，選擇 Delete。

7-6-2 編寫栗子的產生器腳本

接著要寫產生器腳本。第 5 章建立箭頭工廠時，是以每秒產生一個箭頭的速度生產物件，而這次的遊戲則需要在每次觸碰螢幕時生產一顆栗子。

在專案視窗按滑鼠右鍵，選擇 Create → C# Script，檔案名稱改為 IgaguriGenerator。

製作腳本 → IgaguriGenerator

雙擊建好的 IgaguriGenerator，開啟檔案後輸入 List 7-4 的程式碼，再儲存檔案。

List7-4	產出栗子的腳本

```
1   using System.Collections;
2   using System.Collections.Generic;
3   using UnityEngine;
4
5   public class IgaguriGenerator : MonoBehaviour
6   {
7       public GameObject igaguriPrefab;
8
9       void Update()
10      {
11          if (Input.GetMouseButtonDown(0))
12          {
13              GameObject igaguri =
                    Instantiate(igaguriPrefab);
14              igaguri.GetComponent<IgaguriController>().Shoot(
                    new Vector3(0, 200, 2000));
15          }
16      }
17  }
```

第 7 行宣告了一個用來存放栗子 prefab 的變數，但這裡只宣告了變數而已。之後還需要把 prefab 用插座連結法指派到這個變數，所以把變數宣告成 public。

第 11 行運用 GetMouseButtonDown() 偵測畫面是否被觸碰（點擊），一偵測到觸碰就製造栗子物件。

接著指定丟擲栗子的方向。我們之前已經準備好，只要把丟擲方向的向量傳入 IgaguriController 裡面的 Shoot()，就能指定丟擲的方向。

再來，我們先不急著做出「根據畫面被點擊的位置來改變丟擲方向」，目前只要做到「點擊後就丟出一顆栗子」就好。透過 GetComponent<>() 取得 IgaguriController 腳本之後，就可以呼叫 Shoot()，傳入一個指向標靶的向量（第 14 行）。

註解掉呼叫 Shoot() 的程式碼

前面製作和測試的過程中，都是在 IgaguriController 的 Start() 裡面呼叫 Shoot() 來丟出栗子。但在栗子交由工廠製造之後，丟擲方向也應該在製造栗子的同時由工廠決定，因此請註解掉 IgaguriController 的 Start() 裡面呼叫 Shoot() 的程式碼（第 21 行）。

```
1  using System.Collections;
2  using System.Collections.Generic;
3  using UnityEngine;
4
5  public class IgaguriController : MonoBehaviour
6  {
7      public void Shoot(Vector3 dir)
8      {
9          GetComponent<Rigidbody>().AddForce(dir);
10     }
11
12     void OnCollisionEnter(Collision other)
13     {
14         GetComponent<Rigidbody>().isKinematic = true;
15         GetComponent<ParticleSystem>().Play();
16     }
17
18     void Start()
19     {
20         Application.targetFrameRate = 60;
21         // Shoot(new Vector3(0, 200, 2000));
22     }
23 }
```

> Tips < 　無法存取 method

　　如果想讓 method 可以在其他腳本呼叫，就必須先宣告成 public。如果在 IgaguriGenerator 出現「Shoot is inaccessible due to its protection level」錯誤訊息，請檢查 IgaguriController 的 Shoot() 是否宣告成 public。

7-6-3 建立栗子的工廠物件

建立空物件來製作栗子工廠。點選階層視窗的 + → Create Empty，階層視窗就會出現新的 GameObject，請把這個空物件更名為 IgaguriGenerator。

建立空物件

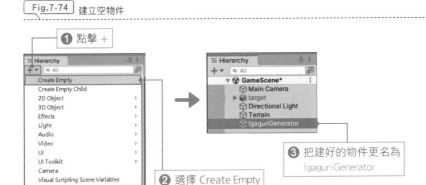

把產生器腳本附加到建好的空物件上，做出工廠物件。

把工廠腳本附加到空物件上

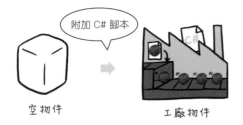

請選取專案視窗的 IgaguriGenerator 腳本，拖放到階層視窗的 IgaguriGenerator 物件上。

把產生器腳本附加到空物件上

7-6-4 把 prefab 傳入產生器腳本

運用插座連結法，就能把物件指派給腳本裡面宣告的變數，藉此把栗子的 prefab 傳入產生器腳本。

> **🐾 插座連結法** 重要！
> ❶ 變數前面加上 public 修飾詞，在腳本做出一個插座
> ❷ public 變數可以在檢視視窗進行設定
> ❸ 在檢視視窗插入（把物件拖放到檢視視窗）要指派的物件

前面已經把栗子的 prefab 變數宣告成 public 了，只差把物件拖放到檢視視窗這一步。請點選階層視窗的 IgaguriGenerator，找到檢視視窗的「Igaguri Genetator (Script)」，再找出 Igaguri Prefab 欄位，把專案視窗的 igaguriPrefab 拖放至此。

Fig.7-77 把 prefab 傳入腳本

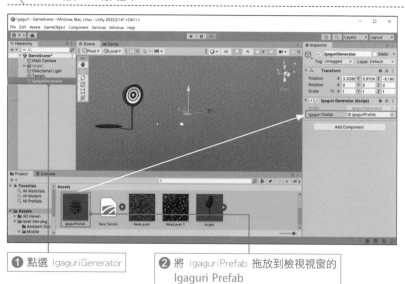

❶ 點選 IgaguriGenerator

❷ 將 igaguriPrefab 拖放到檢視視窗的 **Igaguri Prefab**

這樣就完成工廠物件了。現在執行遊戲，每次觸碰（點擊）畫面都會朝畫面內丟出栗子！

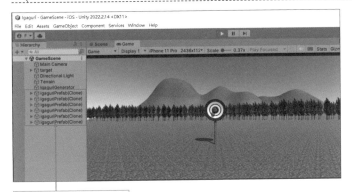

Fig.7-78 確認能製造栗子

每次觸碰（點擊）畫面
都會出現栗子

7-6-5 把栗子丟向觸碰點

目前已經可以朝固定方向丟出栗子了，接下來要進一步升級產生器腳本，改成朝著觸碰（滑鼠點擊）的方向丟出栗子。

要朝觸碰點丟出栗子，必須先知道觸碰位置的座標。觸碰的座標可以透過 Input.mousePosition 來取得（4-4-3），但是 mousePosition 的值無法直接用於 3D 遊戲，因為 mousePosition 的值是螢幕座標，而非世界座標。

在 4-4-3 的 Tips 有說明，世界座標是物件在「遊戲世界」的座標系。至於螢幕座標則是用來表示「遊戲畫面上」的位置時所使用的 2D 座標系。

Fig.7-79 世界座標與螢幕座標

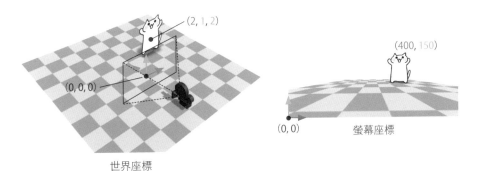

(2, 1, 2)

(0, 0, 0)

世界座標

(400, 150)

(0, 0)　螢幕座標

如 Fig 7-79 所示,世界座標系與螢幕座標系的概念完全不同。在世界座標系的貓咪座標 (2, 1, 2),跟螢幕座標系的貓咪座標 (400, 150),是毫不相干的 2 組位置。

前面用到標靶的座標、栗子的座標全都是世界座標,因此**計算丟栗子的方向時,也必須使用世界座標**。

其實 Unity 有內建一個 method:ScreenPointToRay()。把**螢幕座標傳給這個method,就可以在世界座標系之中,取得從「相機」指向「螢幕座標」的向量**(Fig 7-80 的粉紅色向量)。好好利用這個向量,就能把栗子丟向觸碰的位置。

Fig.7-80　運用 ScreenPointToRay() 轉換成世界座標

只要在製造出栗子的同時,朝向 ScreenPointToRay() 的方向對栗子施力,就能朝觸碰點丟出栗子。我們趕緊將這個演算法寫進產生器腳本吧。

雙擊專案視窗的 IgaguriGenerator 開啟檔案,依照 List 7-6 新增程式碼。

List7-6　朝觸碰點丟出栗子

```
1  using System.Collections;
2  using System.Collections.Generic;
3  using UnityEngine;
4
5  public class IgaguriGenerator : MonoBehaviour
6  {
7      public GameObject igaguriPrefab;
8
9      void Update()
10     {
```

```
11          if (Input.GetMouseButtonDown(0))
12          {
13              GameObject igaguri =
                    Instantiate(igaguriPrefab);
14
15              Ray ray = Camera.main.ScreenPointToRay(Input.mousePosition);
16              Vector3 worldDir = ray.direction;
17              igaguri.GetComponent<IgaguriController>().Shoot(
                    worldDir.normalized * 2000);
18          }
19      }
20 }
```

在第 15 行把觸碰點的座標傳給 ScreenPointToRay() 之後，會回傳一個 Ray class 的值，內容是從相機指向觸碰點座標的向量。

稍微解釋一下這個 Ray，就如同字面上的意思，這是代表「光線」的 class，成員變數有光源座標（origin）與光線方向（direction）。Ray 的特點就是能**偵測向量上附加了碰撞體的物件**，也就是偵測光線是否被物件阻擋。Ray 的使用方式會在第 8 章正式說明，這裡請先掌握概念即可。

Fig.7-81 Ray 的特點

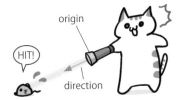

如 Fig 7-82 所示，透過 ScreenPointToRay() 取得的回傳值之中，成員 origin 是相機的座標，成員 direction 是從相機指向觸碰點的向量。

再來就要朝 direction 的方向丟出栗子，不過相機指向螢幕上不同點的向量長度會不同，這樣會導致丟出栗子的力道也不同，要先修改成固定的數值才行。向量的 normalized（正規化）變數，會回傳一個方向相同、長度為 1 的向量。把這個向量再乘上 2000，就可以做為丟擲栗子的力道（第 16 到 17 行）。

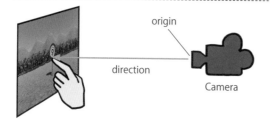

Fig.7-82 ScreenPointToRay() 的回傳值

origin

direction

Camera

　　請再次執行遊戲，現在可以朝觸碰點丟出栗子。可以指定丟栗子的方向後，突然變得很有遊戲的感覺了！

Fig.7-83 朝觸碰點丟出栗子

栗子飛向觸碰的地方

> Tips < 無法朝觸碰點丟出栗子？

　　如果無法朝觸碰點丟出栗子，請檢查是否已經註解掉 IgaguriController 腳本 Start() 裡的 Shoot()（7-6-2）。如果沒有註解掉，栗子就會額外受到另一個力，影響丟出的方向。

　　此外，如果相機物件（Main Camera）的 Tag（標籤）設定成「Untagged」的話，也會無法正確丟出栗子。Tag 需要改成「Main Camera」。請先請點選階層視窗的 Main Camera，再到檢視視窗靠近上方的 Tag 欄位選擇 MainCamera。有關 Tag 的設定，會在 8-5-3 詳細說明。

7-7 在智慧型手機上執行

遊戲已經能在電腦上運作，再來就是轉換到手機上試試看啦。第 7 章的遊戲在電腦與手機上的操作幾乎一模一樣，直接 build 就可以玩了。

詳細的 iPhone build 步驟，請參考 3-7-2；Android build 步驟，請參考 3-7-3。

如果手機上的執行畫面看起來比 Unity 編輯器上還暗，請參考 1-5-2 結尾的 Tips「設定照明（Lighting）」調整設定。

> **Tips** 運用後製效果讓畫面更加華麗
>
> 製作 3D 遊戲時，場景內如果只有 3D 模型，背景一片空白，看起來會相當突兀。這個時候就可以借助後製效果（post effect）的力量，針對遊戲畫面加工處理。這個功能可以想成類似 Instagram 濾鏡的概念。
>
> 如果想在 Unity 使用後製效果，推薦可以嘗試「Post Processing」套件，安裝方便，使用起來也相當簡單，又能呈現出不錯的效果。
>
> 例如使用 Post Processing 內的 Tonemapping、Bloom、Ambient Occlusion 等效果之後，原本左圖的畫面就會變成右圖的樣子。
>
> 由於後製效果的操作步驟較多，本書篇幅難以涵蓋，在此只能概略提及，有興趣的讀者可以另外進行更深入的探索。
>
> **Fig.7-84** 後製效果
>
>
>
> 無後製效果　　　　　　　　　　　　有後製效果

Memo

Chapter 8
關卡設計
用各種技巧讓遊戲變得更有趣！

活用目前所學知識，傾力製作本章的遊戲吧！除了製作遊戲的
方法之外，這一章也會針對「關卡設計」來解說，提升遊戲的
趣味性。

本章學習重點

- 遊戲製作總複習
- 標籤（tag）的功用
- 關卡設計

8-1 遊戲設計

最後一章要綜合前面所學的各種技巧來製作遊戲。前面幾章解說了各種遊戲製作的重點，而**本章將會說明關卡設計的概念，提升遊戲趣味性**。

8-1-1 遊戲企劃

這一章要做的遊戲是「接蘋果」。遊戲平台劃分成 3×3 區塊，點擊畫面就能把藤籃移動到點中的區塊，以藤籃接住蘋果就算得分。

除了蘋果之外也會掉落炸彈，如果不小心接到炸彈，得分就會減半。遊戲目標是在時間限制內取得高分。

Fig.8-1 本章預計製作的遊戲畫面

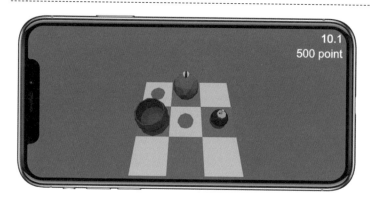

8-1-2 遊戲的設計步驟

以 Fig 8-1 示意圖為基礎，依照我們熟悉的流程設計遊戲吧。

Step ❶ 列出遊戲畫面上所有需要的物件

Step ❷ 規劃讓物件動起來的控制器腳本

Step ❸ 規劃自動製造物件的產生器腳本

Step ❹ 規劃更新 UI 的導演腳本

Step ❺ 思考編寫腳本的順序

Step ① 列出遊戲畫面上所有需要的物件

參考示意圖，可以列出蘋果、炸彈、籐籃、平台、UI，一共 5 個物件。

Fig.8-2 列出遊戲畫面上的物件

5 Point

蘋果　　　炸彈　　　籐籃　　　平台　　　UI

Step ② 規劃讓物件動起來的控制器腳本

接著找出動作物件。遊戲過程中會掉下蘋果與炸彈，所以這 2 個屬於動作物件；而玩家會控制籐籃移動，也歸類在動作物件。

Fig.8-3 找出動作物件

5 Point

蘋果　　　炸彈　　　籐籃　　　平台　　　UI

動作物件需要控制器腳本，遊戲中的動作物件有蘋果、炸彈、籐籃，因此我們需要蘋果控制器、炸彈控制器、籐籃控制器。

需要的控制器腳本

- **蘋果控制器**
- **炸彈控制器**
- **籐籃控制器**

Step ③ 規劃自動製造物件的產生器腳本

這個步驟要找出會在遊戲過程中出現的物件。蘋果與炸彈都會每隔一段時間自動掉落，因此需要生產這些物品的工廠（產生器腳本）。

Fig.8-4 列出遊戲執行時會出現的物件

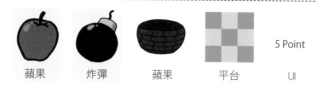

蘋果
炸彈
蘋果
平台
5 Point
UI

需要的產生器腳本

- **物品產生器**

Step ④ 規劃更新 UI 的導演腳本

導演腳本負責更新 UI、判斷遊戲進度狀態。這次遊戲裡有顯示得分與時間限制的 UI，因此也需要準備導演腳本更新 UI。

Step ⑤ 思考編寫腳本的順序

思考寫腳本的順序時，你的腦內是否已經會自然浮現下列流程呢？

Fig.8-5 腳本的編寫順序

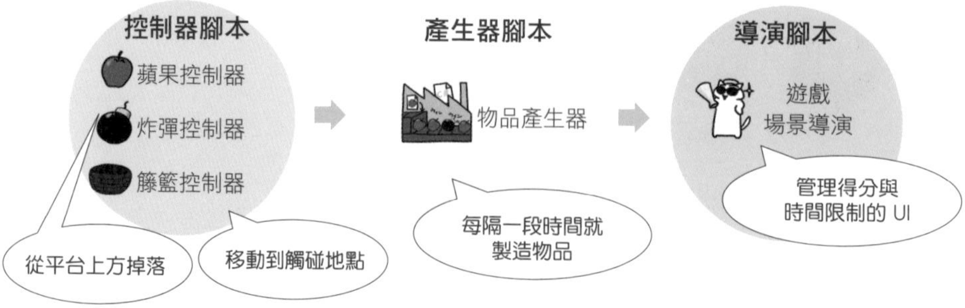

控制器腳本
蘋果控制器
炸彈控制器
籐籃控制器
從平台上方掉落
移動到觸碰地點
產生器腳本
物品產生器
每隔一段時間就製造物品
導演腳本
遊戲場景導演
管理得分與時間限制的 UI

蘋果控制器、炸彈控制器

蘋果和炸彈會從畫面上方往下方移動，位置低於平台地面時就刪除。因為蘋果和炸彈的動作相同，所以可以整合成同一個控制器。

籐籃控制器

籐籃會移動到觸碰位置，移動的座標可以用區塊的中心為準。

物品產生器

在上方製造蘋果和炸彈，隨著遊戲進度調整出現頻率和炸彈比例。

遊戲場景導演

負責管理得分與時間限制，並透過 UI 顯示數值。接到蘋果 +100 分，接到炸彈得分減半。時間限制從 60 秒開始倒數。

簡單統整遊戲製作流程如 Fig 8-6 所示。從 8-2 節開始，我們會依照這個流程製作遊戲。

Fig.8-6 遊戲製作流程

① 建立專案　　② 移動籐籃　　③ 物品掉落

④ 碰撞偵測　　⑤ 建立工廠　　⑥ 建立導演

建立專案與場景

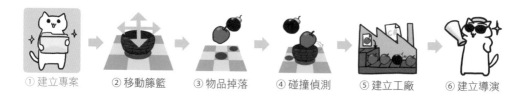

① 建立專案　② 移動籐籃　③ 物品掉落　④ 碰撞偵測　⑤ 建立工廠　⑥ 建立導演

8-2-1　建立專案

開啟 Unity Hub 後，點選畫面上的新專案，會跳出專案設定畫面。請從所有範本裡選擇 3D，在專案名稱欄位輸入 AppleCatch，再按下建立專案按鈕，就能在指定資料夾建好專案，並啟動 Unity 編輯器。

選擇範本 → 3D

建立專案 → AppleCatch

素材加進專案

開啟 Unity 編輯器後，加入本章遊戲製作會用到的素材。下載書附檔案後，開啟 chapter8 資料夾，將裡面的素材全都拖放到專案視窗（Fig 8-7）。

URL 本書的書附檔案

https://www.flag.com.tw/bk/st/F3589

素材檔案的功用如 Table 8-1 所示。

Fig.8-7 加入素材

將素材拖放到專案視窗

Table8-1 素材的格式與說明

檔案名稱	檔案類型	功用
apple.fbx	fbx 檔案	蘋果的 3D 模型
bomb.fbx	fbx 檔案	炸彈的 3D 模型
basket.fbx	fbx 檔案	籐籃的 3D 模型
stage.fbx	fbx 檔案	平台的 3D 模型
get_se.mp3	mp3 檔案	接到蘋果的音效
damage_se.mp3	mp3 檔案	接到炸彈的音效

Fig.8-8 用到的素材

apple.fbx   basket.fbx   bomb.fbx   damage_se.mp3 get_se.mp3   stage.fbx

8-2-2 手機的執行設定

接著調整手機的 build 設定。在工具列點選 **File → Build Settings** 開啟 Build Settings 視窗,在 Platform 欄位選擇 iOS 或 Android,再點擊 **Switch Platform** 按鈕。詳細步驟請參考 3-2-2。

🐟 設定畫面尺寸

再來設定遊戲畫面尺寸。這次要做的是橫式遊戲。點擊 **Game** 分頁切換到遊戲視窗,打開左上角設定畫面尺寸(aspect)的下拉式選單,依照使用的手機選擇畫面尺寸大小(本書選的是 iPhone 11 Pro 2436×1125 Landscape)。詳細步驟請參考 3-2-2。

8-2-3 儲存場景

然後是建立場景。點選工具列的 **File → Save As**,把場景名稱儲存成 GameScene。儲存完畢後,在 Unity 編輯器的專案視窗會出現場景的小圖示。詳細步驟請參考 3-2-3。

建立場景 → GameScene

Fig.8-9　完成場景建立後的狀態

成功儲存場景

8-3 籐籃移動

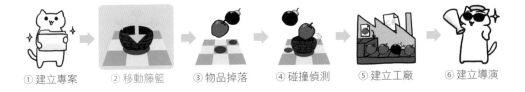

① 建立專案　② 移動籐籃　③ 物品掉落　④ 碰撞偵測　⑤ 建立工廠　⑥ 建立導演

8-3-1 設置平台

8-3 節會從建立遊戲平台與調整相機位置開始，接著設置籐籃，再寫出移動籐籃的控制器腳本。

先將平台設置在原點。點擊 Scene 分頁，把專案視窗的 stage 拖放到場景視窗，再點選階層視窗的 stage，把檢視視窗 Transform 的 Position 設成 0, 0, 0。

設置後要先調整編輯器的視角，方便後續製作時能清楚看到所有物件。按住 alt 鍵（或 option 鍵）同時拖曳畫面，把視點轉到 X 軸朝右的角度。製作時也要隨時注意 Gizmo 的方向。

Fig.8-10 在場景內設置 stage

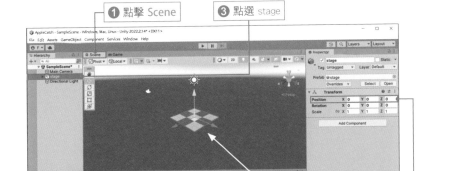

❶ 點擊 Scene　❸ 點選 stage

❷ 將 stage 拖放到場景視窗　❹ Position 設成 0, 0, 0

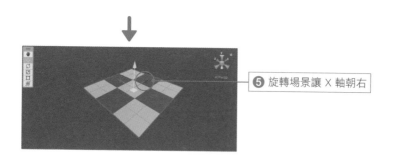
❺ 旋轉場景讓 X 軸朝右

8-3-2 調整相機位置

調整相機的位置與角度，改成從上往下俯視整個遊戲平台。

請點選階層視窗的 Main Camera，把檢視視窗 Transform 的 Position 設成 0, 3.8, -1.6、Rotation 設成 60, 0, 0。

Fig.8-11 調整相機位置
- -

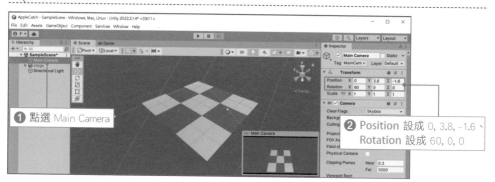

❶ 點選 Main Camera

❷ Position 設成 0, 3.8, -1.6、Rotation 設成 60, 0, 0

相機的位置與角度設定完成後，請執行遊戲，確認呈現的畫面是否符合預期。

Fig.8-12 確認遊戲畫面
- -

8-3-3 設定光源並加上陰影

這次的遊戲會有掉落的物品，**在掉落位置加上陰影，可以提示玩家掉落的位置。**物品的陰影要從光源（Light）來設定。

Unity 內建 4 種照亮遊戲世界的光源，分別是 Directional Light（定向光源）、Point Light（點光源）、Spotlight（投射燈）、Area Light（區域光源）。

Table8-2　光源名稱與功用

光源名稱	功用
Directional Light	像太陽一樣自無限遠處放出平行光；即使遠離光源，強度也不會衰減
Point Light	向所有方向放出光線；離光源越遠，光線的強度越弱
Spotlight	向特定方向放出光線；離光源越遠，光線的強度越弱
Area Light	從矩形平面向所有方向投射光線，只適用於烘焙光源 ※

Fig.8-13　光源種類

Directional Light（定向光源）　　Point Light（點光源）　　Spotlight（投射燈）　　Area Light（區域光源）

如果場景裡設置了光源，**Unity 就會自動計算陰影的位置與外觀，顯示在遊戲中。**3D 專案預設會設置 Directional Light，也會自動顯示陰影。

不過我們還要調整光源方向，才能藉由陰影提示物品掉落的位置。如果像 Fig 8-14（左），光源斜照物品的情況下，是很難辨識掉落位置的。請把光源調整成 Fig 8-14（右）那樣，從正上方往下照射，陰影位置就會是物品掉落的地點。

※ 烘焙（Bake）光源
這裡所說的烘焙，是在執行遊戲前就計算好光源所產生的光線與陰影資訊，把光影效果預先製作成紋理來使用。這可以減輕遊戲執行時的運算量。

Fig.8-14 光源的方向與陰影

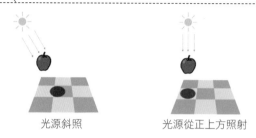

光源斜照　　　　　　　　光源從正上方照射

　　點選階層視窗的 Directional Light，把檢視視窗 Transform 的 Rotation 設成 90, 0, 0，這樣光源就會往正下方照射了。

Fig.8-15 調整光源方向

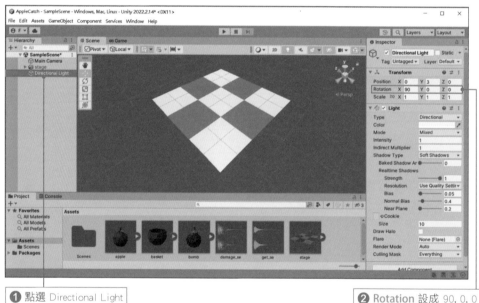

❶ 點選 Directional Light　　　　　　　　　　❷ Rotation 設成 90, 0, 0

　　另外，從正上方直射的光線強度太強了，必須稍微調弱。請點選階層視窗的 Directional Light，把檢視視窗內 Light 的 Intensity 設成 0.7。

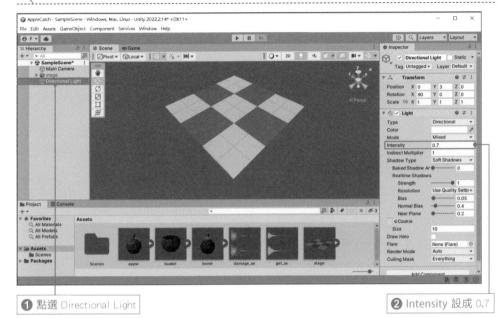

Fig.8-16 設定光源強度

① 點選 Directional Light

② Intensity 設成 0.7

8-3-4 設置籐籃

　　製作到 8-3-3 小節，我們已經完成場景的前置作業了，接著要設置籐籃，讓玩家能夠操控籐籃移動。移動籐籃的功能會依照建立動作物件的步驟，依序完成**設置籐籃 → 編寫腳本 → 附加腳本**。

🐾 **建立動作物件的步驟 重要！**

❶ 把物件放進場景視窗

❷ 編寫動作的程式腳本

❸ 把寫好的腳本附加到物件上

　　籐籃要先設置於平台中央。請把 basket 從專案視窗拖放到場景視窗，點選階層視窗的 basket，再把檢視視窗內 Transform 的 Position 設為 0, 0, 0（Fig 8-17）。

Fig.8-17 設置 basket

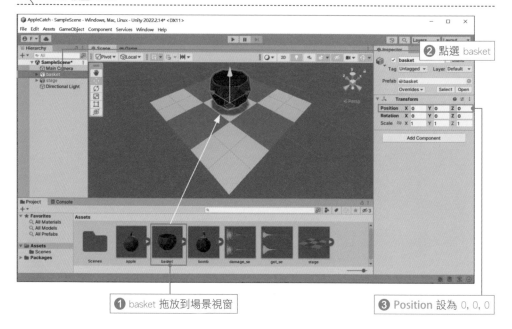

❶ basket 拖放到場景視窗

❷ 點選 basket

❸ Position 設為 0, 0, 0

　　如果希望陰影邊緣更清晰一點，可以從工具列選擇 Edit → Project Settings，點
擊 Project Settings 視窗的 Quality，把 Shadow Distance 設成 30 左右。

Fig.8-18　調整籐籃的陰影

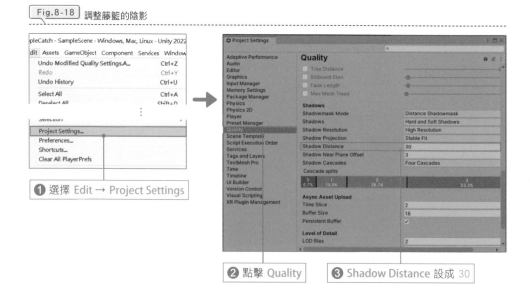

❶ 選擇 Edit → Project Settings

❷ 點擊 Quality

❸ Shadow Distance 設成 30

8-3-5 編寫移動籃籃的腳本

接著要寫一個腳本，讓籐籃移動到觸碰（點擊）的位置。**平台會劃分成 3×3 的區塊，在螢幕上觸碰其中一個區塊，籐籃就會跑到區塊的中心**。那我們又該如何將籐籃放在區塊的中心呢？

如 Fig 8-19 所示，平台是邊長為 3 的正方形。我們先簡化問題，只考慮 X 軸方向就好：觸碰的座標在 -1.5 ≦ X ≦ -0.5 的範圍內時，籐籃要移動到 X = -1.0 的位置；觸碰 -0.5 ≦ X ≦ 0.5 的範圍時，籐籃要移動到 X = 0.0；觸碰 0.5 ≦ X ≦ 1.5 時，籐籃移動到 X = 1.0。觀察一下會發現，把觸碰位置的座標四捨五入之後，即為籐籃要設置的座標。

Fig.8-19 設置籐籃的座標

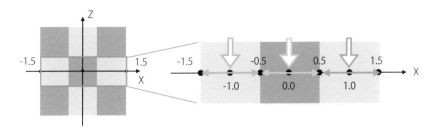

Mathf.RoundToInt() 是 Unity 內建的四捨五入 method，我們可以用這個來設計腳本。雖然剛才只考慮 X 軸，不過 Z 軸的計算也是一樣的概念。（其實這個 method 取整數的方式是「四捨六入五成雙」，又稱為「奇進偶捨」，不過這個細節並不會影響遊戲。）

在專案視窗按滑鼠右鍵，選擇 Create → C# Script，將檔名改為 BasketController。

製作腳本 → BasketController

雙擊專案視窗的 BasketController 開啟檔案，輸入並儲存 List 8-1 的程式碼。

```
1  using System.Collections;
2  using System.Collections.Generic;
3  using UnityEngine;
4
5  public class BasketController : MonoBehaviour
6  {
7      void Start()
8      {
9          Application.targetFrameRate = 60;
10     }
11
12     void Update()
13     {
14         if (Input.GetMouseButtonDown(0))
15         {
16             Ray ray = Camera.main.ScreenPointToRay(Input.mousePosition);
17             RaycastHit hit;
18             if (Physics.Raycast(ray, out hit, Mathf.Infinity))
19             {
20                 float x = Mathf.RoundToInt(hit.point.x);
21                 float z = Mathf.RoundToInt(hit.point.z);
22                 transform.position = new Vector3(x, 0, z);
23             }
24         }
25     }
26 }
```

這個腳本會根據觸碰的座標（Input.mousePosition），計算籐籃該移往哪裡。Input.mousePosition 是螢幕座標，在 7-6-5 有說明過無法直接使用，必須先轉換成遊戲內的世界座標。

這次的座標轉換，也一樣是利用 ScreenPointToRay() 算出相機座標往畫面內側前進的光線變數 ray（第 16 行）。

Fig.8-20 取得觸碰座標的方法

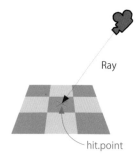

Ray

hit.point

8-16

在 7-6-5 也有提到，這個光線（Ray class 的變數）能夠偵測路徑上的碰撞體。在第 18 行使用的 Physics.Raycast()，就是檢查光線是否撞上 stage 物件。Physics.Raycast() 的 hit 引數前面加了一個 out 關鍵字，這個關鍵字的意思是「output」。某些 method 可以在執行過程中把數值存在 out 引數裡面，這種方式可以讓 method 回傳超過一個值。Raycast() 如果像一般 method 一樣，用等號把回傳值指派給變數的話，只會回傳一個布林值（bool），代表「是否碰到碰撞體」；但補上 out 引數之後，就能回傳更多關於碰撞的資訊。以這個腳本而言，Raycast() 會把引數的光線（ray）發生碰撞的座標存在 hit 引數的 .point 成員裡；用 RoundToInt() 取整數之後，就可以指派做為籃籃的座標（第 20 到 22 行）。

8-3-6 附加腳本

寫好腳本之後就附加到物件上吧。請將專案視窗的 BasketController 拖放到階層視窗的 basket 上面。

將腳本附加到 basket 上

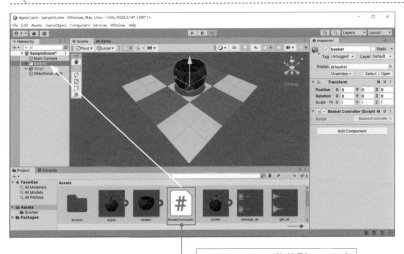

BasketController 拖放到 basket 上

請執行遊戲，檢查籃籃會不會移動到觸碰（滑鼠點擊）的區塊。咦？點擊後籃籃卻一動也不動？

Fig.8-22 無法移動籐籃

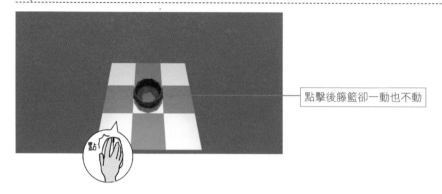

點擊後籐籃卻一動也不動

這是因為我們還沒在平台加上碰撞體。相機發出的 Ray 就算碰到平台，也只是直接穿透，不會執行 List 8-1 第 20 到 22 行的程式碼。

要在平台加上碰撞體元件，Ray 才能正確偵測碰撞。點選階層視窗的 stage，點擊檢視視窗的 Add Component 按鈕，選擇 Physics → Box Collider。

Fig.8-23 附加碰撞體到 stage 物件上

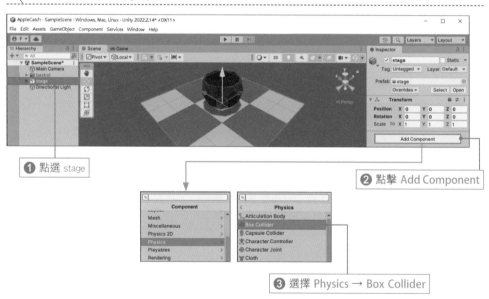

❶ 點選 stage

❷ 點擊 Add Component

❸ 選擇 Physics → Box Collider

然後要調整 Box Collider 的參數，讓碰撞體覆蓋整個 stage。請把檢視視窗內 Box Collider 的 Size 設成 3, 0.1, 3。

Fig.8-24 調整碰撞體大小

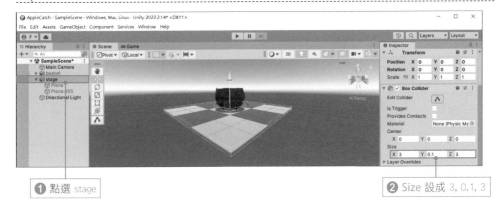

❶ 點選 stage

❷ Size 設成 3, 0.1, 3

　　設定 stage 的碰撞體後，按下執行鈕再次執行遊戲。籐籃這次成功移動到觸碰
（滑鼠點擊）的區塊中央了！

　　如果移動失敗，可能是因為 Main Camera 的 Tag 被設成 Untagged 了。請點選階
層視窗的 Main Camera，然後到檢視視窗的 Tag 欄位選擇 MainCamera 再試試看
（Tag 的設定請見 8-5-3）。

Fig.8-25 可以移動籐籃了

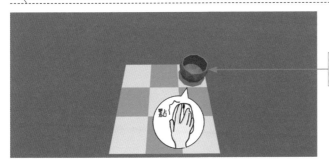

成功移動到點擊
區塊的中央

> Tips < 認真準備獎勵吧！

　　玩家達成特定目標或條件之後的獎勵，是非常重要的遊戲要素，這與玩家的遊玩手
感、滿足感息息相關。除了之前加入的音效、粒子特效之外，還有什麼能讓玩家玩得更
起勁呢？製作遊戲時，也要站在玩家立場多多思考喔！

8-4 讓物品掉落

① 建立專案　② 移動籐籃　③ 物品掉落　④ 碰撞偵測　⑤ 建立工廠　⑥ 建立導演

8-4-1 設置物品

我們已經成功移動籐籃了，接著要製作**物品掉落**的功能。會掉落的物品有蘋果、炸彈共 2 種。請將這些物品設置在場景，再製作控制器腳本。

🐾 **建立動作物件的步驟** 重要！

❶ 把物件放進場景視窗

❷ 編寫動作的程式腳本

❸ 把寫好的腳本附加到物件上

首先要把物品設置在場景視窗。最後物品掉落的位置會由工廠在製造物品的時候決定，現在只是指定一個暫時測試用的位置。

首先設置蘋果。請將專案視窗的 apple 拖放到場景視窗，再點選階層視窗的 apple，把檢視視窗 Transform 的 Position 設成 -1, 3, 0。

Fig.8-26 設置 apple

❷ 點選 apple

❶ apple 拖放到場景視窗

❸ Position 設成 -1, 3, 0

　　然後設置炸彈。請將專案視窗的 bomb 拖放到場景視窗,再點選階層視窗的
bomb,把檢視視窗 Transform 的 Position 設成 1, 3, 0。

Fig.8-27 設置 bomb

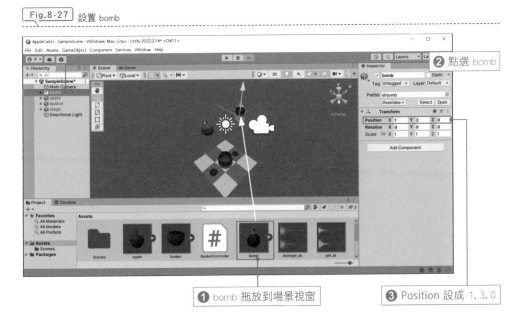

❷ 點選 bomb

❶ bomb 拖放到場景視窗

❸ Position 設成 1, 3, 0

　　這樣就在場景視窗把物品都設置好了。下一小節會製作操控物品掉落的控制器腳
本。

8-4-2 編寫物品掉落的腳本

這次我們希望**在設計關卡時，可以自由調整掉落速度等細部參數**，所以就不使用 Physics，而是自己寫程式來控制物品掉落。請在專案視窗按滑鼠右鍵，選擇 **Create → C# Script**，把檔案命名為 ItemController。

製作腳本 → ItemController

雙擊專案視窗的 ItemController 開啟檔案，輸入 List 8-2 的程式碼後儲存。

List8-2　物品掉落腳本

```
1  using System.Collections;
2  using System.Collections.Generic;
3  using UnityEngine;
4
5  public class ItemController : MonoBehaviour
6  {
7      public float dropSpeed = -0.03f;
8
9      void Update()
10     {
11         transform.Translate(0, this.dropSpeed, 0);
12         if (transform.position.y < -1.0f)
13         {
14             Destroy(gameObject);
15         }
16     }
17 }
```

Update() 裡面使用 Translate() 來控制物品，物品在每個影格都會往下移動一點點（第 11 行）。此外，當物品的位置比平台低，再也看不到的時候（Y 座標小於 -1.0）就刪除掉。這個設計跟第 5 章掉落的箭頭（5-5-3）一樣。

8-4-3 附加腳本

腳本寫完了就可以附加到物件上測試。因為蘋果和炸彈的動作模式相同,所以都附加同一個 ItemController 腳本就可以了。

請把專案視窗的 ItemController 拖放到階層視窗的 apple 和 bomb 上。

Fig.8-28 附加腳本到 apple 與 bomb 物件上

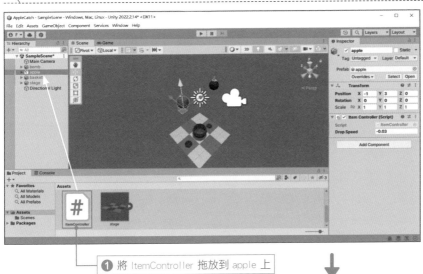

❶ 將 ItemController 拖放到 apple 上

❷ 將 ItemController 拖放到 bomb 上

按下執行鈕，會看到蘋果跟炸彈都順利掉下來了。記得要在階層視窗檢查物品掉出平台之後會不會刪除。

Fig.8-29 蘋果與炸彈掉落

>Tips< **讀萬卷書、行萬里路**

　　雖然買工具書、參考網路資訊都很重要，但請大家還是要用心、仔細地做出一個實際的遊戲。學習任何技能都要講究理論與實作的平衡。吸收過量的理論反而會綁手綁腳，整天想著「必須要做這個」、「不可以做那個」，最後一事無成。相反地，進行過多的實作會遇到瓶頸，難以持續成長。在起步階段可以從簡單的半成品遊戲開始做就好，不過還是要實際體驗「做出一個完整的遊戲」的感覺。

8-5 接住物品

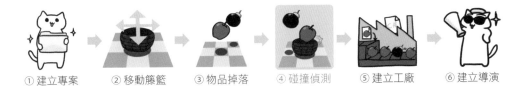

① 建立專案　② 移動籃籃　③ 物品掉落　④ 碰撞偵測　⑤ 建立工廠　⑥ 建立導演

8-5-1 籐籃與物品的碰撞偵測

我們在 8-4 節完成了物品掉落的腳本，8-5 節要用籐籃接住掉落的物品。我們不需要一次就完成整個功能，初步的目標是接到物品後，在控制視窗顯示「接到了！」。

要在遊戲裡做到「用籐籃接住物品」，就必須先偵測兩者是否發生碰撞。雖然在物品掉落的腳本中我們沒有使用 Physics 的剛體，但偵測碰撞還是可以用 Physics 的碰撞體元件來判斷，減少麻煩。Physics 可以在物件發生碰撞時，呼叫物件附加的腳本內的 OnTriggerEnter()。我們就在這個 method 裡面加上顯示「接到了！」的程式碼。

Fig.8-30　碰撞後呼叫 OnTriggerEnter()

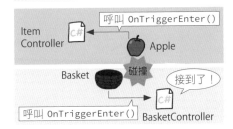

Physics 偵測碰撞時，需要滿足下列 2 個條件：

· 所有需要偵測的物件上，都要附加碰撞體元件。

· 需要偵測碰撞的物件中，至少要有一方附加剛體元件。

因此，籐籃與物品（蘋果、炸彈）都要附加碰撞體元件，而籐籃要再附加一個剛體元件（Fig 8-31）。

Fig.8-31 要附加的元件

apple ⋯⋯⋯ Collider

bomb ⋯⋯⋯ Collider

只附加碰撞體

basket ⋯⋯⋯ Collider
　　　　⋯⋯⋯ Rigidbody

附加碰撞體與剛體

先附加碰撞體元件到蘋果上。請點選階層視窗的 apple，再按下檢視視窗的 Add Component 按鈕，選擇 Physics → Sphere Collider。

Fig.8-32 將碰撞體附加到 apple 物件

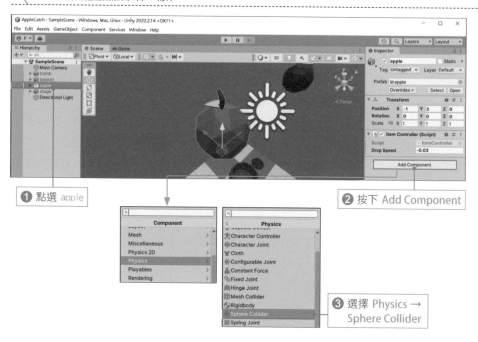

❶ 點選 apple

❷ 按下 Add Component

❸ 選擇 Physics →
　Sphere Collider

接著要調整碰撞體元件的參數來貼合蘋果模型。點選階層視窗的 apple，把檢視視窗 Sphere Collider 的 Center 設成 0, 0.25, 0、Radius 設成 0.25。

Fig.8-33 調整碰撞體

Center 設成 0, 0.25, 0、Radius 設成 0.25

用一樣的步驟，點選階層視窗的 bomb，再按下檢視視窗的 Add Component 按鈕，選擇 Physics → Sphere Collider 附加碰撞體。

Fig.8-34 將碰撞體附加到 bomb 物件

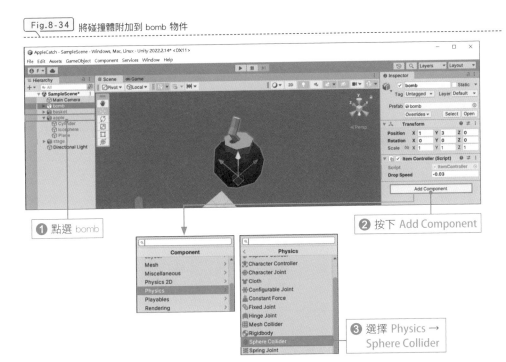

接著要調整碰撞體元件的參數來貼合炸彈模型。點選階層視窗的 bomb，把檢視視窗 Sphere Collider 的 Center 設成 0, 0.25, 0、Radius 設成 0.25。

Fig.8-35 調整碰撞體

接著是附加剛體與碰撞體元件到籐籃上。點選階層視窗的 basket，再按下檢視視窗的 Add Component 按鈕，選擇 Physics → Rigidbody。

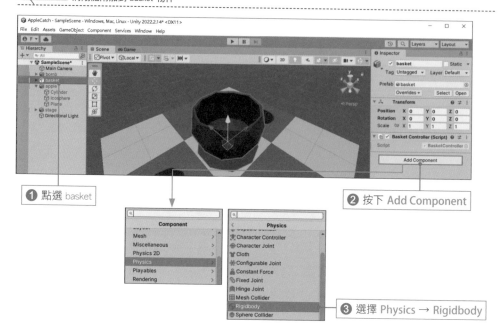

Fig.8-36 將剛體附加到 basket 物件

❶ 點選 basket

❷ 按下 Add Component

❸ 選擇 Physics → Rigidbody

　　我們已經有移動籐籃的腳本,設置剛體只是為了偵測碰撞,所以不需要物理性質的相關運算。請選取 basket,再勾選 Rigidbody 的 Is Kinematic,讓籐籃不受任何「力」影響。

Fig.8-37 勾選 Is Kinematic

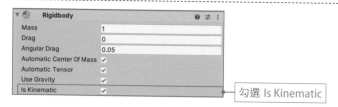

勾選 Is Kinematic

　　再來還需要附加籐籃的碰撞體,才能偵測籐籃和物品的碰撞。點選階層視窗的 basket,再按下檢視視窗的 Add Component 按鈕,選擇 Physics → Box Collider。

Fig.8-38 將碰撞體附加到 basket 物件

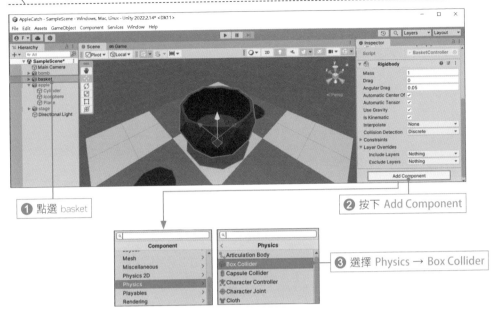

❶ 點選 basket

❷ 按下 Add Component

❸ 選擇 Physics → Box Collider

我們希望碰撞體放在藤籃的開口處,這樣才會在物品一掉進到籃子的時候就偵測到。參考 Fig 8-39 調整參數,把檢視視窗內 Box Collider 的 Center 設為 0, 0.5, 0、Size 設為 0.5, 0.1, 0.5。由於**物品碰到藤籃時不需要彈開、停止之類的「碰撞回應」,只要偵測出接觸並計算分數就好**,所以 Box Collider 的 Is Trigger 要勾起來。這樣物品撞到藤籃的時候,就會直接穿過,不會彈開。

Fig.8-39 調整碰撞體

❶ 勾選 Is Trigger

❷ Center 設為 0, 0.5, 0、
Size 設為 0.5, 0.1, 0.5

8-5-3 運用標籤分辨物品種類

籐籃與物品之間碰撞偵測的前置準備已經完成了，接著就要把碰撞時會呼叫的 OnTriggerEnter() 寫進籐籃控制器。請開啟專案視窗的 BasketController，依照 List 8-3 新增程式碼。

List8-3　執行木桶與物件的衝突判定

```
1  using System.Collections;
2  using System.Collections.Generic;
3  using UnityEngine;
4
5  public class BasketController : MonoBehaviour
6  {
7      void Start()
8      {
9          Application.targetFrameRate = 60;
10     }
11
12     void OnTriggerEnter(Collider other)
13     {
14         Debug.Log("接到了！");
15         Destroy(other.gameObject);
16     }
17
18     void Update()
19     {
20         if (Input.GetMouseButtonDown(0))
21         {
22             Ray ray = Camera.main.ScreenPointToRay(Input.mousePosition);
23             RaycastHit hit;
24             if (Physics.Raycast(ray, out hit, Mathf.Infinity))
25             {
26                 float x = Mathf.RoundToInt(hit.point.x);
27                 float z = Mathf.RoundToInt(hit.point.z);
28                 transform.position = new Vector3(x, 0, z);
29             }
30         }
31     }
32 }
```

第 12 到 16 行就是新加進去的 OnTriggerEnter()。Unity 的 2D 遊戲會呼叫 OnTriggerEnter2D()，而 3D 遊戲會呼叫 OnTriggerEnter()。發生碰撞時呼叫的 method 如下表所示。

Table 8-3　碰撞時呼叫的方法

狀態	2D 遊戲	3D 遊戲
碰撞開始	OnTriggerEnter2D	OnTriggerEnter
碰撞中	OnTriggerStay2D	OnTriggerStay
碰撞結束	OnTriggerExit2D	OnTriggerExit

籐籃與物品發生碰撞時，控制視窗會顯示「接到了！」並刪除接到的物品（第 14、15 行）。可是要刪除物品之前，程式碼之中必須要有「接到的物品」這個變數，才可以傳給 Destroy()。幸好，Unity 本來就有方法可以找到碰撞的對象。

其實，**透過 OnTriggerEnter() 的引數，也就是 Collider other，就能找到碰撞的對象。** 只是這個引數不是碰撞的物件本身，而是碰撞物件上附加的碰撞體元件（所以型態要設為 Collider）。第 15 行的 .gameObject 可以取得這個碰撞體附加的遊戲物件（也就是碰到的物品），再來就能用 Destroy() 方法刪除。

Fig.8-40　碰撞體傳入 method（以蘋果為例）

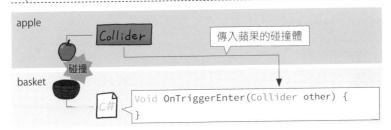

現在執行遊戲，移動籐籃去接住物品。物品真的會被刪除，「接到了！」也會顯示在控制視窗。

Fig.8-41 接住物品

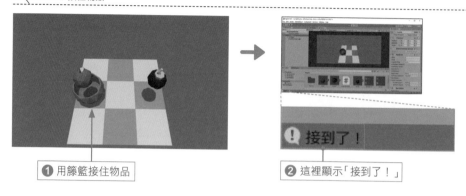

① 用籐籃接住物品

② 這裡顯示「接到了！」

8-5-3 運用標籤分辨物品種類

我們已經可以偵測出「接到了物品」，但現階段還無法區分接到的物品是蘋果還是炸彈。要區分物品種類的話，可以使用 Unity 內建的標籤（tag）功能來判斷。

標籤可以替物件加上特定名稱，其實在前面做的遊戲裡，**腳本也是根據標籤來分辨不同物件。**

Fig.8-42 以標籤分辨物品

只要分別替蘋果與炸彈加上標籤，就能區分接到的物品。我們先建立 Apple 與 Bomb 標籤，再分別貼在物件上。

從工具列選擇 Edit → Project Settings，開啟 Project Settings 視窗後，點擊 Tags and Layers。

Fig.8-43 建立標籤

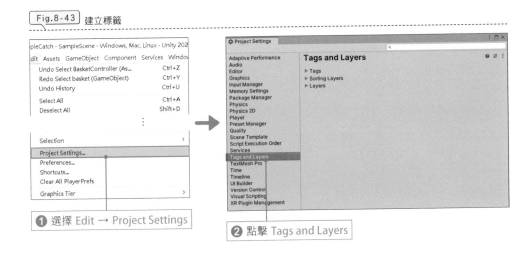

① 選擇 Edit → Project Settings

② 點擊 Tags and Layers

請點擊 ▶ Tags，展開後點擊 ＋，在 New Tag Name 欄位輸入 Apple，按下 Save 鈕。建立 Bomb 標籤的步驟也一樣，點擊 ＋，在 New Tag Name 欄位輸入 Bomb，按下 Save 鈕。這樣就建好名稱是「Apple」與「Bomb」的標籤了。

Fig.8-44 標籤命名

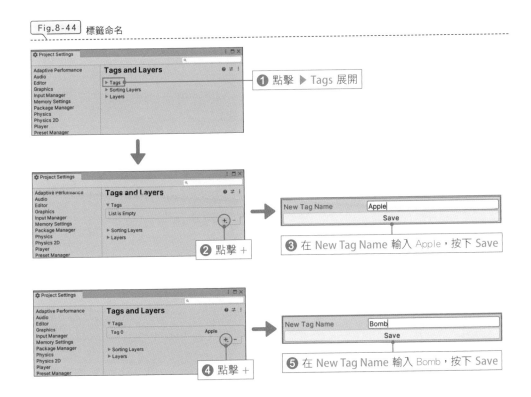

① 點擊 ▶ Tags 展開

② 點擊 ＋

③ 在 New Tag Name 輸入 Apple，按下 Save

④ 點擊 ＋

⑤ 在 New Tag Name 輸入 Bomb，按下 Save

接著要把做好的標籤貼在物件上。點選階層視窗的 apple，到檢視視窗的 Tag 欄位，從下拉式選單選擇 Apple。

Fig.8-45 設定 apple 物件的標籤

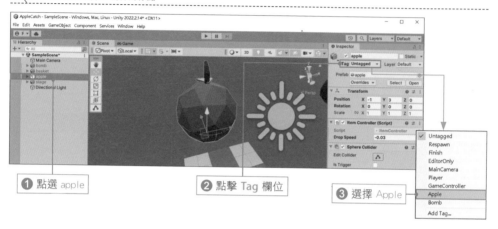

❶ 點選 apple　　　❷ 點擊 Tag 欄位　　　❸ 選擇 Apple

以相同步驟點選階層視窗的 bomb，到檢視視窗的 Tag 欄位，從下拉式選單選擇 Bomb。

Fig.8-46 設定 bomb 物件的標籤

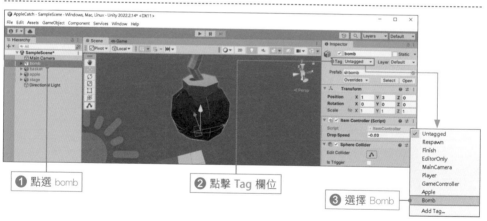

❶ 點選 bomb　　　❷ 點擊 Tag 欄位　　　❸ 選擇 Bomb

設定好各物件的標籤之後，就可以修改 BasketController 腳本，分辨接到的物品是蘋果還是炸彈。

雙擊專案視窗的 BasketController 開啟檔案，依照 List 8-4 修改程式碼。

| List8-4 | 用標籤分辨物件 |

```
 1  using System.Collections;
 2  using System.Collections.Generic;
 3  using UnityEngine;
 4
 5  public class BasketController : MonoBehaviour
 6  {
 7      void Start()
 8      {
 9          Application.targetFrameRate = 60;
10      }
11
12      void OnTriggerEnter(Collider other)
13      {
14          if (other.gameObject.CompareTag("Apple"))
15          {
16              Debug.Log("Tag=Apple");
17          }
18          else
19          {
20              Debug.Log("Tag=Bomb");
21          }
22          Destroy(other.gameObject);
23      }
24
25      void Update()
26      {

...中間略過...

38      }
39  }
```

　　我們修改了碰撞時呼叫的 OnTriggerEnter()。傳給這個 method 的引數 other 是接到的物品的碰撞體元件（Fig 8-40），而 other.gameObject 則是接到的物品（遊戲物件）。在第 14 行，物件呼叫的 .CompareTag() 是用來比對標籤的 method，如果這個物件的標籤和傳入的字串相同就會回傳 true，反之會回傳 false。

　　當碰撞對象的標籤為「Apple」時，控制視窗會顯示「Tag = Apple」；而當碰撞對象的標籤為「Bomb」時，控制視窗會顯示「Tag = Bomb」。再次執行遊戲，會發現接到蘋果與接到炸彈的顯示文字確實不同。

Fig.8-47 分辨接到的物品

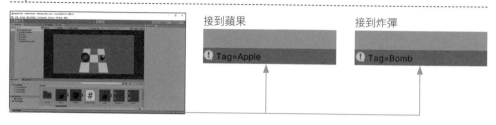

接到蘋果

🛈 Tag=Apple

接到炸彈

🛈 Tag=Bomb

8-5-4 接到物品時播放音效

雖然已經完成接物品的功能，但還是沒什麼「接住」的感覺。接住物品時可以做出的效果五花八門，例如用動畫暫時改變籐籃大小或是顯示驚嘆號等等。我們在這個遊戲選用最簡單的「發出音效」。

Fig.8-48 效果類型

動畫　　　　　驚嘆號　　　　　音效

用下列 3 個步驟加入音效吧。記得加入音效需要 AudioSource 元件（4-7-1）。

🐾 加入多個音效的步驟 重要！

❶ 把 AudioSource 元件附加在需要音效的物件上

❷ 用腳本指定不同時機要播放的音效

❸ 把聲音檔案指派給腳本裡的變數

🐟 把 AudioSource 元件附加在籐籃上

首先要將 AudioSource 元件附加在籐籃上。

點選階層視窗的 basket，再按下檢視視窗的 Add Component 按鈕，選擇 Audio → Audio Source。

Fig.8-49 將 AudioSource 元件附加在 basket 上

❶ 點選 basket

❷ 按下 Add Component

❸ 選擇 Audio → Audio Source

用腳本指定不同時機要播放的音效

第 4 章是把音源直接加進 AudioSource 元件，但是 AudioSource 元件只能加入一個音源。這次的遊戲有「接到蘋果」與「接到炸彈」2 種音效，因此需要透過腳本來指定播放的音源。

Fig.8-50 播放單一音效與播放多種音效

只能設定單一音源

聲音檔案

籐籃

選擇聲音檔案

C#

控制器腳本

聲音檔案

AudioSource

籐籃

修改 BasketController 腳本，在裡面加上控制音效的程式碼吧。

雙擊專案視窗的 BasketController 開啟檔案，參考 List 8-5 修改程式碼。

```
1  using System.Collections;
2  using System.Collections.Generic;
3  using UnityEngine;
4
5  public class BasketController : MonoBehaviour
6  {
7      public AudioClip appleSE;
8      public AudioClip bombSE;
9      AudioSource aud;
10
11     void Start()
12     {
13         Application.targetFrameRate = 60;
14         this.aud = GetComponent<AudioSource>();
15     }
16
17     void OnTriggerEnter(Collider other)
18     {
19         if (other.gameObject.CompareTag("Apple"))
20         {
21             this.aud.PlayOneShot(this.appleSE);
22         }
23         else
24         {
25             this.aud.PlayOneShot(this.bombSE);
26         }
27         Destroy(other.gameObject);
28     }
29
30     void Update()
31     {
32         if (Input.GetMouseButtonDown(0))
33         {
34             Ray ray = Camera.main.ScreenPointToRay(Input.mousePosition);
35             RaycastHit hit;
36             if (Physics.Raycast(ray, out hit, Mathf.Infinity))
37             {
38                 float x = Mathf.RoundToInt(hit.point.x);
39                 float z = Mathf.RoundToInt(hit.point.z);
40                 transform.position = new Vector3(x, 0, z);
41             }
42         }
43     }
44 }
```

因為要在接到蘋果和炸彈時播放不同的音效,所以要先宣告 2 個 AudioClip 變數(第 7、8 行)。再來,需要播放音效的時間點就是物品與籐籃發生碰撞的時候,所以播放音效的程式碼要寫在 OnTriggerEnter() 裡面,並根據碰撞對象的標籤決定要播放的 AudioClip(第 19 到 26 行)。

 把聲音檔案指派給腳本裡的變數

我們在腳本只有宣告音效的變數而已(只做出用來放 AudioClip 的空箱),還需要把聲音檔案指派給變數才行。這裡使用的一樣是插座連結法(5-7-7)。

> 🐾 **插座連結法** 重要!
> ❶ 變數前面加上 public 修飾詞,在腳本做出一個插座
> ❷ public 變數可以在檢視視窗進行設定
> ❸ 在檢視視窗插入(把物件拖放到檢視視窗)要指派的物件

點選階層視窗的 basket,在檢視視窗會看到 Basket Controller (Script),裡面有剛才在腳本宣告的 **Apple SE** 與 **Bomb SE** 欄位。請從專案視窗分別拖曳 get_se、damage_se 放到對應的欄位。

再次執行遊戲,確認是否會播放音效。

Fig.8-51 運用插座連結法加入聲音檔案

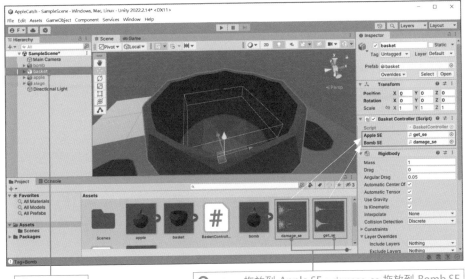

❶ 點選 basket

❷ get_se 拖放到 Apple SE,damage_se 拖放到 Bomb SE

8-6 建立工廠

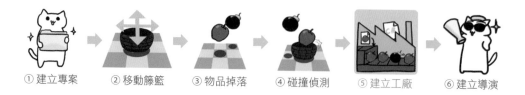

① 建立專案　② 移動籃籃　③ 物品掉落　④ 碰撞偵測　⑤ 建立工廠　⑥ 建立導演

8-6-1 建立 Prefab

完成掉落物品的各種設定後，接著要建立自動生產物品的工廠，功能是「**每隔一段時間就在隨機位置製造蘋果或炸彈**」。這是我們第 3 次建立工廠，是否已經熟悉建造步驟了呢？

> 🐾 **建立工廠的步驟** 重要！
> ❶ 用現有的物件建立 prefab
> ❷ 編寫產生器腳本
> ❸ 把產生器腳本附加到空物件上
> ❹ 把 prefab 傳進產生器腳本

首先要製作蘋果和炸彈的 prefab。請將階層視窗的 apple 拖放到專案視窗，然後按下彈出視窗的 Original Prefab 鈕。新建的 prefab 請更名為 applePrefab。

Fig.8-52　建立 apple 的 prefab

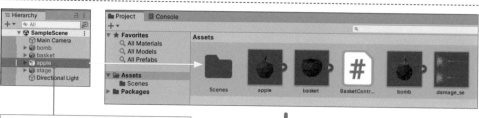

❶ 將階層視窗的 apple 拖放到專案視窗

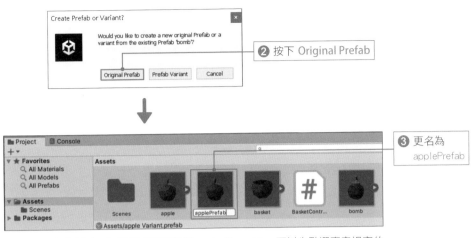

❷ 按下 Original Prefab

❸ 更名為
applePrefab

※ 更改檔案名稱時，如果分不清楚哪個 apple 是 prefab，可以先點選專案視窗的
　apple，再看檢視視窗最上方的名稱。結尾是 (Prefab Asset) 的檔案就是 prefab。

做好設計圖之後，階層視窗內的蘋果就用不到了，直接刪除就好。在階層視窗的
apple 上按滑鼠右鍵，選擇 Delete。

以相同步驟製作炸彈的 prefab。把階層視窗的 bomb 拖放到專案視窗，然後按下
彈出視窗的 Original Prefab 鈕。新建的 prefab 請更名為 bombPrefab。階層視窗的
bomb 就按滑鼠右鍵 → Delete 刪除。

Fig.8-53　建立 bomb 的 prefab

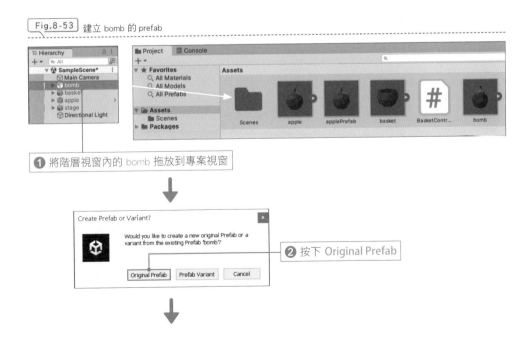

❶ 將階層視窗內的 bomb 拖放到專案視窗

❷ 按下 Original Prefab

③ 更名為
bombPrefab

Assets/bomb Variant.prefab

8-6-2 編寫產生器腳本

接著要寫物品的產生器腳本,做出「每隔一段時間就在隨機位置製造蘋果或炸彈」的效果。一次做出所有功能的難度太高,我們先從**「每秒掉出蘋果」**這個功能開始就好,確認沒問題後,再慢慢增加其他功能。

在專案視窗按滑鼠右鍵,選擇 Create → C# Script,檔名改為 ItemGenerator。

製作腳本 → ItemGenerator

雙擊建好的 ItemGenerator 開啟檔案,輸入 List 8-6 的程式碼再存檔。

List8-6　每秒掉出蘋果的腳本

```
1  using System.Collections;
2  using System.Collections.Generic;
3  using UnityEngine;
4
5  public class ItemGenerator : MonoBehaviour
6  {
7      public GameObject applePrefab;
8      public GameObject bombPrefab;
9      float span = 1.0f;
10     float delta = 0;
11
12     void Update()
13     {
14         this.delta += Time.deltaTime;
15         if (this.delta > this.span)
16         {
17             this.delta = 0;
18             Instantiate(applePrefab);
19         }
20     }
21 }
```

因為這次也要用插座連結法把 prefab 傳進腳本，所以在第 7、8 行先宣告了 prefab 的變數。這個腳本雖然目前只能製造蘋果，但之後也會用同一個腳本製造炸彈，所以也先宣告炸彈的變數。

至於「每秒製造物品」的演算法，直接使用第 5 章製造箭頭的演算法（竹筒計時器）應該可行（5-7-5）。在 Update() 裡面累加影格的時間差，總和超過 1 秒的時候，就用 Instantiate() 製造蘋果物件。

8-6-3 附加產生器腳本

首先要建立用來附加產生器腳本的空物件。請點選階層視窗的 + → Create Empty，階層視窗內就會新增一個 GameObject，請更名為 ItemGenerator。

Fig.8-54 建立空物件

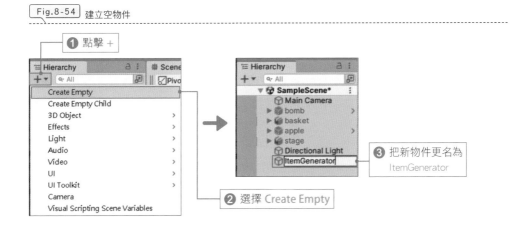

將產生器腳本附加到建好的空物件上。選取專案視窗的 ItemGenerator 腳本，拖放到階層視窗的 ItemGenerator 物件上。

Fig.8-55 附加腳本到 ItemGenerator

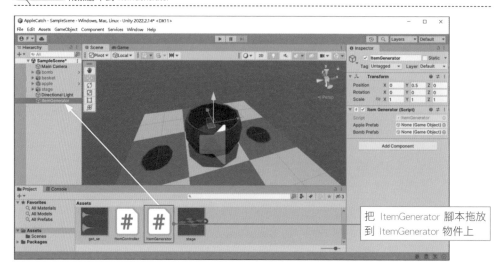

把 ItemGenerator 腳本拖放
到 ItemGenerator 物件上

　　把 prefab 傳到產生器腳本裡的變數吧。點選階層視窗的 ItemGenerator，再到檢視視窗的 Item Generator（Script）找到 **Apple Prefab** 與 **Bomb Prefab**。從專案視窗把 applePrefab 和 bombPrefab 分別拖放到這兩個欄位。

Fig.8-56 用插座連結法加入 prefab

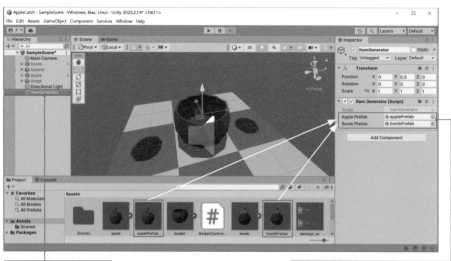

❶ 點選 ItemGenerator

❷ 拖曳 applePrefab 到 **Apple Prefab**、
拖曳 bombPrefab 到 **Bomb Prefab**

這樣就蓋好工廠了！實際執行遊戲看看，確實每隔一秒就會有蘋果掉下來。但是每次都掉在同一個位置的話，根本稱不上是遊戲，所以我們還需要繼續升級工廠的功能。

每秒都有蘋果掉落

8-6-4 隨機產生物品

目前「物品掉落的位置」與「掉落的物品種類」都固定不變，就遊戲而言相當無趣。我們現在就來修正這 2 點。

首先是讓物品掉落在隨機地點。

隨機設定物品位置

物品應該要隨機掉落在九宮格的其中一區。之前已經把平台中央設為原點，所以周邊 8 個區塊的座標就分別會在 +1 到 -1 的範圍內。物品出現的 X, Z 座標就如同 Fig 8-58 所示。

Fig.8-58 物品掉落的座標

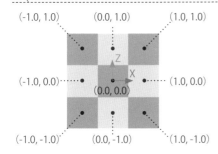

仔細觀察 Fig 8-58，會發現 X 軸座標跟 Z 軸座標只有 0、-1、+1 這 3 種，所以只要把 X, Z 隨機設定成這 3 個值之一的話，應該就能做出物品隨機掉落在九宮格的功能。

事不宜遲，趕緊將這個想法寫進 ItemGenerator 吧。請開啟專案視窗的 ItemGenerator，依照 List 8-7 修改程式碼。

List8-7　隨機設定物品出現位置

```
1   using System.Collections;
2   using System.Collections.Generic;
3   using UnityEngine;
4
5   public class ItemGenerator : MonoBehaviour
6   {
7       public GameObject applePrefab;
8       public GameObject bombPrefab;
9       float span = 1.0f;
10      float delta = 0;
11
12      void Update()
13      {
14          this.delta += Time.deltaTime;
15          if (this.delta > this.span)
16          {
17              this.delta = 0;
18              GameObject item = Instantiate(applePrefab);
19              float x = Random.Range(-1, 2);
20              float z = Random.Range(-1, 2);
21              item.transform.position = new Vector3(x, 4, z);
22          }
23      }
24  }
```

Instantiate() 的回傳值就是製造出來的蘋果物件，我們要把這個物件的 X, Z 座標隨機指派成 -1、0 或 1（第 18 到 21 行）。這裡用了 Random 的 Range() 來隨機指派數值。

在 Range() 傳入整數，會隨機回傳「第 1 個引數（含）以上、小於第 2 個引數」的整數。也就是說，像這樣的語法：

```
x = Random.Range(a, b);
```

隨機產生的 x 會在 a ≦ x < b 的範圍內。要特別注意，回傳的值包含 a 但不包含 b。這次我們想要隨機得到 -1 和 1 之間的整數，所以 Range() 的引數為 -1 和 2。

改好腳本後執行遊戲，看看蘋果是不是會隨機掉落。

Fig.8-59 蘋果隨機掉落

隨機設定物品種類

現在蘋果會掉落在隨機位置了，如果在掉落的物品裡再參雜一些炸彈，遊戲會變得更有樂趣和挑戰性。我們要再次修改腳本，做出「**每個掉落的物品都有固定的機率會是炸彈**」的功能。

該如何以固定機率製造炸彈呢？假如想要設定有 20% 的機率會出現炸彈，那我們可以擲一個寫著 1 到 10 的十面骰子，如果骰出 1 或 2 就製造炸彈、骰出其他數值就製造蘋果。這似乎是個可行的方法。

Fig.8-60 蘋果與炸彈的製造方法
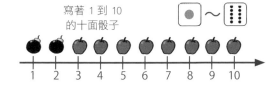

將上述演算法加入 ItemGenerator 吧。請開啟專案視窗的 ItemGenerator，依照 List 8-8 修改腳本。

```
1  using System.Collections;
2  using System.Collections.Generic;
3  using UnityEngine;
4
5  public class ItemGenerator : MonoBehaviour
6  {
7      public GameObject applePrefab;
8      public GameObject bombPrefab;
9      float span = 1.0f;
10     float delta = 0;
11     int ratio = 2;
12
13     void Update()
14     {
15         this.delta += Time.deltaTime;
16         if (this.delta > this.span)
17         {
18             this.delta = 0;
19             GameObject item;
20             int dice = Random.Range(1, 11);
21             if (dice <= this.ratio)
22             {
23                 item = Instantiate(bombPrefab);
24             }
25             else
26             {
27                 item = Instantiate(applePrefab);
28             }
29             float x = Random.Range(-1, 2);
30             float z = Random.Range(-1, 2);
31             item.transform.position = new Vector3(x, 4, z);
32         }
33     }
34 }
```

擲骰子的部分是用前面出現過的 Range() 來實作。因為要隨機取得 1 到 10 的值，所以 Random.Range() 的引數設為 1 和 11（第 20 行）。由於產生炸彈的機率要設為 20%，所以設定擲出小於等於 2 的數值就落下炸彈，其他狀況則落下蘋果（第 21 到 28 行）。

請再次執行遊戲，確認蘋果與炸彈是否隨機掉落。

Fig.8-61 蘋果與炸彈會隨機掉落

8-6
●
建立工廠

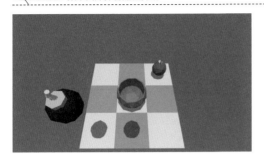

從外部調整參數

在生產器腳本裡有各種物品的參數（掉落頻率、掉落速度、種類比例），調整這些
參數就能改變遊戲的難度。在本章最後的**關卡設計，就是藉由設定這些參數，延長
遊玩的樂趣與刺激感**。

為了之後方便修改這些參數，可以先準備一個修改參數的 method。請參考 List
8-9 修改 ItemGenerator。

List8-9 加上調整參數用的 method

```
1  using System.Collections;
2  using System.Collections.Generic;
3  using UnityEngine;
4
5  public class ItemGenerator : MonoBehaviour
6  {
7      public GameObject applePrefab;
8      public GameObject bombPrefab;
9      float span = 1.0f;
10     float delta = 0;
11     int ratio = 2 ;
12     float speed = -0.03f;
13
14     public void SetParameter(float span, float speed, int ratio)
15     {
16         this.span = span;
17         this.speed = speed;
18         this.ratio = ratio;
19     }
20
21     void Update()
22     {
```

```
23          this.delta += Time.deltaTime;
24          if (this.delta > this.span)
25          {
26              this.delta = 0;
27              GameObject item;
28              int dice = Random.Range(1, 11);
29              if (dice <= this.ratio)
30              {
31                  item = Instantiate(bombPrefab);
32              }
33              else
34              {
35                  item = Instantiate(applePrefab);
36              }
37              float x = Random.Range(-1, 2);
38              float z = Random.Range(-1, 2);
39              item.transform.position = new Vector3(x, 4, z);
40              item.GetComponent<ItemController>().dropSpeed = this.speed;
41          }
42      }
43 }
```

第 14 到 19 行定義了 SetParameter()，可以直接修改關卡難度的相關參數，包括物品的掉落時間間隔、掉落速度、蘋果與炸彈的比例。

加在第 12 行的成員變數 speed 控制的是物品掉落速度。因為要改為用參數設定物品的掉落速度，所以在第 40 行將 speed 指派給 ItemController 的 dropSpeed 變數。

我們在這一節完成了製造物品的工廠，也寫好後續調整關卡難度用的 method。在 8-8 節會進一步說明如何運用這些參數調整關卡難度，敬請期待！

⌒Tips⌒ 亂數是什麼？

亂數可以應用在遊戲的各種情境，像是物品的出現機率、敵人的行動模式、遇敵機率等等。一旦亂數的規律被玩家分析清楚，就能輕鬆取得稀有物品，或是預測敵人的行動模式，這樣遊戲就不好玩了。實際上，的確也有人發現知名遊戲的「密技」，也就是破解了亂數規則。

明明是隨機亂數，為什麼能預測下一個出現的數字呢？其實電腦的亂數並不是真正的亂數，而是「虛擬亂數（pseudo random）」。真正的亂數就像擲骰子一樣，無法預測出現哪個數字，而**虛擬亂數雖然看起來像隨機，實際上是一個固定的數列，早就安排好後續的數字了**。

Fig.8-62 亂數與虛擬亂數的差異

真實亂數　　　　　　　　　虛擬亂數

　也就是說，只要掌握虛擬亂數的數列模式，就能預知下一個數字，甚至還能刻意安排特定的數字。平時我們不會感受到規律，只是因為這個數列非常的長（最基本的也有數十億個數字）。另外，虛擬亂數的數列是固定的，如果每次都從第一個數字開始取用，就會在每一輪遊戲都產生相同的亂數模式。為了避免這種情況，每次都要從不同位置開始使用數列，才能改變數列模式。這個決定「開始位置」的值就稱為「亂數種子」，大部分的情況會以「當下時間」來設定亂數種子。

Fig.8-63 亂數種子

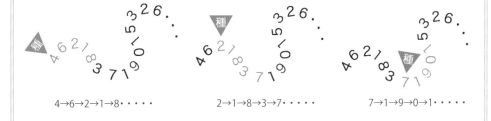

4→6→2→1→8‥‥‥　　　　2→1→8→3→7‥‥‥　　　　7→1→9→0→1‥‥‥

>Tips< **開啟已刪除物件的音效**

　在 8-5-4 設定籐籃與物品的碰撞音效時，我們是把 AudioSource 元件附加在籐籃上。當時看起來，把這個 AudioSource 元件附加在蘋果、炸彈上似乎也未嘗不可，但其實是行不通的。籐籃與物品發生碰撞的瞬間，會同時呼叫 Destroy() 刪除物品，在播放音效前，附加在物品上的 AudioSource 元件也會被刪除。所以目前的做法必須把元件附加在固定不變的籐籃上才行。

　不過，如果需要用腳本播放已刪除物件上的音效元件，也可以改用 AudioSource.PlayClipAtPoint(AudioClip clip, Vector3 pos)。只要指定音源與播放音效的座標，這個 method 就會在指定座標創造新的遊戲物件並播放音效。這麼一來即使原本的物件已被刪除，也能播放音效。

8-7 製作 UI

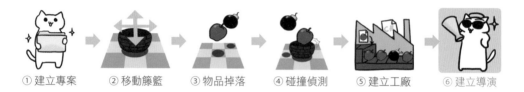

① 建立專案　② 移動籐籃　③ 物品掉落　④ 碰撞偵測　⑤ 建立工廠　⑥ 建立導演

8-7-1 設置 UI

這次製作的遊戲需要準備 2 個 UI：時間限制與分數。「時間限制 UI」負責**顯示遊戲剩餘時間**，「得分 UI」則**顯示玩家拿到的分數**，接到蘋果加 100 分，接到炸彈分數減半。

製作 UI 的方式跟之前一樣：先設置 UI 物件，再製作更新 UI 的導演腳本。先點選階層視窗的 + → UI → Text-TextMeshPro，會跳出 TMP Importer 視窗，按下 Import TMP Essentials 按鈕，匯入完成後關閉視窗。階層視窗會出現一個 Text (TMP)，請更名為 Time。

Fig.8-64 製作時間限制 UI 的 Text 物件

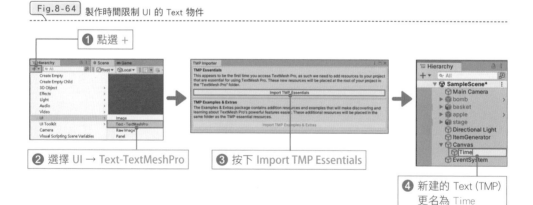

再來把 Time 的位置調整到遊戲畫面的右上角。點選階層視窗的 Time，到檢視視窗把錨點設為右上，Rect Transform 的 Pos 設為 -170, -70, 0，Width、Height 設為 250、100，TextMeshPro 的 Text 設為 60.0，FontSize 設為 84，Alignment 的橫向設成 Right、直向設成 Middle。

Fig.8-65 調整 Text

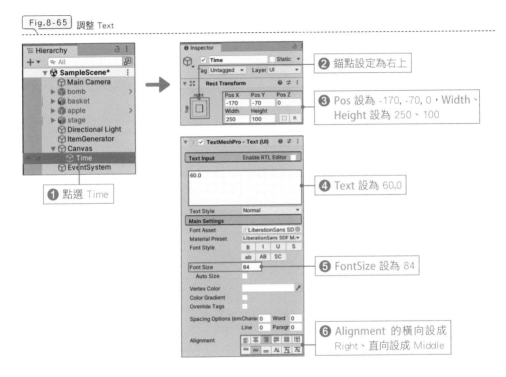

設置完時間限制 UI 之後，接著以相同流程設置分數 UI。點選階層視窗的 + → UI → Text-TextMeshPro，階層視窗的 Canvas 底下會再多出一個 Text（TMP），請更名為 Point。

Fig.8-66 製作分數 UI 的 Text 物件

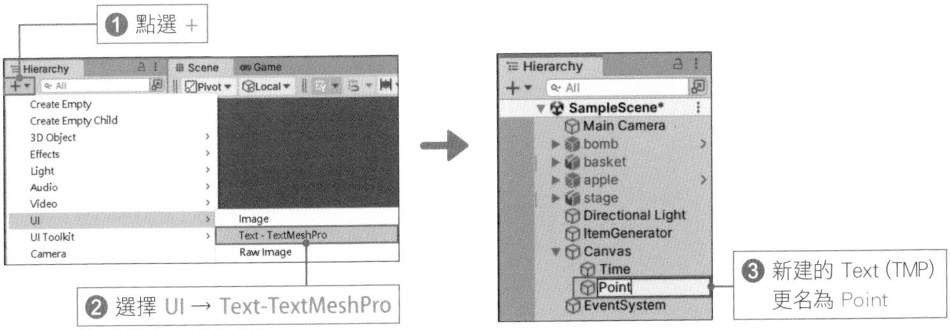

以相同步驟調整 Point 的設定。點選階層視窗的 Point，到檢視視窗把錨點設為右上，**Rect Transform** 的 **Pos** 設為 -270, -180, 0，**Width**、**Height** 設為 450、100，**TextMeshPro** 的 **Text** 設為 0 point，**FontSize** 設為 84，**Alignment** 的橫向設成 Right、直向設成 Middle。

調整 Text

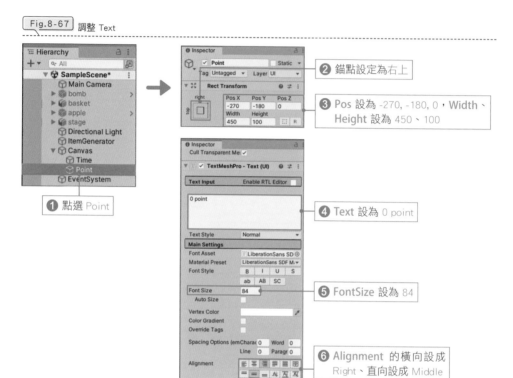

❶ 點選 Point

❷ 錨點設定為右上

❸ Pos 設為 -270、-180、0，Width、Height 設為 450、100

❹ Text 設為 0 point

❺ FontSize 設為 84

❻ Alignment 的橫向設成 Right、直向設成 Middle

做到這裡先執行遊戲，確認一下 UI 的樣子。時間限制和得分的 UI 都確實顯示在畫面右上角呢！下一步就是建立這些 UI 的導演腳本。

Fig.8-68 顯示時間限制與分數

UI 文字顯示在遊戲畫面右上角

60.0
0 point

8-7-2 製作更新 UI 的導演腳本

UI 物件已經設置於場景視窗，接著要建立導演腳本，根據遊戲狀況更新 UI。**導演需要負責管理時間限制與分數，一旦數值更新，就透過 UI 顯示在畫面上。**

建立導演的方法跟前面章節一樣，一共有下列 3 個步驟：

> 🐾 **建立導演物件的步驟** 重要！
> ❶ 編寫導演腳本
> ❷ 建立空物件
> ❸ 把寫好的導演腳本附加到空物件上

編寫導演腳本

首先要製作導演腳本。如果一次完成時間限制與得分兩項功能，難度會很高，所以我們會**先完成時間限制的部分。**

時間限制**從 60 秒開始倒數，數到 0 秒停止。**倒數的時間是依據每個影格的時間差（Time.deltaTime）。遊戲開始時會設定時間剩下 60 秒，每個影格都減去 deltaTime，就能做出倒數的效果。在 2-3-1 有關於 Time.deltaTime 的說明。

Fig.8-69 倒數的機制

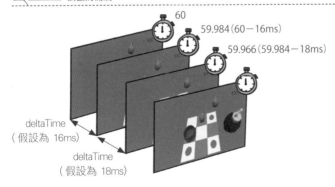

60

59.984（60－16ms）

59.966（59.984－18ms）

deltaTime
（假設為 16ms）

deltaTime
（假設為 18ms）

趕緊實作這個演算法吧。在專案視窗按滑鼠右鍵，選擇 Create → C# Script，將檔案名稱改為 GameDirector。

製作腳本 → GameDirector

雙擊 GameDirector 開啟檔案，輸入 List 8-10 的程式碼後存檔。

List8-10　管理時間限制的腳本

```
 1  using System.Collections;
 2  using System.Collections.Generic;
 3  using UnityEngine;
 4  using TMPro;   // 要使用 TextMeshPro 就必須加上這一行！
 5
 6  public class GameDirector : MonoBehaviour
 7  {
 8      GameObject timerText;
 9      float time = 60.0f;
10
11      void Start()
12      {
13          this.timerText = GameObject.Find("Time");
14      }
15
16      void Update()
17      {
18          this.time -= Time.deltaTime;
19          this.timerText.GetComponent<TextMeshProUGUI>().text =
20              this.time.ToString("F1");
20      }
21  }
```

第 8 行宣告變數 timerText，是用來存放 Start() 裡面搜尋到的 UI 物件「Time」。

第 9 行宣告的是剩餘時間的變數 time，初始值是 60 秒。在 Update() 裡面會把剩餘時間減去影格之間的時間差（第 18 行）。如此一來，每次呼叫 Update() 時（影格更新時），剩餘時間就會減少。在第 19 行用 ToString() 將剩餘時間轉換成字串，再指派給 TextMeshProUGUI 的 text 成員。而剩餘時間只要顯示到小數第一位，所以要傳入指定格式的字串引數 "F1"（4-6-1）。

建立空物件

接著建立空物件，才能附加導演腳本。點選階層視窗的 + → **Create Empty** 建立空物件，並更名為 GameDirector。

Fig.8-70　建立空物件

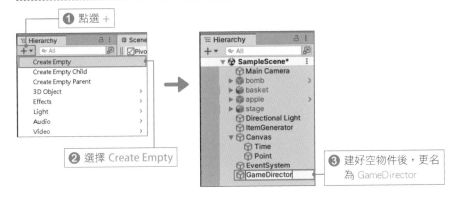

❶ 點選 +

❷ 選擇 Create Empty

❸ 建好空物件後，更名
為 GameDirector

附加導演腳本

把專案視窗的 GameDirector 腳本拖放到階層視窗的 GameDirector 物件上面。

Fig.8-71　附加腳本到 GameDirector 物件上

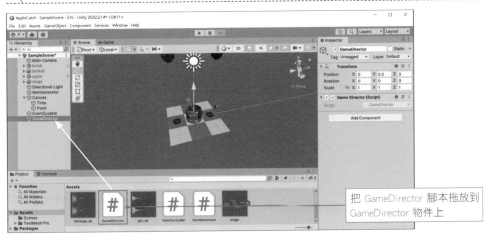

把 GameDirector 腳本拖放到
GameDirector 物件上

這樣就完成顯示時間限制的 UI 了。請執行遊戲確認，時間限制的 UI 數字真的會
慢慢減少！

Fig.8-72　時間限制倒數

53.4　← UI 數字隨時間減少
0 point

8-7-3 管理分數

完成時間限制的 UI 後,接著要實作導演的另一項功能:計算得分。那分數又該在什麼時間點更新呢?

當物品與藤籃發生碰撞時,分數就會變化。此時藤籃控制器會向導演要求「增加分數」或是「減少分數」,收到要求的導演就更新 UI 顯示。統整上述流程,我們需要完成下列 2 項功能:

❶ 藤籃控制器通知導演增減分數

❷ 導演更新 UI 顯示

在第 5 章更新生命值的時候也是依照這個流程(5-9-1)。

🐟 導演更新 UI

既然現在正在編輯導演腳本,那就先從更新 UI 的部分開始做起。

Fig.8-73 更新 UI

① 要求更新分數　　② 更新 UI

雙擊專案視窗的 GameDirector 開啟檔案,依照 List 8-11 修改程式碼。

List8-11 更新 UI 的腳本

```
1  using System.Collections;
2  using System.Collections.Generic;
3  using UnityEngine;
4  using TMPro;
5
6  public class GameDirector : MonoBehaviour
7  {
```

```
 8      GameObject timerText;
 9      GameObject pointText;
10      float time = 60.0f;
11      int point = 0;
12
13      public void GetApple()
14      {
15          this.point += 100;
16      }
17
18      public void GetBomb()
19      {
20          this.point /= 2;
21      }
22
23      void Start()
24      {
25          this.timerText = GameObject.Find("Time");
26          this.pointText = GameObject.Find("Point");
27      }
28
29      void Update()
30      {
31          this.time -= Time.deltaTime;
32          this.timerText.GetComponent<TextMeshProUGUI>().text =
                  this.time.ToString("F1");
33          this.pointText.GetComponent<TextMeshProUGUI>().text =
                  this.point.ToString() + " point";
34      }
35 }
```

　　第 9 行宣告的變數 pointText，會在 Start() 裡面用來指派 Find() 搜尋到的 UI 零件「Point」。在 Update() 則會把目前分數的字串指派給 pointText 並更新顯示。

　　第 13 到 21 行定義了 GetApple() 與 GetBomb()，用來更新分數（point 變數），這 2 個同時也是籐籃接到蘋果或炸彈時要呼叫的 method。

籐籃控制器通知導演

　　完成導演腳本修改分數的 method 之後，接著要用籐籃呼叫這些 method。

Fig.8-74 更新分數

① 更新分數　　② 更新 UI

請開啟專案視窗的 BasketController，依照 List 8-12 修改程式碼。

List8-12 更新分數的腳本

```
1   using System.Collections;
2   using System.Collections.Generic;
3   using UnityEngine;
4
5   public class BasketController : MonoBehaviour
6   {
7       public AudioClip appleSE;
8       public AudioClip bombSE;
9       AudioSource aud;
10      GameObject director;
11
12      void Start()
13      {
14          Application.targetFrameRate = 60;
15          this.aud = GetComponent<AudioSource>();
16          this.director = GameObject.Find("GameDirector");
17      }
18
19      void OnTriggerEnter(Collider other)
20      {
21          if (other.gameObject.CompareTag("Apple"))
22          {
23              this.aud.PlayOneShot(this.appleSE);
24              this.director.GetComponent<GameDirector>().GetApple();
25          }
26          else
27          {
28              this.aud.PlayOneShot(this.bombSE);
29              this.director.GetComponent<GameDirector>().GetBomb();
30          }
31          Destroy(other.gameObject);
32      }
33
34      void Update()
35      {
36          if (Input.GetMouseButtonDown(0))
37          {
```

```
38              Ray ray = Camera.main.ScreenPointToRay(Input.mousePosition);
39              RaycastHit hit;
40              if (Physics.Raycast(ray, out hit, Mathf.Infinity))
41              {
42                  float x = Mathf.RoundToInt(hit.point.x);
43                  float z = Mathf.RoundToInt(hit.point.z);
44                  transform.position = new Vector3(x, 0, z);
45              }
46          }
47      }
48  }
```

BasketController 會呼叫 GameDirector 腳本的 GetApple() 或是 GetBomb()，讓導演增減分數。

因為要呼叫導演腳本的 method，所以在第 16 行用 Find() 搜尋出導演物件，指派給變數 director。

當接到蘋果或炸彈時，就可以透過 director 變數呼叫 GetApple() 或 GetBomb()（第 24 行與第 29 行）。這樣就完成「籐籃控制器要求導演增減分數，導演再更新 UI」這一連串的動作了。

> 🐾 **在其他物件存取元件的步驟** 重要！
> ❶ 用 Find() 找出物件
> ❷ 用 GetComponent<>() 取得物件的元件
> ❸ 存取元件裡的資料

Fig.8-75 成功計算得分

加上計分與時間限制後，就更有遊戲的樣子了！然而，目前的遊戲在經過 60 秒後並不會結束，物品依然會持續掉落。針對這個問題，我們只要在剩餘時間變成負數的時候，讓導演腳本要求產生器腳本「停止生產」就可以了。在下一個章節就會實作這個解決方法。

8-8 關卡設計

我們在 8-8 節要學習的是關卡設計。**所謂的關卡設計，就是根據遊戲進度調整難度，維持玩家的遊戲樂趣。**難度會影響遊戲整體的趣味性，可能變得更有趣，也可能變得超無聊，務必要多費點心力仔細調整。

8-8-1 試玩遊戲

在 8-7 節，我們總算做出一個完整的遊戲了，接著就是認真試玩啦！此時最重要的，就是以客觀的角度玩遊戲。可以試著想像自己受朋友之託，在「我做了一個遊戲，幫我玩玩看！」的情境下試玩。

此時需要掌握的是「遊戲的哪部分好玩、哪部分無聊」。自己試玩的感覺，也很有可能是其他玩家實際遊玩的感受。我們**必須盡可能增加有趣部分，並減少無聊、玩起來有壓力的地方。**

Fig.8-76 想像試玩朋友製作的遊戲

請以全新的心情試玩第 8 章的遊戲。感覺如何呢？我個人是在遊戲開始之後 30 秒左右，就覺得都是固定的動作，有點膩了。如果一直重複單調的動作，大腦會產生一種「已經夠了、不想要了」的感覺。玩到最後 15 秒左右，是不是心裡開始出現「怎麼還沒結束啊……」這樣的痛苦呢？

先別在這個階段就氣餒。**還沒調整過的遊戲，怎麼會讓人覺得有趣？**接下來只要好好調整，刪去那些無聊、扣分的成分就可以了。

Fig.8-77 玩越久越痛苦

8-8
●
關卡設計

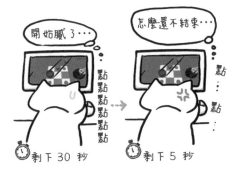

這次試玩找到了 2 個問題：

・遊戲時間太長，容易玩到膩

・遊戲不刺激，動作單調

我們接著就要解決這 2 個問題。

8-8-2 調整時間限制

　　時間限制就像辛香料一樣，能讓遊戲更加有趣。不只是遊戲，日常生活的瑣碎工作加上時間限制後，做起來也會多了幾分趣味性。面對無聊的工作，只要對自己訂下「中午之前要做完！」的規則，不但瞬間湧出動力，也提升了做事效率，可謂一石二鳥呀！

Fig.8-78 有時間限制才能做得起勁

當然也有很多遊戲不限制時間才好玩，如果時間限制過於嚴格，壓力就會蓋過樂趣，玩起來一點也不開心。這部分的平衡就像是料理與辛香料的關係，要根據遊戲屬性定出合適的時間限制。

Fig.8-79 時間限制就像辛香料

試玩遊戲後，已經知道時間限制設成 1 分鐘太長了，那就縮短時間限制吧。

雖說要縮短，但是要縮到多短才好呢？剛才試玩的時候，大概 30 秒左右就開始膩了，看來 30 秒就是能盡情享受遊戲的極限，把時間限制改成 30 秒吧。

開啟專案視窗的 GameDirector，把變數 time 的初始值從 60 改成 30。

List8-13 改變時間限制

```
1  using System.Collections;
2  using System.Collections.Generic;
3  using UnityEngine;
4  using TMPro;
5
6  public class GameDirector : MonoBehaviour
7  {
8      GameObject timerText;
9      GameObject pointText;
10     float time = 30.0f;
11     int point = 0;
...以下省略...
```

時間限制改為 30 秒後再次試玩遊戲。縮短時間後，的確不會覺得那麼無聊了，但也當然沒有變得更有趣。這是**因為遊戲難度從頭到尾都沒有變化**。

以動作類遊戲為例，要是從新手關卡到最終魔王的難度都相同的話，也一定馬上就玩膩了。如果想要**隨遊戲進展調整難度**，就得仰賴「關卡設計」。

8-8-3 「關卡設計」是什麼？

關卡設計是遊戲業界術語，來自英文的「level design」。這個詞在業界包含了**遊戲空間的配置和遊戲難度的設計**兩種意思。

本書所談的關卡設計，指的是「調整難度」這件事。關卡設計最重要的就是「讓玩家玩得興奮又期待」。這種興奮感常被形容為「享受」、「沉迷」、「上癮」，那又該如何營造出這樣的樂趣呢？雖然稍微離題，但我想先跟大家談談「什麼是快樂？」

一位名為米哈里・契克森米哈伊（Mihaly Csikszentmihalyi）的心理學家曾針對「快樂」進行研究，他將「專注投入某件事」的狀態稱為「**心流（Flow）**」，並指出「當玩家自身能力與遊戲挑戰內容旗鼓相當，會更容易進入心流狀態」，還說「進入心流狀態的過程會令人興致高昂」。

Fig.8-80 趣味性與難度的關係

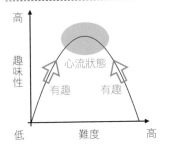

只要在遊戲裡刻意引發心流狀態，玩家就會感受到其中的樂趣，至於**能否引出這個心流狀態，最重要的就是找出玩家的「最適難度」**。

遊戲的挑戰內容太簡單會讓玩家覺得無聊，但太難又會害得玩家直接放棄。我們可以調整遊戲難度，讓玩家**總是覺得挑戰有一點困難**。這次的難度調整以圖表說明，會像 Fig 8-81。

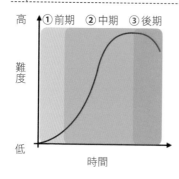

| Fig.8-81 | 難度與時間的關係

① 是遊戲剛開始、玩家還在理解遊戲內容的暖身時間。這個階段要調低難度，別讓玩家覺得太難。

② 是玩家已經漸漸熟悉遊戲的時候，可以漸進提高遊戲難度。此階段的結尾可以設為遊戲難度的頂點。

③ 是遊戲後期，可以稍微調降難度，給予玩家獎勵與成就感。如果維持高難度直到遊戲結束，遊戲留下的疲勞感會蓋過樂趣。所以最後必須稍微調降難度，讓玩家愉快結束遊戲。

8-8-4 關卡設計實作挑戰！

針對這次的遊戲來設計難度吧。直接影響遊戲難度的參數有：

· 物品掉落頻率

· 物品掉落速度

· 蘋果與炸彈的比例

調整上述參數，設定恰當的遊戲難度吧。根據 Fig 8-81 的難度曲線，可以列出參數在各遊戲階段（時間）的設定，如 Table 8-4 所示。

Table8-4	根據難度曲線設定參數		
剩餘時間	掉落頻率	掉落速度	炸彈比例
0 ~ 5 秒	每隔 0.9 秒	-0.04	30%
5 ~ 10 秒	每隔 0.4 秒	-0.06	60%
10 ~ 20 秒	每隔 0.7 秒	-0.04	40%
20 ~ 30 秒	每隔 1 秒	-0.03	20%

這些參數值是暫時憑感覺訂出來的，後續都還可以再修改。先依照這個表格設定參數，等重新試玩遊戲後再回頭調整。

因為管理時間的是導演腳本，所以在指定時間宣布「把各參數設成○○！」這件事，就也交給導演來做吧。

Fig.8-82 把參數交給工廠

設定參數的 method 已經寫在產生器腳本裡面了（List 8-9），我們只要在導演腳本加進程式碼來呼叫 method、設定參數就好。開啟專案視窗的 GameDirector，依照 List 8-14 修改程式碼。

List8-14 設定參數

```
 1  using System.Collections;
 2  using System.Collections.Generic;
 3  using UnityEngine;
 4  using TMPro;
 5
 6  public class GameDirector : MonoBehaviour
 7  {
 8      GameObject timerText;
 9      GameObject pointText;
10      float time = 30.0f;
11      int point = 0;
12      GameObject generator;
13
14      public void GetApple()
15      {
16          this.point += 100;
17      }
```

```
18
19    public void GetBomb()
20    {
21        this.point /= 2;
22    }
23
24    void Start()
25    {
26        this.timerText = GameObject.Find("Time");
27        this.pointText = GameObject.Find("Point");
28        this.generator = GameObject.Find("ItemGenerator");
29    }
30
31    void Update()
32    {
33        this.time -= Time.deltaTime;
34
35        if (this.time < 0)
36        {
37            this.time = 0;
38            this.generator.GetComponent<ItemGenerator>().SetParameter(
                  10000.0f, 0, 0);
39        }
40        else if (0 <= this.time && this.time < 5)
41        {
42            this.generator.GetComponent<ItemGenerator>().SetParameter(
                  0.9f, -0.04f, 3);
43        }
44        else if (5 <= this.time && this.time < 10)
45        {
46            this.generator.GetComponent<ItemGenerator>().SetParameter(
                  0.4f, -0.06f, 6);
47        }
48        else if (10 <= this.time && this.time < 20)
49        {
50            this.generator.GetComponent<ItemGenerator>().SetParameter(
                  0.7f, -0.04f, 4);
51        }
52        else if (20 <= this.time && this.time < 30)
53        {
54            this.generator.GetComponent<ItemGenerator>().SetParameter(
                  1.0f, -0.03f, 2);
55        }
56
57        this.timerText.GetComponent<TextMeshProUGUI>().text =
              this.time.ToString("F1");
58        this.pointText.GetComponent<TextMeshProUGUI>().text =
              this.point.ToString() + " point";
59    }
60 }
```

在 Update() 裡面會根據剩餘的時間，在工廠設定相應的參數值。設定參數是透過 List 8-9 的 SetParameter()。

另外之前也提到，遊戲結束時必須停止掉落物品和倒數計時。這次就在剩餘時間小於 0 的時候把時間固定在 0 秒，並把落下的間隔設定成一個很大的值（第 37、38 行）。這樣就變成很久之後才會掉落下一個物品，畫面上看起來就像是遊戲結束一樣。（當然也可以額外寫一個 method 讓工廠真正停工，但這與目前主題無關，所以先使用上述的便利做法）。

請再次執行遊戲，別忘記以客觀的角度試玩喔！

8-8-5 調整參數

根據難度曲線設定參數後，玩起來感覺如何呢？依照難度曲線設定參數，雖然增加了遊戲的刺激感，但是突然變難又突然變簡單，玩起來實在是不太愉快。試試看更自然地改變遊戲難度吧。

Table8-5　讓遊戲難度變化更自然的參數設定

剩餘時間	掉落頻率	掉落速度	炸彈比例
0 ~ 5 秒	每隔 0.7 秒	-0.04	30%
5 ~ 10 秒	每隔 0.8 秒	-0.05	60%
10 ~ 20 秒	每隔 0.8 秒	-0.04	40%
20 ~ 30 秒	每隔 1 秒	-0.03	20%

這次設定參數時，就有注意難度變化不要太大。

請開啟 GameDirector，依照 List 8-15 修改第 40 到 55 行的程式碼。

List8-15　調整參數

```
40        else if (0 <= this.time && this.time < 5)
41        {
42            this.generator.GetComponent<ItemGenerator>().SetParameter(
                  0.7f, -0.04f, 3);
43        }
44        else if (5 <= this.time && this.time < 10)
45        {
46            this.generator.GetComponent<ItemGenerator>().SetParameter(
                  0.8f, -0.05f, 6);
```

```
47              }
48          else if (10 <= this.time && this.time < 20)
49          {
50              this.generator.GetComponent<ItemGenerator>().SetParameter(
                    0.8f, -0.04f, 4);
51          }
52          else if (20 <= this.time && this.time < 30)
53          {
54              this.generator.GetComponent<ItemGenerator>().SetParameter(
                    1.0f, -0.03f, 2);
55          }
```

　　儲存檔案後再玩一次。難度變化過大的情況的確改善不少，只是遊戲剛開始低難度的時間好像太長了，有點無聊，而難度最高時的遊戲時間又有點太短。還有最後結尾時有點無力，可以改成在遊戲結束前掉下大量蘋果，讓玩家享受蘋果大豐收的暢快感後，再結束遊戲。

　　修正各階段時長與掉落頻率如下表。

Table8-6 　考量時間間隔的參數設定

剩餘時間	掉落頻率	掉落速度	炸彈比例
0 ~ 4 秒	每隔 0.3 秒	-0.06	0%
4 ~ 12 秒	每隔 0.5 秒	-0.05	60%
12 ~ 23 秒	每隔 0.8 秒	-0.04	40%
23 ~ 30 秒	每隔 1 秒	-0.03	20%

　　一樣調整腳本裡面的參數設定。開啟 GameDirector，依照 List 8-16 修改第 40 到 55 行的程式碼。

List8-16 　進一步調整參數

```
40          else if (0 <= this.time && this.time < 4)
41          {
42              this.generator.GetComponent<ItemGenerator>().SetParameter(
                    0.3f, -0.06f, 0);
43          }
44          else if (4 <= this.time && this.time < 12)
45          {
```

```
46          this.generator.GetComponent<ItemGenerator>().SetParameter(
               0.5f, -0.05f, 6);
47        }
48        else if (12 <= this.time && this.time < 23)
49        {
50          this.generator.GetComponent<ItemGenerator>().SetParameter(
               0.8f, -0.04f, 4);
51        }
52        else if (23 <= this.time && this.time < 30)
53        {
54          this.generator.GetComponent<ItemGenerator>().SetParameter(
               1.0f, -0.03f, 2);
55        }
```

　　儲存檔案後再玩一次。跟最開始的腳本比起來，感覺完全不一樣對吧！是不是越玩越有趣呢？

　　通常談到遊戲製作，不免會著重在程式腳本、技術面等知識，而忘記關卡設計、調整參數等細節，市面上的工具書大多如此。

　　關卡設計是把遊戲做到可以玩之後的工作。許多人會在遊戲成功動起來後就感到滿足，或是根本沒想過需要關卡設計。要讓做好的遊戲變得好玩，就得花費時間心力做好關卡設計，而不是遊戲可以順利執行就沒事了。

　　優秀的關卡設計會大幅提升遊戲整體的樂趣，那些好玩的遊戲，一定都在關卡設計投入了巨量的時間與成本。

　　遊戲不是用來展示技術能力的東西，我們是為了玩家而製作遊戲。為了讓自己的遊戲帶給大家真正的快樂，到製作遊戲的最後一刻都要努力讓遊戲更加好玩！

>Tips< **與其追求技術，不如找出自己想做的東西**

　　認為「實作之前應該先具備技術才行」的人似乎不少。技術能力固然重要，但等到學會這些技術，當初那種「我想做出這個！」的心情，早就不知道跑到哪裡去了。要是學技術學到人都老了才開始想：「那現在該做什麼東西呢？」就完全是本末倒置。就算功力還是半吊子也沒關係，「先做做看再說」的想法是非常重要的。

8-9 在智慧型手機上執行

遊戲已經能在電腦運作了,再來就是轉換到手機上測試。第 8 章的遊戲在電腦和手機上的操作是相同的,直接 build 就可以玩了。

詳細的 iPhone build 步驟,請參考 3-7-2;Android build 步驟,請參考 3-7-3。

如果手機上的執行畫面看起來比 Unity 編輯器上還暗,請參考 1-5-2 結尾的 Tips「設定照明(Lighting)」調整設定。

> Tips < NavMesh

如果要讓物件自行移動到指定目的地(例如讓遊戲角色移動到點擊的位置),可以用 NavMesh 功能輕鬆完成。NavMesh 會自動判斷物件可移動的範圍(下圖的藍色區域),並自動計算出前往目的地的移動路徑。我們不用寫腳本決定移動路徑,就能輕鬆做出自己移動的物件。

Fig.8-83 物件自動算出移動路線

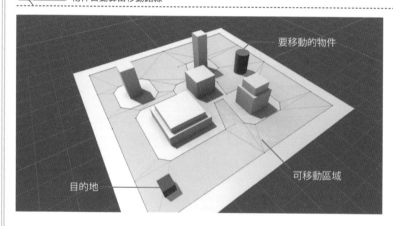

要移動的物件

可移動區域

目的地

感謝您購買旗標書，
記得到旗標網站
www.flag.com.tw
更多的加值內容等著您…

<請下載 QR Code App 來掃描>

● FB 官方粉絲專頁：旗標知識講堂、從做中學 AI

● 旗標「線上購買」專區：您不用出門就可選購旗標書！

● 如您對本書內容有不明瞭或建議改進之處，請連上
  旗標網站，點選首頁的 聯絡我們 專區。

  若需線上即時詢問問題，可點選旗標官方粉絲專頁
  留言詢問，小編客服隨時待命，盡速回覆。

  若是寄信聯絡旗標客服 email，我們收到您的訊息
  後，將由專業客服人員為您解答。

  我們所提供的售後服務範圍僅限於書籍本身或內
  容表達不清楚的地方，至於軟硬體的問題，請直接
  連絡廠商。

學生團體	訂購專線：(02)2396-3257 轉 362
	傳真專線：(02)2321-2545
經銷商	服務專線：(02)2396-3257 轉 331
	將派專人拜訪
	傳真專線：(02)2321-2545

國家圖書館出版品預行編目資料

Unity 遊戲設計：程式基礎、操作祕訣、製作流程、關卡
設計全攻略；北村愛実 著、蔡斐如 譯 -- 初版 --
臺北市：旗標科技股份有限公司，2023.08　面；公分
譯自：Unity の教科書 Unity 2022 完全対応版

ISBN 978-986-312-741-3(平裝)

1. CTS: 電腦遊戲　2. CTS: 電腦程式設計

312.8　　　　　　　　　　　112001309

作　　　者／北村愛実

發 行 所／旗標科技股份有限公司

　　　　　　台北市杭州南路一段15-1號19樓

電　　　話／(02)2396-3257(代表號)

傳　　　真／(02)2321-2545

劃撥帳號／1332727-9

帳　　　戶／旗標科技股份有限公司

監　　　督／陳彥發

執行企劃／劉樂永

執行編輯／劉樂永

美術編輯／林美麗

封面設計／林美麗

校　　　對／劉樂永

審　　　稿／涂家銘

新台幣售價：630 元

西元 2024 年 8 月初版 2 刷

行政院新聞局核准登記-局版台業字第 4512 號

ISBN　978-986-312-741-3